建筑师的大脑

神经科学 创造力 和建筑学

THE ARCHITECT'S BRAIN

[英] 哈里·F. 马尔格雷夫
Harry Francis Mallgrave
著

魏刘伟
译

魏屹东
丛书主编

中央编译出版社
Central Compilation & Translation Press

All Rights Reserved. © 2010 Harry Francis Mallgrave
Authorised translation from the English language edition published by John Wiley & Sons Limited. Responsibility for the accuracy of the translation rests solely with Central Compilation & Translation Press and is not the responsibility of John Wiley & Sons Limited. No part of this book may be reproduced in any form without the written permission of the original copyright holder, John Wiley & Sons Limited.

图字号：01-2025-1518

图书在版编目（CIP）数据

建筑师的大脑：神经科学、创造力和建筑学 /（英）哈里·F. 马尔格雷夫著；魏刘伟译；魏屹东主编. 北京：中央编译出版社，2025.6. -- ISBN 978-7-5117-4932-1

Ⅰ．TU2

中国国家版本馆CIP数据核字第2025CS8609号

建筑师的大脑：神经科学、创造力和建筑学

责任编辑	郑永杰	
责任印制	李　颖	
出版发行	中央编译出版社	
网　　址	www.cctpcm.com	
地　　址	北京市海淀区北四环西路69号（100080）	
电　　话	（010）55627391（总编室）	（010）55625174（编辑室）
	（010）55627320（发行部）	（010）55627377（新技术部）
经　　销	全国新华书店	
印　　刷	北京汇林印务有限公司	
开　　本	710毫米×1000毫米　1/16	
字　　数	314千字	
印　　张	18	
版　　次	2025年6月第1版	
印　　次	2025年6月第1次印刷	
定　　价	108.00元	

新浪微博：@中央编译出版社　　　微　信：中央编译出版社（ID：cctphome）
淘宝店铺：中央编译出版社直销店（http://shop108367160.taobao.com）　（010）55627331

本社常年法律顾问：北京市吴栾赵阎律师事务所律师　闫军　梁勤
凡有印装质量问题，本社负责调换。电话：（010）55627320

国家社科基金重大项目"人工认知对自然认知挑战的哲学研究"(21&ZD061)
山西省"1331工程"重点学科建设计划
资助出版

丛书序

与传统哲学相比，认知哲学（philosophy of cognition）是一个全新的哲学研究领域，它的兴起与认知科学的迅速发展密切相关。认知科学是20世纪70年代中期兴起的一门前沿性、交叉性和综合性学科。它是在心理科学、计算机科学、神经科学、语言学、文化人类学、哲学以及社会科学的交界面上涌现出来的，旨在研究人类认知和智力本质及规律，具体包括知觉、注意、记忆、动作、语言、推理、思维、意识乃至情感动机在内的各个层次的认知和智力活动。十几年以来，这一领域的研究异常活跃，成果异常丰富，自产生之日起就向世人展示了强大的生命力，也为认知哲学的兴起提供了新的研究领域和契机。

认知科学的迅速发展使得科学哲学发生了"认知转向"，它试图从认知心理学和人工智能角度出发研究科学的发展，使得心灵哲学从形而上学的思辨演变为具体科学或认识论的研究，使得分析哲学从纯粹的语言和逻辑分析转向认知语言和认知逻辑的结构分析、符号操作及模型推理，极大促进了心理学哲学中实证主义和物理主义的流行。各种实证主义和物理主义理论的背后都能找到认知科学的支持。例如，认知心理学支持行为主义，人工智能支持功能主义，神经科学支持心脑同一论和取消论。心灵哲学的重大问题，如心身问题、感受性、附随性、意识现象、思想语言和心理表征、意向性与心理内容的研究，无一例外都受到来自认知科学的巨大影响与挑战。这些研究取向已经蕴涵认知哲学的端倪，因为众多认知科学家、哲学家、心理学家、语言学家和人工智能专家的论著论及认知的哲学内容。

尽管迄今国内外的相关文献极少单独出现认知哲学这个概念，精确的界定和深入系统的研究也极少，但研究趋向已经非常明显。鉴于此，这里有必要对认知哲学的几个问题做出澄清。这些问题是：什么是认知？什么是认知哲学？认知哲学与相关学科是什么关系？认知哲学研究哪些问题？

第一个问题需要从词源学谈起。认知这个词最初来自拉丁文"*cognoscere*"，意思是"与……相识""对……了解"。它由 *co + gnoscere* 构成，意思是"开始知道"。从信息论的观点看，"认知"本质上是通过提供缺失的信息获得新信息和新知识的过程，那些缺失的信息对于减少不确定性是必需的。

然而，认知在不同学科中意义相近，但不尽相同。

在心理学中，认知是指个体的心理功能的信息加工观点，即它被用于指个体的心理过程，与"心智有内在心理状态"观点相关。有的心理学家认为，认知是思维的显现或结果，它是以问题解决为导向的思维过程，直接与思维、问题解决相关。在认知心理学中，认知被看做心灵的表征和过程，它不仅包括思维，而且包括语言运用、符号操作和行为控制。

在认知科学中，认知是在更一般意义上使用的，目的是确定独立于执行认知任务的主体（人、动物或机器）的认知过程的主要特征。或者说，认知是指信息的规范提取、知识的获得与改进、环境的建构与模型的改进。从熵的观点看来，认知就是减少不确定性的能力，它通过改进环境的模型，通过提取新信息、产生新信息和改进知识并反映自身的活动和能力，来支持主体对环境的适应性。逻辑、心理学、哲学、语言学、人工智能、脑科学是研究认知的重要手段。《MIT 认知科学百科全书》将认知与老化（aging）并列，旨在说明认知是老化过程中的现象。在这个意义上，认知被分为两类：动态认知和具化认知。前者指包括各种推理（归纳、演绎、因果等）、记忆、空间表现的测度能力，在评估时被用于反映处理的效果；后者指对词的意义、信息和知识的测度的评价能力，它倾向于反映过去执行过程中积累的结果。这两种认知能力在老化过程中表现不同。这是认知发展意义上的定义。

在哲学中，认知与认识论密切相关。认识论把认知看做产生新信息和改进知识的能力来研究。其核心论题是：在环境中信息发现如何影响知识的发展。在科学哲学中就是科学发现问题。科学发现过程就是一个复杂的认知过程，它旨在阐明未知事物，具体表现在三方面：①揭示以前存在但未被发现的客体或事件；②发现已知事物的新性质；③发现与创造理想客体。尼古拉斯·布宁和余纪元编著的《西方哲学英汉对照辞典》（2001年）对认知的解释是：认知源于拉丁文"cognition"，意指知道或形成某物的观念，通常译作"知识"，也作为"scientia"（知识）。笛卡儿将认知与知识区分开来，认为认知是过程，知识是认知的结果。斯宾诺莎将认知分为三个等级：第一等的认知是由第二手的意见、想象和从变幻不定的经验中得来的认知构成，这种认知承认虚假；第二等的认知是理性，它寻找现象的根本理由或原因，发现必然真理；第三等即最高等的认知，是直觉认识，它是从有关属性本质的恰当观念发展而来的，达到对事物本质的恰当认识。按照一般的哲学用法，认知包括通往知识的那些状态和过程，与感觉、感情、意志相区别。

在人工智能研究中，认知与发展智能系统相关。具有认知能力的智能系统就是认知系统。它理解认知的方式主要有认知主义、涌现和混合三种。认知主义试图创造一个包括学习、问题解决和决策等认知问题的统一理论，涉及心理学、认知科学、脑科学、语言学等学科。涌现方式是一个非常不同的认知观，主张认知是一个自组织过程。其中，认知系统在真实时间中不断地重新建构自己，通过多系统—环境相互作用的自我控制保持其操作的同一性。这是系统科学的研究进路。混合方式是将认知主义和涌现相结合。这些方式提出了认知过程模拟的不同观点，研究认知过程的工具主要是计算建模，计算模型提供了详细的基于加工的表征、机制和过程的理解，并通过计算机算法和程序表征认知，从而揭示认知的本质和功能。

概言之，这些对认知的不同理解体现在三方面：①提取新信息及其关系；②对所提取信息的可能来源实验、系统观察和对实验、观察结果的理论化；③通过对初始数据的分析、假设提出、假设检验以及对假设的接受或拒绝来实现认知。从哲学角度对这三方面进行反思，将是认知哲学的重大任务。

针对认知的研究，根据我的梳理主要有11个方面：

（1）认知的科学研究，包括认知科学、认知神经科学、动物认知、感知控制论、认知协同学等，文献相当丰富。其中，与哲学最密切的是认知科学。

（2）认知的技术研究，包括计算机科学、人工智能、认知工程学（运用涉及技术、组织和学习环境研究工作场所中的认知）、机器人技术，文献相当丰富。其中，模拟人类大脑功能的人工智能与哲学最密切。

（3）认知的心理学研究，包括认知心理学、认知理论、认知发展、行为科学、认知性格学（研究动物在其自然环境中的心理体验）等，文献异常丰富，与哲学密切的是认知心理学和认知理论。

（4）认知的语言学研究，包括认知语言学、认知语用学、认知语义学、认知词典学、认知隐喻学等，这些研究领域与语言哲学密切相关。

（5）认知的逻辑学研究，主要是认知逻辑、认知推理和认知模型。

（6）认知的人类学研究，包括文化人类学、认知人类学和认知考古学（研究过去社会中人们的思想和符号行为）。

（7）认知的宗教学研究，典型的是宗教认知科学（cognitive science of religion），它寻求解释人们心灵如何借助日常认知能力的途径习得、产生和传播宗教文化基因。

（8）认知的历史研究，包括认知历史思想、认知科学的历史。一般的认知科学导论性著作都涉及历史，但不系统。

（9）认知的生态学研究，主要是认知生态学和认知进化的研究。

（10）认知的社会学研究，主要是社会表征、社会认知和社会认识论的研究。

（11）认知的哲学研究，包括认知科学哲学、人工智能哲学、心灵哲学、心理学哲学、现象学、存在主义、语境论、科学哲学等。

以上各个方面虽然蕴涵认知哲学的内容，但还不是认知哲学本身。这就涉及第二个问题。

第二个问题需要从哲学立场谈起。

在我看来，认知哲学是一门旨在对认知这种极其复杂现象进行多学科、多视角、多维度整合研究的新兴哲学研究领域，其研究对象包括认知科学（认知心理学、计算机科学、脑科学）、人工智能、心灵哲学、认知逻辑、认知语言学、认知现象学、认知神经心理学、进化心理学、认知动力学、认知生态学等涉及认知现象的各个学科中的哲学问题，它涵盖和融合了自然科学和人文科学的不同分支学科。说它具有整合性，名副其实。对认知现象进行哲学探讨，将是当代哲学研究者的重任。科学哲学、科学社会学与科学知识社会学的"认知转向"充分说明了这一点。

尽管认知哲学具有交叉性、融合性、整合性、综合性，但它既不是认知科学，也不是认知科学哲学、心理学哲学、心灵哲学和人工智能哲学的简单叠加,它是在梳理、分析和整合各种以认知为研究对象的学科的基础上,立足于哲学反思、审视和探究认知的各种哲学问题的研究领域。它不是直接与认知现象发生联系,而是通过研究认知现象的各个学科与之发生联系,也即它以认知本身为研究对象,如同科学哲学是以科学为对象而不是以自然为对象,因此它是一种"元研究"。在这种意义上,认知哲学既要吸收各个相关学科的优点,又要克服它们的缺点,既要分析与整合,也要解构与建构。一句话,认知哲学是一个具有自己的研究对象和方法、基于综合创新的原始性创新研究领域。

认知哲学的核心主张是:本体论上,主张认知是物理现象和精神现象的统一体,二者通过中介如语言、文化等相互作用产生客观知识;认识论上,主张认知是积极、持续、变化的客观实在,语境是事件或行动整合的基底,理解是人际认知互动;方法论上,主张对研究对象进行层次分析、语境分析、行为分析、任务分析、逻辑分析、概念分析和文化网络分析,通过纲领计划、启示法和洞见提高研究的创造性;价值论上,主张认知是负载意义和判断的,负载文化和价值的。

认知哲学研究的目的:一是在哲学层次建立一个整合性范式,揭示认知现象的本质及运作机制;二是把哲学探究与认知科学研究相结合,使得认知研究将抽象概括与具体操作衔接,一方面避免陷入纯粹思辨的窠臼,另一方面避免陷入琐碎细节的陷阱;三是澄清先前理论中的错误,为以后的研究提供经验、教训;四是提炼认知研究的思想和方法,为认知科学提供科学的、可行的认识论和方法论。

认知哲学的研究意义在于:①提出认知哲学的概念并给出定义及研究的范围,在认知哲学框架下,整合不同学科、不同认知科学家的观点,试图建立统一的研究范式。②运用认知—历史分析、语境分析等方法挖掘著名认知科学家的认知思想及哲学意蕴,并进行客观、合理的评析,澄清存在的问题。③从认知科学及其哲学的核心主题——认知发展、认知模型和认知表征三个相互关联和渗透的方面,深入研究信念形成、概念获得、知识产生、心理表征、模型表征、心身问题、智能机的意识化等重要问题,得出合理可靠的结论。④选取的认知科学家具有典型性和代表性,对这些人物的思想和方法的研究将会对认知科学、人工智能、心灵哲学、科学哲学等学科的研究者具有重要的启示与借鉴作用。⑤认知哲学研究是对迄今为止认知研究领域内的主要研究成果的梳理与概括，在一定程度上总结并整合了其中的主要思想与方法。

第三个问题是，认知哲学与相关学科或领域究竟是什么关系？

我通过"超循环结构"来给予说明。所谓"超循环结构"，就是小循环环环相套，构成一个大循环。认知科学哲学、心理学哲学、心灵哲学、人工智能哲学、认知语言学是小循环，它们环环相套，构成认知哲学这个大循环。也就是说，这些相关学科相互交叉、重叠，形成了繁合性的认知哲学。同时，认知哲学这个大循环有自己独特的研究域，它不包括其他小循环的内容，如认知的本原、认知的预设、认知的分类、认知的形而上学问题等。

第四个问题是，认知哲学研究哪些问题？如果说认知就是研究人们如何思维，那么认知哲学就是研究人们思维过程中产生的各种哲学问题，具体要研究10个基本问题：

（1）什么是认知，其预设是什么？认知的本原是什么？认知的分类有哪些？认知的认识论和方法论是什么？认知的统一基底是什么？是否有无生命的认知？

（2）认知科学产生之前，哲学家是如何看待认知现象和思维的？他们的看法是合理的吗？认知科学的基本理论与当代心灵哲学范式是冲突，还是融合？能否建立一个囊括不同学科的统一的认知理论？

（3）认知是纯粹心理表征，还是心智与外部世界相互作用的结果？无身的认知能否实现？或者说，离身的认知是否可能？

（4）认知表征是如何形成的？其本质是什么？是否有无表征的认知？

（5）意识是如何产生的？其本质和形成机制是什么？它是实在的还是非实在的？是否有无意识的表征？

（6）人工智能机器是否能够像人一样思维？判断的标准是什么？如何在计算理论层次、脑的知识表征层次和计算机层次上联合实现？

（7）认知概念如思维、注意、记忆、意象的形成的机制和本质是什么？其哲学预设是什么？它们之间是否存在相互作用？心身之间、心脑之间、心物之间、心语之间、心世之间是否存在相互作用？它们相互作用的机制是什么？

（8）语言的形成与认知能力的发展是什么关系？是否有无语言的认知？

（9）知识获得与智能发展是什么关系？知识是否能够促进智能的发展？

（10）人机交互的界面是什么？脑机交互实现的机制是什么？仿生脑能否

实现?

以上问题形成了认知哲学的问题域,也就是它的研究对象和研究范围。

"认知哲学译丛"所选的著作,内容基本涵盖了认知哲学的以上10个基本问题。这是一个庞大的翻译工程,希望"认知哲学译丛"的出版能够为认知哲学的发展提供一个坚实的学科基础,希望它的逐步面世能够为我国认知哲学的研究提供知识源和思想库。

"认知哲学译丛"从2008年开始策划至今,我们为之付出了不懈的努力和艰辛。在它即将付梓之际,作为"认知哲学译丛"的组织者和实施者,我有许多肺腑之言,溢于言表。一要感谢每本书的原作者,在翻译过程中,他们中的不少人提供了许多帮助;二要感谢每位译者,在翻译过程中,他们对遇到的核心概念和一些难以理解的句子都要反复讨论和斟酌,他们的认真负责和严谨的态度令我感动;三要感谢每本译著的编辑,正是他们的无私工作,才使得每本书最大限度地减少了翻译中的错误。

魏屹东

2013年5月30日

目 录
CONTENTS

导　言 ·· 001

第一部分　历史文献

第1章　人文主义者的大脑：阿尔贝蒂、维特鲁维斯和列昂纳多 ············ 009
　　第1节　《论绘画》和《论雕塑》 ·· 010
　　第2节　《论建筑》 ·· 012
　　第3节　费拉雷特和弗朗西斯科·迪乔治 ···································· 016
　　第4节　列昂纳多 ·· 018

第2章　启蒙时期的大脑：佩罗特、劳吉尔和勒罗伊 ························· 025
　　第1节　劳吉尔 ·· 032
　　第2节　勒罗伊的"连续感觉" ·· 034

第3章　感觉大脑：伯克、普莱斯和奈特 ·· 039
　　第1节　伯克与情绪生理学 ·· 040
　　第2节　如画理论 ·· 043
　　第3节　如画的建筑 ·· 046

第4章　先验大脑：康德与叔本华 ·· 050
　　第1节　康德的合目的性 ·· 051

第 2 节　叔本华的生理学方法⋯⋯⋯⋯⋯⋯⋯⋯⋯⋯⋯⋯⋯⋯⋯⋯ 053

第 5 章　活力大脑：辛克尔、伯蒂彻和森佩尔⋯⋯⋯⋯⋯⋯⋯⋯⋯⋯ 057
　第 1 节　伯蒂彻的作品—形式与艺术—形式⋯⋯⋯⋯⋯⋯⋯⋯⋯ 060
　第 2 节　森佩尔的"着装"隐喻⋯⋯⋯⋯⋯⋯⋯⋯⋯⋯⋯⋯⋯⋯ 063

第 6 章　移情大脑：维舍尔、沃尔夫林和戈勒⋯⋯⋯⋯⋯⋯⋯⋯⋯⋯ 070
　第 1 节　移情与艺术知觉⋯⋯⋯⋯⋯⋯⋯⋯⋯⋯⋯⋯⋯⋯⋯⋯ 071
　第 2 节　情感与建筑⋯⋯⋯⋯⋯⋯⋯⋯⋯⋯⋯⋯⋯⋯⋯⋯⋯⋯ 073
　第 3 节　风格变化的原因⋯⋯⋯⋯⋯⋯⋯⋯⋯⋯⋯⋯⋯⋯⋯⋯ 075

第 7 章　格式塔大脑：感知场的动力学⋯⋯⋯⋯⋯⋯⋯⋯⋯⋯⋯⋯ 078
　第 1 节　韦特海默、科夫卡和科勒⋯⋯⋯⋯⋯⋯⋯⋯⋯⋯⋯⋯ 079
　第 2 节　同构⋯⋯⋯⋯⋯⋯⋯⋯⋯⋯⋯⋯⋯⋯⋯⋯⋯⋯⋯⋯ 082
　第 3 节　阿恩海姆与格式塔美学的兴起⋯⋯⋯⋯⋯⋯⋯⋯⋯⋯ 084

第 8 章　神经大脑：哈耶克、赫伯和诺伊特拉⋯⋯⋯⋯⋯⋯⋯⋯⋯⋯ 089
　第 1 节　赫布的神经心理学理论⋯⋯⋯⋯⋯⋯⋯⋯⋯⋯⋯⋯⋯ 091
　第 2 节　诺伊特拉在建筑中的生物实在论⋯⋯⋯⋯⋯⋯⋯⋯⋯ 094

第 9 章　现象大脑：梅洛–庞蒂、拉斯穆森和帕拉斯玛⋯⋯⋯⋯⋯⋯ 098
　第 1 节　有形与无形⋯⋯⋯⋯⋯⋯⋯⋯⋯⋯⋯⋯⋯⋯⋯⋯⋯⋯ 101
　第 2 节　拉斯穆森论建筑体验⋯⋯⋯⋯⋯⋯⋯⋯⋯⋯⋯⋯⋯⋯ 102
　第 3 节　弗兰普顿和帕拉斯玛⋯⋯⋯⋯⋯⋯⋯⋯⋯⋯⋯⋯⋯⋯ 104

第二部分　神经科学和建筑

第 10 章　解剖学⋯⋯⋯⋯⋯⋯⋯⋯⋯⋯⋯⋯⋯⋯⋯⋯⋯⋯⋯⋯ 113
　大脑结构⋯⋯⋯⋯⋯⋯⋯⋯⋯⋯⋯⋯⋯⋯⋯⋯⋯⋯⋯⋯⋯⋯ 113
　第 1 节　神经元⋯⋯⋯⋯⋯⋯⋯⋯⋯⋯⋯⋯⋯⋯⋯⋯⋯⋯⋯ 114

第 2 节　脑干和脑缘系统 ··· 117
　　第 3 节　大脑皮层 ··· 119
　　第 4 节　具身性与可塑性 ··· 121

第 11 章　模糊性 ·· 125
　视觉构造 ·· 125
　　第 1 节　泽基的神经美学 ··· 129
　　第 2 节　抽象性与模糊性 ··· 133
　　第 3 节　建筑中的模糊性 ··· 134

第 12 章　隐喻 ·· 143
　具身性的建筑 ·· 143
　　第 1 节　记忆 ·· 144
　　第 2 节　意识 ·· 149
　　第 3 节　创造力 ··· 154
　　第 4 节　具身隐喻 ·· 157
　　第 5 节　建筑与隐喻 ··· 161

第 13 章　触觉 ·· 168
　感官的构造 ··· 168
　　第 1 节　情绪化的大脑 ·· 169
　　第 2 节　空间性 ··· 174
　　第 3 节　感官的构造 ··· 176

结　语 ··· 184
　建筑师的大脑 ·· 184
　　第 1 节　计算机与建筑 ·· 188
　　第 2 节　平层效应 ·· 191
　　第 3 节　抽象 ·· 192
　　第 4 节　大脑的未充分利用 ·· 193

尾　注 …………………………………………………… 196

参考文献 …………………………………………………… 238

索　引 …………………………………………………… 258

插图目录

图 1.1　弗朗西斯科·迪乔治·马蒂尼，歌剧院建筑（*Opera di Architettura*）（约 1479—1480） ········· 017

图 1.2　达·芬奇，维特鲁维亚人（约 1490） ········· 020

图 1.3　卡洛·乌尔比尼（以列昂纳多·达·芬奇命名） ········· 021

图 2.1　弗朗西斯科·博罗米尼，圣卡洛教堂（San Carlo alle Quattro Fontane），始建于 1638 年 ········· 026

图 2.2　卢浮宫东翼 ········· 030

图 2.3　朱利安·大卫·勒罗伊，《米涅瓦神庙景观（帕台农）》（*View of the Temple of Minerva*） ········· 036

图 3.1　约翰·范布鲁和尼古拉斯·霍克斯莫尔，布伦海姆宫 ········· 047

图 5.1　卡尔·弗里德里希·辛克尔，柏林阿尔特斯博物馆（1823—1830） ········· 059

图 5.2　卡尔·弗里德里希·辛克尔，柏林建筑学院（1831—1836） ········· 060

图 5.3　卡尔·博蒂彻，泰克顿·德·海伦恩（Die Tektonic der Hellenen）的板材（波茨坦，1844—1852） ········· 062

图 5.4　戈特弗里德·森佩尔，篮子编织柱顶 ········· 064

图 5.5　戈特弗里德·森佩尔，带离子蜗壳的波斯管状柱头 ········· 065

图 5.6　伊瑞克提翁神庙（Erechtheum）东廊的爱奥尼亚柱头 ········· 066

图 5.7　戈特弗里德·森佩尔，德累斯顿艺术博物馆（Dresden Art Museum）的乡村式的砖块 ········· 067

图 7.1　米开朗基罗，梵蒂冈圣彼得教堂的穹顶（1546—1544） ········· 085

图 7.2　米开朗基罗，皮亚之门（Porta Pia），罗马（1561—1565） ········· 087

图9.1　皮埃特罗·达·科托纳，罗马圣玛丽亚·德拉佩斯教堂
（Santa Maria della Pace，1656—1667） ………………………… 104

图10.1　神经元或脑细胞 ……………………………………………… 115

图10.2　脑干 …………………………………………………………… 116

图10.3　脑缘系统 ……………………………………………………… 118

图10.4　脑叶 …………………………………………………………… 120

图11.1　视神经 ………………………………………………………… 126

图11.2　大脑的视觉处理区域（V1—V4） …………………………… 127

图11.3　里昂·巴蒂斯塔·阿尔贝蒂，佛罗伦萨圣母玛利亚教堂
（Santa Maria Novella，佛罗伦萨，1448—1440） …………… 132

图11.4　弗兰克·劳埃德·赖特，"罗比之家"（Robie House，
1908—1910） …………………………………………………… 136

图11.5　弗兰克·劳埃德·赖特，"罗比之家"（Robie House，
1908—1910）（详图） ………………………………………… 137

图11.6　安德烈·帕拉迪奥，威尼斯雷登托尔教堂（1577—1592） … 138

图11.7　安德烈·帕拉迪奥，圣乔治·马焦雷教堂（约1565—1580） … 139

图11.8　安德烈·帕拉迪奥，雷登托尔教堂（Church of Il Redentore） … 141

图12.1　雅典帕台农神庙（公元前447—前432）东立面视图 ……… 146

图12.2　雅典赫菲斯托斯神庙（公元前449—前415） ……………… 147

图12.3　杰拉尔德·埃德尔曼的"神经元群选择理论" ……………… 151

图12.4　丘脑皮质环（由杰拉尔德·埃德尔曼命名） ………………… 151

图12.5　安东尼奥·高迪，"巴特洛之家"的屋顶，巴塞罗那
（1904—1906） ………………………………………………… 164

图13.1　大脑纵切面显示情绪和感觉被激活的区域，横切面显示
脑岛的位置 ……………………………………………………… 171

图13.2　大脑中涉及听觉、言语（布罗卡区）、语言理解（韦尼克区）
和感觉运动活动的区域 ………………………………………… 177

图13.3　在视觉或触觉刺激的空间处理过程中激活的超模态网络 …… 182

导　言

我写这本书的目的有两个：一是检视目前在神经科学领域所取得的显著进步；二是开始一个漫长的过程——辨别这些新知识可能会对建筑师和其他涉及设计领域之人的影响。

首先，人们几乎不会失望。纵然粗略地看一眼过去十年间科学实验室里所发生的事情——从神经生物学前沿的知识飞跃到记录工作大脑活动的精密成像设备——人们都会发觉，我们正生活在一个不朽的发现之中。因为在越来越详细地了解人脑的过程中，我们不仅对历史上所谓的"心智"（mind）的本质有了重要的理解，而且还探索了诸如记忆、意识、感觉、思维和创造力等棘手的问题。这种理解正在从生物学的角度彻底重塑"我们是谁？"和"我们来自何方？"等问题的图景，同时它也让我们第一次思考几千年来形而上学思辨中提出的一些问题的答案。

当然，我们这个时代最关键的洞见之一，特别是与我们的数字时代密切相关的洞见之一就是：我们不是机器，或者更具体地说，我们的大脑不是计算机。事实上，大脑收集和主动构造信息的非线性方式与计算机的人工逻辑没有多大区别。更形象地说，大脑是一个活生生的、跳动的器官，几千年来（随着对身体燃料消耗的不断增加），它已经竭尽全力保护了我们的基本福祉，并促进了物种的繁衍。考虑到它的整体性——从沿着颅穹隆内腔盘绕的薄薄的灰质覆盖层到我们脚上的神经细胞——大脑是一个完整的实体。它是一个物理实体，但同时它的整体大于它的电学和化学事件之和。

这样的理解不仅是重新塑造我们自己的形象，而且也是在身体和心智之间的长期存在的区分上制造了一种明显古老的氛围。大脑配备了大约1000亿个神经元以及有着 30000 个基因的 DNA 复合物，这些基因在 2006 年才被完全测序。然而，奇怪的是，大脑在我们出生时只有大约一半的神经细胞或者神经元连接在一起，这又是一个非常重要的事实。如果确实是我们自己通过出生后的经历进行了大量的神经连接，那么我们应该对大脑的发展承担同样的责任。事实上，我们有能力改变我们大部分的神经回路（无论是好是坏，当然是在一定范围内），直到我们死的那一天。作为建筑师，这意味着一件事：我们总是可以通过增加突触映射的复杂性而成为更好的设计师，从而创造一个更好的或更有趣的环境让人类能够在其中繁衍生息。

然而，撇开这些普遍性不谈，神经科学关于建筑师问题的最新进展变得更加困难。历史上的一个问题是，除了最近十年左右，很少有科学仪器被用于健康的大脑。如今这个问题恰恰相反。随着 20 世纪 80 年代后期开始的新成像装置的普及，我们现在每天都有大量的实验文献被收集起来，以至于很难从一棵棵树上看到众所周知的森林。随着调查步伐的不断加快，我们也看到了这项研究的应用领域的拓宽。例如，在 1999 年伦敦的显微神经学家塞米尔·泽基（Semir Zeki）花了 30 多年的时间绘制出了大脑的视觉处理图，他提出了一个"神经美学"的领域来探索大脑与艺术的相互作用，从而改变了他的研究方向。[1] 与此同时，艺术史学家约翰·奥尼恩斯（John Onians）——他对艺术感知的生物学基础的兴趣由来已久——在他的导师之一厄恩斯特·贡布里希（Ernst Gombrich）[2]的带领下，开创了"神经考古学"（neuroarthistory）这一领域。另一位研究者，伦敦大学学院的研究员雨果·斯皮尔斯（Hugo Spiers），最近他与一位建筑师合作，并在伦敦建筑协会举办了研讨会。[3] 2008 年春天，艺术家奥拉夫·埃利亚松（Olafur Eliasson）与其他人一起在柏林成立了神经美学协会（Association of Neuroesthetics），该协会承诺它将成为"艺术和神经科学的平台"。[4] 与此同时，在圣地亚哥，由建筑师约翰·P. 埃伯哈德（John P. Eberhard）领导的一群建筑师和科学家成立了神经科学建筑学院（Academy of Neuroscience for Architecture，ANFA），其明确的使命是促进"把研究与人类对建筑环境的反应日益加深的理解联系起来的知识"。[5] 这种跨学科的联盟无疑将在未来几十年中继续扩大并扩展其兴趣范围。

但问题是，这些合作会导致什么结果？泽基、奥尼恩斯和埃利亚松的兴趣是建立在美学的基础上的，因此，他们思考的问题是体验艺术的神经基础，而

导 言

神经科学建筑学院提出的实验研究可以直接应用于设计。在这最后一个方面，人们想起了20世纪60年代一些行为科学的承诺，当时人类学家、社会学家和心理学家的研究提出了工作模式的前景，可以改善人类的状况。然而，人们在2000年的这些活动中发现了一个关键的区别，那就是我们现在掌握了相当不同的工具和越来越多的生物知识。这些新的工具给了我们一个关于我们如何参与世界的更具洞察力的、在某些情况下相当具体的图景。

说到这里，我想强调一下，我的方法略有不同。我的兴趣主要在于创作过程本身，也就是说，模糊性问题和隐喻思维是我们的核心。今天我所看到的神经科学为设计师们所提供的东西很简单，那就是一幅我们智力和感官情感存在的巨大复杂性的素描。我毫不惊慌地说，即使这也意味着这项研究还不能为我们提供任何简洁或容易的答案，事实上它将很快被自己的进展所取代。如果说，今天我们是第一次拍摄工作大脑的所有复杂图像，那么我们离构建这一过程的最终遗传和表观遗传模型还有几年的时间。因此，这种新形成的研究领域对于年轻的设计师来说应该特别重要，他们的职业生涯无疑会随着这些知识的不断进步而展开。

然而，从人类存在的无限多样性中涌现出来的肖像并不是一个引人注目的新形象。科学家、心理学家、宗教领袖、哲学家和艺术家从有记录的时代开始就一直在告诉我们同样的事情。我可以借用泽基的一个比喻，建筑师们一直都是神经科学家——从某种意义上说，人脑是每一个创造性努力的源泉，每一个好的设计结果都在于建筑师是否丰富或缩减了那些经历了它的人的世界。

为了提供关于这件事的一些历史背景，我在研究的第一部分附上了一系列短文，主要是关于那些早先考虑过我们如何看待和思考建成世界的建筑师的。他们描绘的见解——站在当前背景下可以看出——是超越他们的时代之外的。这些素描是零碎和不完整的，而且"人文主义者的大脑"或"优美的大脑"这样的想法会让一些人觉得奇怪。我采用这样一种策略的目的并不是要严格地捍卫这一论点（尽管随着我们对可塑性的新理解，越来越多的证据表明事实就是这样），而是要提出如何判断当今这些新思想中的一些"旧"的东西。虽然我并不打算缩小建筑设计或发明的范围，但我提供了这些智慧的时刻——从利昂·巴蒂斯塔·阿尔贝蒂（Leon Battista Alberti）到朱哈尼·帕拉斯玛（Juhani Pallasmaa）——因为在今天的研究中，有些想法即使不是已经被验证了，但也确实找到了其类似之处。

同样，这项研究的第二部分的神经学章节，可以与这些文章分开阅读，不过只是暂时提供了指示，因为未来几年的工作无疑将为它们提供更多的线索。然而，如今已经变得很清楚的是，正在出现的人脑模型并不是一个还原论的或机械论的模型。这个蜿蜒器官的迷宫般的特征，不仅比我们之前想象的更深刻地参与了它的代谢过程，而且它在其未来的可能性上或在人类和人类文化最终将走的道路上是开放的。因此，我们对其工作原理的了解决不会为建筑提供一个理论程序，或一个新的"主义"成为最新的时尚。我这么说完全是从过去40年建筑理论的发展历程来看的，即后现代和后结构运动的短暂抛物线轨迹及其向数字化和绿色设计的演变。

如果神经科学不提出一个理论，它可能会提供一些其他的东西——一个理论路径，或者是重新提出一些关于建筑师们为之设计的人的基本问题的能力。20世纪50年代初，建筑师理查德·诺伊特拉（Richard Neutra）超前地呼吁设计师要成为生物学家，因为建筑师不应把注意力放在形式抽象上，而应放在居住在建成世界的人的血肉和心理需求上。今天，有人可能会附和类似的观点，认为"生态"的概念可以用更宏大的生物学术语被重新定义为"人类生态学"的一个领域，在这个领域中，可持续性的概念延伸了一个理论手臂，以拥抱人类有机体及其社区的复杂性。可以说，这种方法的神经学轮廓正在形成，即使考虑到设计师的创造力等神秘问题，其前景也很诱人。更加充分地意识到我们的生物复杂性的程度——它的基础深入我们日常生活的感官——情感世界——只是这个过程中的第一步。

我要感谢帮助我的几个人，首先是约翰·奥尼恩斯，他最先以一种最引人注目的方式提出了神经科学的艺术重要性。在被邀请加入不列颠哥伦比亚大学"科学、艺术和文化中的各种移情"（Varieties of Empathy in Science, Art and Culture）工作室后，我的兴趣更强烈了，因为它不仅让我回到了一些古老的主题，而且让我看到这些主题在当今的心理学界和哲学界的不断复苏——主要是通过神经科学的推动。在伊利诺伊理工学院的研究生研讨会上，一群精力充沛、才华横溢的学生进一步推动了我的思考，我要感谢马修·布莱维特（Matthew Blewitt）、托马斯·博曼（Thomas Boerman）、琳达·克里蒙（Linda Chlimoun）、耶利米·科拉茨（Jeremiah Collatz）、艾哈迈德·法赫拉（Ahmad Fakhra）、弗雷德里克·格里尔（Frederick Grier）、凯尔·霍普金斯（Kyle Hopkins）、亨利·贾扎布科夫斯基（Henry Jarzabkowski）、迈克尔·吉维登（Michael Jividen）、亚历山大·科纳迪（Alexander Koenadi）、克里斯蒂娜·马里奥特（Christine Marriott）、布莱恩梅（Bryan May）、洛林穆拉里（Ronny Schuler）、罗尼·舒勒（Lorin Murariu）、吉迪恩·塞尔（Gideon Searle）、阿尔宾·斯潘格勒（Albin Spangler）、本·斯派塞（Ben Spicer）和詹妮弗·斯坦诺维奇（Jennifer Stanovich）。

有几个人很有风度地阅读了部分手稿。我要感谢马尔科·弗拉斯卡里（Marco Frascari）、大卫·古德曼（David Goodman）、肖恩·凯勒（Sean Keller）、凯文·哈灵顿（Kevin Harrington）、蒂姆·布朗（Tim Brown）、埃里克·艾灵森（Eric Ellingsen）和彼得·莱科斯（Peter Lykos）提出的建设性建议。我非常感谢阿姆贾德·阿库德（Amjad Alkoud）为所有科学插图所做的工作。我还要感谢IIT的许多其他人，其中包括罗米娜·卡纳（Romina Canna）、彼得·奥斯勒（Peter Osler）、鲁道夫·巴拉根（Rodolfo Barragan）、史蒂夫·布鲁贝克（Steve Brubaker）、蒂姆·布朗（Tim Brown）、凯西·纳格尔（Kathy Nagle）、马特·库克（Matt Cook）、纳西尔·米尔扎（Nasir Mirza）、托马斯·格里森（Thomas Gleason）、里奇·哈金（Rich Harkin）和斯图尔特·麦克雷（Stuart MacRae）。最重要的是，我要感谢我可爱的妻子苏珊（Susan），她不仅提供专业的编辑和建议，而且在很多方面一直支持我长期的工作习惯。

第一部分

历史文献

散文集

第 1 章　人文主义者的大脑

阿尔贝蒂、维特鲁维斯和列昂纳多

> 首先，我们观察到建筑是一种身体形式。
>
> ——利昂·巴蒂斯塔·阿尔贝蒂[1]

在大多数建筑学记载中，文艺复兴时期的人文主义指的是意大利从 15 世纪初开始的时期，与古典理论的新的兴趣领域相吻合。人文主义的精神不是一维的，因为它渗透了所有的艺术和人文，包括哲学、修辞学、诗歌、艺术、建筑、法律和语法。一般来说，这需要有对希腊古典作家的新理解（现在被印刷机传播），他们的思想必须与近古和中世纪的资料以及基督教的教义相吻合。在这方面，利昂·巴蒂斯塔·阿尔贝蒂是人文主义者大脑的缩影。

就建筑而言，人文主义的内涵往往略有不同。它不仅包含了这样一种信念，即人类凭借其神圣的创造，在宇宙中占据了一个特殊的位置，而且还包含了这样一个事实，即人体对建筑师有着特殊的魅力。我指的是将建筑视为人体、将人体视为建筑的双重类比。从这个意义上说，阿尔贝蒂也是一位人文主义者，因为当他在 1486 年出版的关于 14 世纪 50 年代早期建筑的著作〔与古典罗马建筑师维特鲁维乌斯（Vitruvius）的《建筑十书》（*Ten Books*）比肩〕发表时，他提出了一种思考建筑的方法，这种方法在 18 世纪之前基本上都是有效的。通过这种方式，阿尔贝蒂成为历史上首位构建了统一理论体系的建筑师——历史学家称之为新风格的理论基础。

阿尔贝蒂出生于商人和银行家的富裕家庭，是一个私生子。[2]虽然他的私生子地位剥夺了他的合法继承权，但他的家族财富至少保证了他在博洛尼亚大学接受良好的古典教育。1428 年，他在博洛尼亚大学获得了教会法规博士学位。至此，他已经开始显露他的文学才能（他在各个学科方面的著作都是惊人的）和对数学的兴趣。像当时许多受过良好教育的人一样，他被吸引到为教堂服务，最初是作为博洛尼亚枢机主教的秘书。1432 年在取得博士学位四年后，他在罗马担任教皇大臣的秘书，因此间接为教皇工作。然而在 1434 年，内乱迫使教皇法庭离开罗马前往佛罗伦萨。正是在这里，一种新的建筑、雕塑和绘画方法已经深入人心，阿尔贝蒂与菲利普·布鲁内莱斯基（Filippo Brunelleschi）和多纳托·多纳泰洛（Donato Donatello）建立了友谊，这两人可能在几年前见过面。当阿尔贝蒂开始绘画时，他们的共同兴趣又增加了，一年之内他撰写了三部艺术专著中的第一部：《论绘画》（De pictura，1435）。他的第二部艺术作品《论雕塑》（De statua）的创作日期不得而知，尽管它很可能是在 14 世纪 40 年代后期创作的。大约在 1438 年，阿尔贝蒂随教皇宫廷前往费拉拉，在那里他培养了对建筑的兴趣。当阿尔贝蒂和教皇于 1443 年返回罗马后，这位学者再次追随布鲁内莱斯基的脚步，开始对罗马古典纪念碑进行调查，此时这种追求更加强烈。随着他越来越自信，他发表了第三部也是最后一部艺术专著《论建筑》（De re aedificatoria），并于 1452 年随《建筑十书》提交给了教皇尼古拉斯五世（Pope Nicholas V）。完成这项任务后，阿尔贝蒂在接下来的 20 年里致力于建筑实践，他在这方面的名声超越了其文学作品。

第 1 节 《论绘画》和《论雕塑》

尽管他的建筑学专著仍然是他最大的理论著作，但两个较小的关于绘画和雕塑的研究已经告诉了我们他的艺术观。《论绘画》首先是一部高度原创的作品，试图描绘线性透视的原理。它的目的是将绘画提升到高于手工艺的地位，并为画家如何通过培养良好的礼貌和实践高尚的道德来讨好慷慨的赞助人提供了一些有用的指导。[3] 阿尔贝蒂将文艺复兴时期艺术家们的努力与古典时代的"杰出和非凡的智慧"等同起来，以此来赞扬他们的灵感。[4] 其中最主要的是布鲁内莱斯基，他当时刚完成了佛罗伦萨大教堂的穹顶——这座"巨大的建筑耸立在天空之上，其阴影巨大到足以覆盖整个托斯卡纳，而且不借助横梁或精心制作的木制支架"。[5]

《论绘画》有两大主题。一个是阿尔贝蒂试图为这个新"艺术"提供几何学的理论基础，对他来说这不是一个数学问题，而是一个神圣的理想，它使一个不完美的人与神创造的宇宙秩序更加和谐。对阿尔贝蒂来说，几何是空间的人性化，事实上这篇论文以他援引几何学的道歉开场："这不是一个纯粹的数学家的成果，而是一个画家的成果。"[6]阿尔贝蒂还将他的透视几何学的测量建立在三个布拉齐亚（braccia）上——"一个人身体的平均高度"。[7]因此，透视法则在人的形体中得到了具体体现。

第二个主题是历史的概念，对它的阐述几乎涵盖了全书的一半。正如阿尔贝蒂所说，这并不意味着"故事"，他一页接一页地致力讨论如何实现"画家作品中最重要的部分"。[8]总的来说，这一重要的艺术品质在于通过展示具有美丽匀称脸庞的人来实现作品的优雅和美丽，具有自由的意志和适当的动作、描绘各种身体（年轻的和年老的，男性的和女性的）、丰富的色彩、尊严和谦逊、礼仪、戏剧、纪念碑，但最重要的是情感的生动表现。历史通过艺术家的创造力支配着他们，因此有人说，正如阿尔贝蒂的透视理论在画家的眼睛和空间场中的物体之间提供了一种视觉联系一样，他的历史观提供了一种情感联系，应该能让旁观者体验到移情。[9]很自然地，他认为这是一个在古代受到青睐的属性，因此，阿尔贝蒂将鼓励画家们熟知古典诗歌和修辞的话作为第三卷的开篇是完全合乎逻辑的。[10]

这种人文主义的倾向在他的雕塑作品中也非常明显，在雕塑作品中，他提供了一个基于六个人脚的可变的个性化比例系统（因此是根据个人的而非标准固定的，不同身高或足长的人不同）。当然，在《建筑十书》的第三卷中，维特鲁维乌斯用了一个相似的比例系统，尽管有一些显著的不同。[11]维特鲁维乌斯的比例系统与他的对称（symmetria）概念密切相关，是基于身体各部分与整体的一系列分数关系（例如，头部是身体的高度的十分之一），而阿尔贝蒂把每只脚分成10英寸，每英寸分成10分，以便给出非常精确的测量。维特鲁维乌斯在他描绘的人像之前还提出了比例系统，这个人像是躺着的，伸出了胳膊和脚，整体包含在一个圆和正方形之内。然而，阿尔贝蒂在没有形而上学的情况下提出了他的体系。他的数字——即使也来自人体——纯粹是测量值。

第 2 节 《论建筑》

但这并不意味着阿尔贝蒂没有他的理由。我们可以通过他更长的关于建筑的著作《论建筑》中看到这一点，在其中他的艺术思想找到了其逻辑结论。如果说有一个令人信服的隐喻贯穿于他的理论阐述中，那就是物质性的概念——建筑是人体的再创造。他在一段话中告诉我们："古代的伟大专家已经告诉我们，建筑非常像动物，当我们描绘它时，必须模仿自然。"[12]而且，

> 医生们注意到大自然在动物身体的形成过程中是如此的彻底，以至于她没有留下与其他部分分离或脱节的骨头。同样，我们应该把骨头连接起来，并用肌肉和韧带紧紧地绑住，使它们的框架和结构完整而坚固，以确保其组织能够独自站立，即使所有其他部分都被移除了。[13]

这个肉体隐喻决定了术语。柱子和墙的加固区域是建筑物的"骨头"，填充墙和嵌板起着肌肉和韧带的作用，建筑物的表面是它的表皮。[14]屋顶也有"骨头、肌肉、填充板、表皮和外壳"，而墙壁不应该太厚，"谁不会批评一个四肢过度肿胀的身体呢？"[15]此外，每所房子都应该有一个巨大而热情的"胸部"。[16]

更确切地说，建筑对于阿尔贝蒂来说不是按照任意人体的形式来产生的，因此他的标准或原则需要一个宇宙学基础。他的理论著作首先将建筑定义为"身体的形式"，它"由线条和物质组成，一个是思想的产物，另一个是自然的产物"。[17]在这种二元性中，我们拥有自然的原材料供人类支配，建筑师通过理性的力量给出设计，就像创造之神。第一卷完全论述轮廓问题，阿尔贝蒂将其定义为"精确和正确的轮廓，在头脑中构思，由线和角组成，在渊博的智力和想象力中完善"。[18]轮廓——正如他大写的文字所表明的那样——不仅仅是简单的线条或建筑轮廓的组成；它们形成了建筑的合理组织，通过位置、场地、分隔（compartition）、墙壁、屋顶和开口这六种建筑类别进行分析。场地，

是一栋建筑的直接所在地，阿尔贝蒂在这里介绍了他对几何学的讨论，但分隔似乎是他最基本的术语。它考验建筑师的最高技能和经验，因为它"将整个建筑分割成各个部分，并通过将所有的线条和角度组合成一个单一的、和谐的、尊重实用性的、有尊严的和快乐的作品来整合它的每一个部分"。[19]它还包含了礼仪元素，任何关于建筑物的东西都不应该是不适当的或不体面的。[20]

到目前为止，我们所讨论的很少偏离经典的维特鲁维乌斯式的理论，因为它也建立在这样一个信念之上，即建筑师的每一个组成部分都应该"有一个与健全的人类相似的精确对应系统"。[21]这也与维特鲁维乌斯的斯多葛主义倾向没有特别的冲突，这使他能够强调感官体验的首要地位。

但阿尔贝蒂不会满足于这一观念，因为他相信维特鲁维乌斯从未明确披露过人们如何能够实现这种更高层次的和谐。因此，他引入了第二个二元性，反映了他所说的特征和本性，即"美"和"装饰"的辩证法。他在第六卷中介绍了这两个概念，这在其著作中过了一段才重新提起，部分原因是阿尔贝蒂自己也承认这项任务极其困难。事实上，他很可能是利用文字上的间隔来参考其他一些经典的资料。

我们可以像上面那样推测，因为他对他的新二元性给出第一个试探性的定义是："美是一个身体内所有部分的合理和谐，这样任何东西都不能被添加、带走或改变，除非变得更糟。"[22]这种"伟大而神圣的物质"在自然界中很少被发现，阿尔贝蒂引用了西塞罗（Cicero）的《德纳图拉道义》（*De natura deorum*）中的一段对话（用了一个典型的物质隐喻），在对话中一位主角指出，在他最近对雅典的访问中，在各排的军事受训人员中很少能找到一位美丽的年轻人。[23]阿尔贝蒂试图通过提供装饰的理念来弥补这种普遍的自然缺陷，在装饰的意义上可以掩盖某人身体的缺陷，或者修饰或抛光另一部分使其更具吸引力。因此，美是事物的"固有属性"，而装饰是"补光的一种形式，是美的补充"。[24]

但读者很快就会明白，这种试探性的定义完全是具有误导性的。尤其是对阿尔贝蒂来说，装饰是一个更广泛的概念。它与美一起，可以在材料的本质、智力的形成和人类手工艺中找到。[25]装饰的概念也可以应用于许多其他事物。例如，墙或屋顶的主要装饰物——尤其是拱形的——是它的护墙。[26]建筑的主要装饰物是圆柱，圆柱有其优雅和庄严性。[27]图书馆的主要装饰物是其收藏的珍本书（特别是古籍）。²⁸城市的装饰物可以是它的位置、布局、构图、道路、广场、公园和单个建筑。²⁹他曾指出，雕像是最伟大的装饰。³⁰如果有一种方法可以概括阿尔贝蒂对装饰的看法，那么可以说装饰是建筑或设计的材料，无论是在自然条件下，还是在人类劳动的作用下——也就是说，它在物质上具有内在的吸引力，或者在某种程度上被人类的手和大脑所吸引。这一定义与维特鲁维乌斯的装饰概念有着模糊的相似性，但并不一致，维特鲁维乌斯认为装饰是一种正式词汇、一种装饰系统或一种应用于建筑构件的细部设计规则。³¹

尽管如此，这并不是阿尔贝蒂在这个问题上所要说的全部，在三卷之后（在第九卷中），他回到了这个"极其困难的调查"中，此时他有了新的术语。阿尔贝蒂在讨论之前，再一次进行了一个物质上的类比，因为他考虑了苗条的女性美和"更丰满"的女性美的相对优势。他的目的不是回答这个带有太多主观性的人类问题，而是为美提供一个更坚实或绝对的基础。因此，美感不能建立在"幻想"之上，而只能建立在"头脑中天生的推理能力的运作"³²之上，因为理性是上帝赋予人类的特权，大脑及其推理能力被赋予了神圣的权威。这种美与装饰的二元性随后被一种新的观念所取代，那就是第三个中介概念——优雅（concinnitas）。

源于拉丁语的英语词汇"concinnity"（简洁性）仍然完美地表达了阿尔贝蒂定义为"灵魂和理性的配偶"的概念，并且它的任务是"根据某种精确的规则组成彼此本质上完全分离的部分，因此它们在外观上是相互对应的"。³³这不是维特鲁维乌斯的术语，阿尔贝蒂似乎是从西塞罗的修辞理论中提取出来的，在西塞罗的修辞理论中，古典作家根据装饰属性这样定义它：

> 当单词连接在一起时，如果它们产生某种对称性 [aliquid concinnitatis]，则修饰一种风格 [habent ornatum]，而这种对称性在单词改变时消失，尽管思想保持不变。³⁴

这种古典修辞学的定义与演讲风格有关，但阿尔贝蒂的思想要求更为绝对的基础，因此他对美的定义进行了修正：

> 美是身体各部分根据一定的数量、轮廓和位置而产生的和谐统一的一

种形式，这是自然中绝对的基本法则。这是建筑艺术的主要对象，也是她尊严、魅力、权威和价值的源泉。[35]

翻译者对西塞罗在文章中选择了英语中的"symmetry"（对称）一词，强调了这个词的含义与维特鲁维乌斯的对称性（Vitruvian symmetria）有多么接近，这是其六大建筑原则中最重要的一个。维特鲁维乌斯将对称定义为"作品本身元素的比例对应关系，即在独立部分的任何给定部分对整个图形整体外观的呼应"。[36]然而，他使用了一个与阿尔贝蒂不同的词来形容美。后者使用了更传统的术语"pulchritude"（美是卓越的崇高理想），而维特鲁维乌斯更喜欢用"venustas"这个词，在更具体的层面上，它暗示了一种感官所感知的美。正如西塞罗告诉我们的那样，这个拉丁语单词是从女神维纳斯（Venus）派生出来的。[37]

然而，对于阿尔贝蒂来说，美充满了更高的必要性，正如数字、轮廓和位置的重要性所定义的那样。当然，好建筑的这三个必要条件允许他提出和谐比例的问题。和谐比例支配着宇宙中的所有事物，包括音乐和建筑对应的数字和谐。阿尔贝蒂也涉及了对这些比率的讨论，但总的来说，他更喜欢简单的比率，如2∶2、2∶3、3∶4和4∶9，这些比率既适用于音乐，也适用于建筑。这些比率不是任意设想的，而是与人脑独特的推理能力内在一致的：

> 对于一座建筑的外观和结构来说，有一种自然的卓越和完美能刺激人们的思维；如果存在，人们会立即意识到它，但如果不存在，人们会更加渴望它。眼睛天生贪图美丽和简洁，在这件事上特别严谨和挑剔。[38]

这种生物营养，可以说是再次与维特鲁维乌斯的另一段文字有着某种相似之处，那就是"我们的视觉总是追求美"，如果一座建筑的比例不符合眼睛的预期，那么它"给观者呈现出一种笨拙、不雅的外观"。[39]然而，这两种观点之间有一个重要区别。对维特鲁维乌斯来说，使得比例与眼睛的力学相一致的问题，使得建筑师能够在需要的地方进行"光学调整"。[40]对阿尔贝蒂来说，规定的比例上升到了宇宙必然性的水平，因此，他暗示建筑师没有调整它们的余地。如果有一个例外的话，那就是三种秩序，隐喻地说就是基于三种不同身体类型的身体比例：多立克男性（the Doric male）、爱奥尼亚女性（Ionic female）和科林斯女儿（the Corinthian daughter）。

因此，阿尔贝蒂的大脑理论只能被描述为一种体现了思想或品质的化身。正如身体是人类精神或灵魂的家园一样，建筑也是人类身体的家园。然而，与身体不同的是建筑可以避开自然的不完美，只要它被赋予装饰和简洁的基本元素，通过理性的神圣力量赋予它以比例和谐。这就是人文主义建筑师的具身视角。

第3节　费拉雷特和弗朗西斯科·迪乔治

阿尔贝蒂将建筑与匀称的身体联系在一起，为文艺复兴时期固定了这一形象，但在15世纪末之前也有一些对身体的解释。当然，文艺复兴时期将建筑与身体等同起来的著作中有一篇是费拉雷特（Filarete）的，他非常明确地告诉他虚构的对话者，"通过一个比喻，一座建筑是从人，也就是从他的形式、成员和尺寸中衍生出来的"[41]。费拉雷特比阿尔贝蒂大8岁，从未受过古典人文主义的教育。然而，他对14世纪60年代早期的论述采用了在米兰的苏格拉底式对话的形式，在对话中，建筑师说服了王子和其他一些支持者，认为新建筑（佛罗伦萨文艺复兴）比仍在伦巴第使用的旧哥特式风格优越。他这样做是借此阐述他的理想城市斯福尔辛达（Sforizinda）的愿景。

费拉雷特的身体/建筑类比超越了文学的范畴，构建了一个完整的建筑哲学体系。一座建筑应该以人体解剖学中最美的部分——头部为基础，从而分为三个部分。它的入口是它的嘴，上面的窗户是它的眼睛。[42]这座建筑需要定期保养，否则它会生病。这个类比中最具创造性的部分是建筑物的设计或最初的构思。因为未来事业的赞助人不能独自构思这座建筑，他必须遵循自然规律，聘请建筑师来构思和设计建筑：

> 正如没有女人就无法生孩子，所以想要建造一座建筑的人需要一个建筑师。他们一起构思，然后由建筑师实施。当建筑师构思好建筑物后，他就成了这座建筑的母亲。在建筑师构思好建筑物之前，他应该梦想自己的

概念，思考它，并以多种方式将它在脑海中翻转7到9个月，就像一个女人体内怀胎7到9个月一样。[43]

正如一个好的母亲在分娩后看到自己的儿子或女儿得到了适当的照顾一样，建筑师也会去找最好的导师，即最熟练的木匠和泥瓦匠来建造这座大厦。费拉雷特援引了另一个很可能冒犯阿尔贝蒂的肉体隐喻："建筑只不过是一种享乐，就像恋爱中的男人一样"。[44]

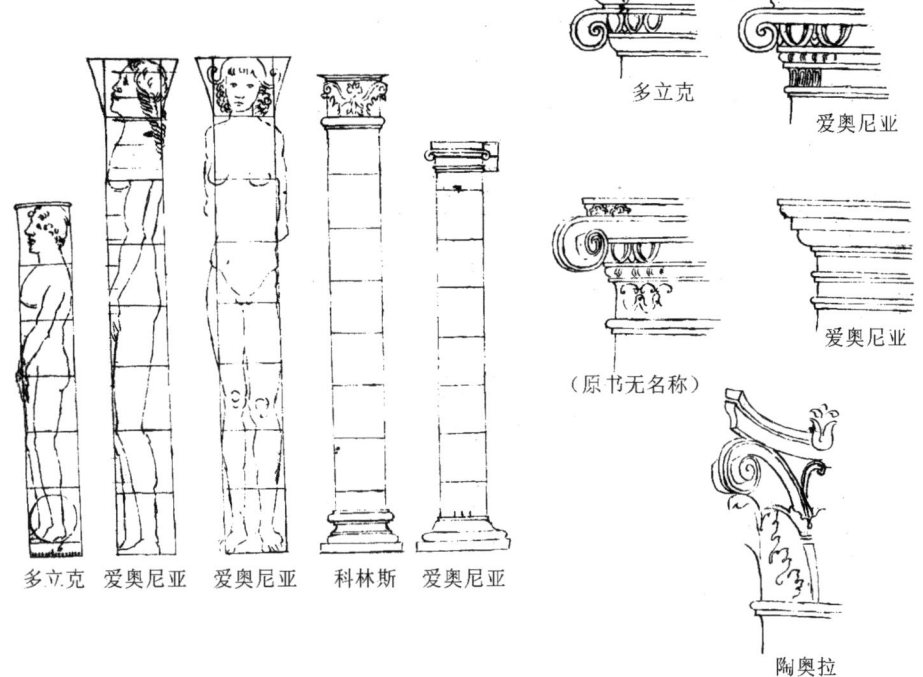

图 1.1 弗朗西斯科·迪乔治·马蒂尼，歌剧院建筑（*Opera di Architettura*）（约 1479—1480）

斯宾塞收藏，纽约公共图书馆，阿斯特，勒诺克斯和蒂尔登基金会，Ms. 129, fol. 18v

费拉雷特当然熟悉维特鲁维乌斯以及阿尔贝蒂的著作，他可能在他们两人都住在罗马时见过后者。他的想法似乎是源于这两人的。不仅多立克柱的柱身（继承了维特鲁维乌斯）基于裸体男性的比例（因此在向顶部逐渐变细之前"中间更丰满"），而且科林斯柱身的卷边也适度地模仿了少女的百褶裙。[45]同样，当后伊甸园世界的第一批人类感到有必要建造庇护所时，他们的比例也遵照了亚当的身体，而亚当确实是上帝创造的，因此拥有一个完美的身体。[46]

费拉雷特在其文章中的身体隐喻在某种程度上被与他当代的建筑师、画家、雕塑家和工程师弗朗西斯科·迪乔治·马蒂尼（Francesco di Giorgio Martini）所超越。他的著作有两部幸存下来，一部在都灵（*Saluzzianus*，1476年前），一部在佛罗伦萨（*Magliabecchianus*，1489—1491），以及理查德·贝茨（Richard J. Betts）在1479—1480年涉及特鲁维乌斯的手稿（*Spencer*）[47]，这三部著作都非常依赖维特鲁维乌斯的拉丁文文本（尽管在第三部中较少）。事实上，正如贝茨所说，前两部可能被视为翻译罗马作品的最早尝试。这三部手稿之所以特别吸引人，是因为其中描绘了大量的图画，在这些图画中，人的面部或身体被叠加在经过测量的柱头和飞檐、柱子、建筑平面图、剖面图和立面图上。所有这些都表明他相信人的比例和建筑之间有着深刻的关联，这显然是无所不包的：

> 如果像前面所说的那样，柱子、底座、柱头和檐口以及所有其他的尺寸和比例……都来自人体的骨骼和构件，那么它（秩序）的外在表现就更加美丽。首先我们看到，根据身体的划分，柱子有七个或九个部分，柱头是柱子的厚度，柱脚的高度是柱头高度的一半，柱基是柱子的一半厚。柱子的纵列或通道有24根，因为人体有24根肋骨。为了展示柱子或飞檐、柱头的规则，有必要描述和展示这个主体的尺寸。而且，如前所述，寺庙和建筑物的构成是相应的，建筑师必须非常努力地理解这一点。[48]

第4节 列昂纳多

列昂纳多·达·芬奇（Leonardo da Vinci）是对弗朗西斯科·迪乔治这篇文章留下深刻印象的人之一。1490年，达·芬奇在米兰遇到了年长他13岁的马蒂尼。事实上，同年6月两人前往帕维亚，就大教堂的重建事宜进行磋商。幸存下来的马蒂尼手稿中有一部是列昂纳多所有的（可能是马蒂尼本人的礼物），上面的各种注解证明了列昂纳多是多么仔细地研究了这部作品。

必须强调的是，列昂纳多出生于1452年，他既是科学家又是艺术家。[49]他在安德烈亚·德尔韦罗基奥（Andrea del Verrocchio）的佛罗伦萨画室接受过画家的培训，在他1481年离开米兰前，他已在米兰待了18年，他是一位成熟的甚至还未被认可的艺术家。为什么他从文艺复兴的中心搬到繁荣的伦巴第首都（当时是欧洲第三大城市），这仍然是个谜，但显然他觉得服务于富有的卢多维科·斯福尔扎（Ludovico Sforza）宫廷对自己的经济前景会更好——他最初申请的是一个军事工程师的职位。无论如何，正是在米兰，他对比例、几何和建筑产生了兴趣。1499年，法国军队的到来迫使他逃到佛罗伦萨，但经过几年的动荡，他于1506年回到米兰，为法国宫廷工作。1513年，当内乱重临这座城市时，达·芬奇把他的基地转移到了罗马。1516年他再次移居法国，成为法国国王弗朗索瓦一世（François I）的首席画师。1519年，他死于安布罗伊斯的克洛酒庄。

了解达·芬奇大脑的关键是他对人体解剖和大脑的终生兴趣。1507年他访问佛罗伦萨时，曾在圣玛利亚诺瓦医院解剖过一具尸体（教堂严格禁止这种做法），但他对人体及其操作的兴趣在他在佛罗伦萨的第一次居留期间就表现出来了，当时他接受了绘制人体模型的指导。这种兴趣在米兰更加浓厚，到1489年，列昂纳多已经开始为一项名为《论人体》的解剖学研究准备了一份大纲。为了这次冒险他似乎已经准备了数百项解剖学研究，其中更有趣的是对大脑的一些研究。他是第一个这样做的艺术家，由于此时他对这个器官的了解微乎其微，列昂纳多遵循了中世纪的传统把它的活动分配给三个在眼睛后面排列成一排的袋子或腔室：第一个是感官印象的受体；第二个是智力、想象力和判断力的所在地；第三个是记忆。后来，在1508年左右，他在佛罗伦萨解剖的草图显示了同样的腔室，对大脑的有机复杂性的描绘更为精确。但对列昂纳多来说，大脑皮层的灰质只不过是对其下基本区域的一个包裹。中世纪的解剖学观念强调，所有的思维都发生在位于大脑中心的"sensus communis"或"常识"（common sense）中。

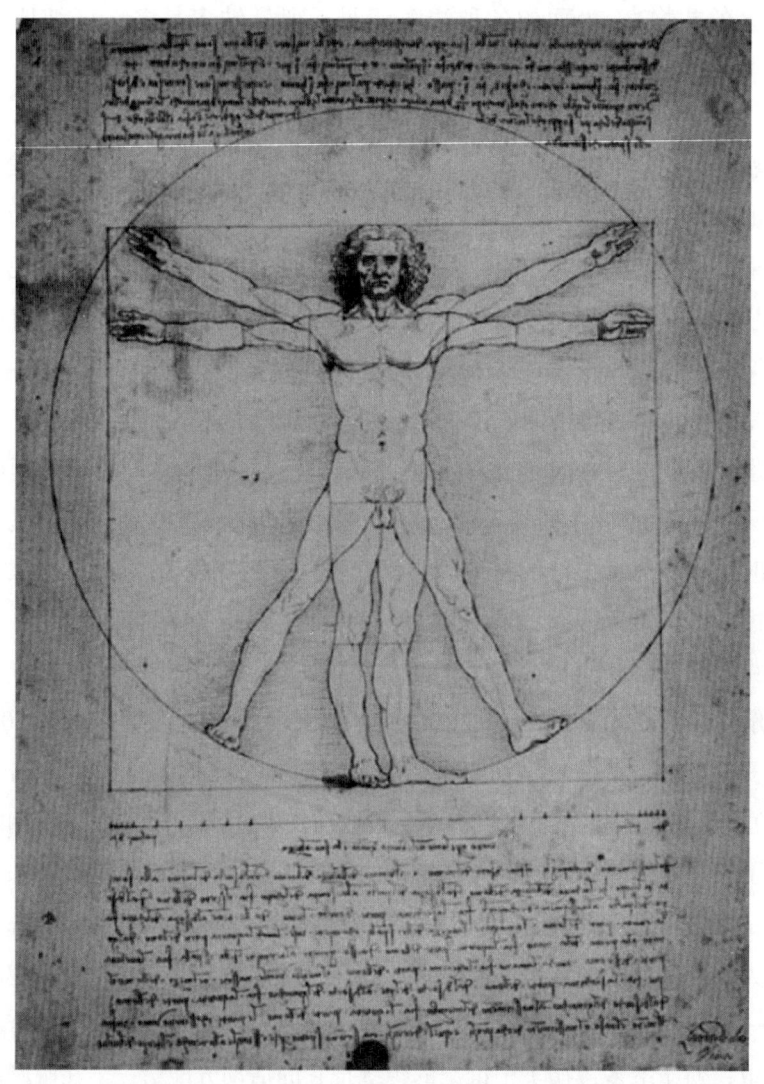

图 1.2　达·芬奇，维特鲁维亚人（约 1490）

这些研究也很有趣，因为正是在同时期，即 14 世纪 80 年代的后半期，达·芬奇对建筑及其对人体比例的依赖产生了兴趣。他这一时期的研究和素描可能受到了启发，至少部分是由于维特鲁维乌斯和阿尔贝蒂的论著的出版，以及他在米兰接触到的当地的费拉雷特和马蒂尼手稿。他的在一个圆形和正方形中的维特鲁维亚人（"Vitruvian Man"，现位于威尼斯）这幅著名画作可追溯到

1490 年左右,我们可以从《惠更斯法典》(*Codex Huygens*)中发现的痕迹推测,这不是一幅孤立的图画,而是更广泛的解剖学研究的一部分。[50]这部法典的痕迹可能是在 16 世纪由米兰艺术家卡洛·乌尔比诺(Carlo Urbino)从列昂纳多的原始草图(有些已知,有些丢失)中复制而来,尽管有些也可能是从他的门徒的草图中获得的。

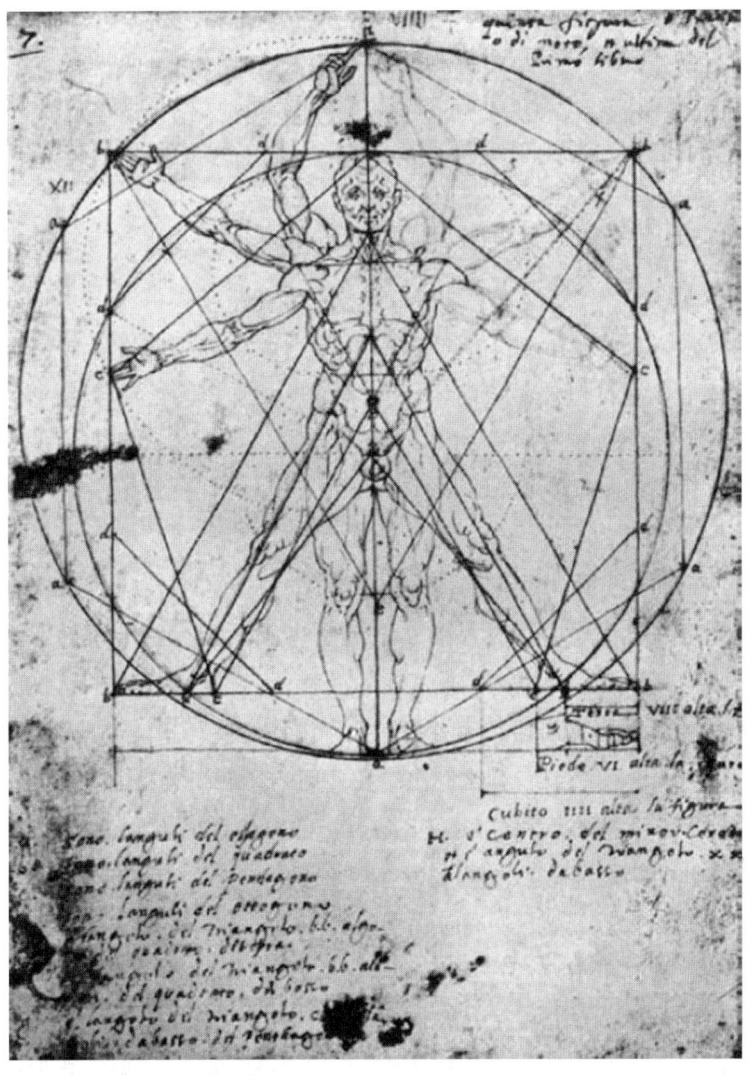

图 1.3 卡洛·乌尔比尼(以列昂纳多·达·芬奇命名)
摘自《惠更斯法典》。由皮尔庞特摩根图书馆提供。手稿 2006.14, fol. 7

也许最吸引人的是那些基于维特鲁维亚人的作品，这些作品利用了威尼斯绘画中隐含的动作，但也有其他的几何学。例如，其中一个记录了男性在一系列圆圈、多边形、三角形和正方形中的三重动作。[51]列昂纳多显然是在寻找几何验证，以支持人形和宏观宇宙之间的神圣联系。这一假设得到了一个事实的支持，正如马丁·坎普（Martin Kemp）所指出的，威尼斯画作的中心线布满了罗盘点，尤其是围绕脸部的罗盘点。[52]坎普将这些图像称为典型的"托勒密式宇宙观"，他的意思是人类的肚脐和阴茎（圆形和方形的不同中心点）保持不动，宇宙围绕其运动。[53]列昂纳多显然说了同样的话，正如我们在18世纪早期的《惠更斯法典》版画中所发现的：

因此，在我们的方案中，动作 y^e 被分配给各个成员，它是 y^e 首要原因和中心，它以一个圆的 y^e 形式转动，罗盘将追踪其将要做的自然动作 y^e 稳定性，将其分配到多条线上，根据 y^e 诸天体的第一秩序转动它的中心，这个身体的构成是在我们伟大杰作的 y^e 自然计划上形成的，在这计划中我们升华并转动自身：这展示在 y^e 第一个形象上，而且整个方案及其所有变化都是用一条线来展示的。[54]

还应注意的是，达·芬奇的许多建筑草图——比如他为一座集中的寺庙设计的草图，也是从这一时期开始的。他的室内圆顶和后堂的肌肉般强健的素描，赢得了他在米兰的同事多纳托·布拉曼特（Donato Bramante）的赞许，也是从这个时候开始的。[55]当然，后者将在几年内成为罗马圣彼得教堂的建筑师。

在这个时候，列昂纳多对比例比率和几何的迷恋当然是因为他与数学家和方济会僧侣卢卡·帕西奥利（Luca Pacioli）的友谊，后者于1496年来到斯福尔扎宫。在此两年之前，帕西奥利发表了他的《算术、几何学、比率学和比例学的总论》（Summa de arithmetica, geometria, proportioni et proportionalità），这使数学上完美的宇宙背后产生了神创的火花。1498年，帕西奥利完成了他的《迪维娜比例》（De Divina Proportione）手稿（1509年出版），列昂纳多为此绘制了许多几何图形。帕西奥利的宇宙观非常明确："首先，我们要谈论人的比例，因为从人体中衍生出了所有的尺度及其命名，并在其中找到了上帝揭示自然界最深处秘密的所有比率和比例。"[56]

也许对列昂纳多来说，这一兴趣的第一个艺术表现是他在 1497 年为圣母玛利亚教堂餐厅（Sta Maria delle Grazie）所做的壁画《最后的晚餐》（*The Last Supper*）。显然，这幅画是以不同于透视法则的数学间隔网格来布置的。谈到沿两边墙的挂毯，坎普作了如下观察："挂毯的尺寸似乎按 1∶1/3∶1/4 的比例缩小，或以 12∶6∶3 的整数表示。在音乐方面，3∶4 是四度音程，4∶6 是五度音程，6∶12 是八度音程。这些比例的结果是，如果这是一个真正的房间，挂毯的宽度实际上会有所不同。"[57]

当列昂纳多于 1500 年回到佛罗伦萨时，这种兴趣并没有减弱，不久帕西奥利也加入了他的行列。他最新的兴趣是阿基米德曾首先探索了的几何变换。事实上，他的画作的赞助人和崇拜者对于"数学实验使他分心"到不再绘画的地步感到沮丧。[58]同样也是在佛罗伦萨的这一时期，他对人体解剖学的科学追求加强了。列昂纳多显然痴迷于解决他认为是永恒的问题，这是人文主义世界观的核心。在某种程度上类似于阿尔贝蒂，他恢复了古代对宇宙的拟人化理解，尽管他有着更多的经验或科学严谨性。他这样做是认真的，不允许下一代文艺复兴时期的建筑师在这个隐喻的理论框架之外运作。即使在他的劲敌米开朗基罗（Michelangelo）1501 年回到佛罗伦萨开始雕塑《大卫》之后，也无法打破这一遗产的诱惑。米开朗基罗在 1550 年写给一位不知名的枢机主教的信中实事求是地报告说："因此，建筑的肢体来源于人的肢体是无可争辩的。任何一个对人体形，尤其是对解剖学没有很好掌握的人都不能理解这一点。"[59] 20 年后，伟大的安德里亚·帕拉迪奥（Andrea Palladio）表达了同样的立场，他将美定义为与阿尔贝蒂的简洁性概念惊人相似的术语：

> 美来自整体的形式和对应关系，是关于几个部分以及关于彼此的部分对整体的再次对应关系；结构可能看起来是一个完整的躯体，其中每个成员都相互一致，并且都是构成你想要的形式所必需的。[60]

这是一个如此令人信服的愿景，以至于很难相信文艺复兴时期建筑师的眼睛并没有同样确定地看到建筑中的这些和谐关系。帕拉迪奥的文化认知（他的大脑视觉回路的结构）可以说是由他所认为的神圣比例所决定和制约的，他的大脑——正如他对建筑的"身体"所表明的那样——无法在它们之外构思设计。他所认识到的这种比例的本质美，我们21世纪的大脑几乎已经不能做到了。

第 2 章　启蒙时期的大脑

佩罗特、劳吉尔和勒罗伊

> 我们这个世纪，或者至少是我们这个国家的品味，与古人不同。
> 　　　　　　　　　　　　——克劳德·佩罗特（Claude Perrault）[1]

作为 15 世纪意大利艺术文化的试金石，人文主义者大脑的艺术影响力在随后的一个世纪开始向北方传播，当然这得益于印刷机的发明。阿尔贝蒂的第一个法文译本于 1512 年出现在巴黎，让·马丁（Jean Martin）的法文版维特鲁维乌斯著作随后于 1547 年问世。塞巴斯蒂亚诺·塞利奥（Sebastiano Serlio）的《建筑学》（*Architetura*）第四卷于 1537 年在威尼斯出版，1539 年在安特卫普以佛兰芒语和德语翻译出版，而第一卷和第二卷于 1545 年在里昂首次出版。维特鲁维乌斯的德语第一版于 1548 年在纽伦堡出版。这段文艺复兴和古典思想的跋涉在 16 世纪和 17 世纪期间稳步向北推进，并于 1746 年洛丽兹·劳瑞森·德·图拉（Laurids Lauridsen de Thurah）在斯堪的纳维亚对维特鲁维乌斯的丹麦语译本《丹斯克·维特鲁维乌斯》（*Den danske Vitruvius*）上达到顶峰。

与此同时，意大利的艺术敏感度已经开始转移，很大程度上是因为宗教危机。16 世纪上半叶，北欧的宗教改革对罗马教会的权威提出了严峻的挑战，教皇对此作出了回应，推行了一个新的改革秩序——耶稣会，而他们被指控进行了反宗教改革。建筑注定在这场运动中扮演着非常重要的角色，事实上，通常被认为是第一座巴洛克风格的教堂——罗马的盖斯教堂（church of Gesùin Rome）始建于 1568 年，也就是帕拉迪奥的经典著作问世的两年前。到了 17

世纪中叶，通过诸如吉安伦佐·贝尔尼尼（Gianlorenzo Bernini）、弗朗西斯科·博罗米尼（Francesco Borromini）和瓜里诺·瓜里尼（Guarino Guarini）等建筑师的高超才能，这种新的风格已经演变成视觉上复杂的、几何化的和高度华丽的臃肿组合，通常具有空间灵巧性和光暗的变化的壮观效果。其中在罗马的一些早期杰作，如博罗米尼的圣卡洛教堂，在他1667年去世时仍然没有建成。

图 2.1 弗朗西斯科·博罗米尼，圣卡洛教堂（San Carlo alle Quattro Fontane），始建于 1638 年

由本书作者拍摄

正如我们将会看到的那样,后一个日期很重要,因为如果我们只关注这一年,我们就可以发现在南方更感性的形式和法国对古典主义更理性的诠释之间,艺术方向的定义形成了鲜明的对比。这样的划分也指向了人类大脑的另一个有趣的特征,那就是它看待事物的文化视角。如果说 17 世纪的法国拥有笛卡尔,荷兰拥有斯宾诺莎,德国拥有莱布尼兹,英国拥有洛克——他们对世界的理解方式都截然不同。在法国,对这种对比最生动的描述莫过于这位试图阻止意大利巴洛克风格传入法国的建筑师。

克劳德·佩罗特(Claude Perrault)1613 年出生于巴黎,比他的弟弟查尔斯(Charles)年长 14 岁,查尔斯后来成为著名的童话作家。[2] 克劳德接受了医生的培训,1642 年获得了梅德西学院的博士学位,此后不久加入巴黎大学成为生理学教授。在接下来的 46 年里,他进行了大量的生理学、比较解剖学、力学、物理学和数学研究。他与莱布尼茨和荷兰著名物理学家克里斯蒂安·惠更斯(Christiaan Huygens)曾多次合作,事实上惠更斯的兄弟康斯坦丁(Constantine)1690 年购买了据信是达·芬奇手绘的画册。1666 年,佩罗特和惠更斯一起成为法国科学院(Académie des Sciences)的创始人,这是由年轻而雄心勃勃的路易十四(Louis XIV)赞助的一个新科学研究机构。惠更斯在 16 世纪 70 年代上半叶在科学院所属的巴黎天文台进行了重要的行星观测,而该天文台的设计通常归功于佩罗特。

佩罗特的观点首先是笛卡尔主义的,这值得一些评论。法国哲学家勒内·笛卡尔(René Descartes,1596—1650)在法国开创了一个科学和哲学的新纪元,他提出了一种通常被称为"笛卡尔式怀疑"(Cartesian doubt)的学说,这种学说承诺通过把研究局限于"我们能清楚而明显地凭直觉或肯定地推断出来的东西,而不是别人的想法或我们自己的猜测",[3] 来消除科学中许多推测性的困惑,对笛卡尔来说,这个工具意味着对科学的定量方法的更严格的使用,以及对残余的亚里士多德科学传统的公开怀疑。这也使得笛卡尔用他著名的二元论——广延的物质(res extensa)和认知(思维)的物质(res cognitans),把身体从灵魂中解放出来。前者是以机械方式运作的物质世界,因此是科学的对象;而后者——笛卡尔也叫意识——是非物质的、不可分割的,因此是与身体分离的。对于这种形而上学二重性的长期残余效应,今天的神经科学会有很多话要说,但佩罗特的笛卡尔式怀疑让他以类似的怀疑态度对待古典和文艺复

29 兴理论。

佩罗特1667年在巴黎建筑界的两次表现都产生了重大的成果。第一次是皇室决定资助出版维特鲁维乌斯著作的一个新的法文译本，该译本打算被作为计划中的皇家建筑学院（Royal Academy of Architecture）的教科书来使用，该学院实际上于1671年开放。在许多方面，这一决定宣布了法国独立于意大利建筑的巴洛克风格——也就是说，试图通过恢复维特鲁维乌斯的原始权威，更严格地定义法国国家古典主义。佩罗特可能是因为两个原因才得到这个资助的。一是由于他受过医学教育，是巴黎为数不多的几个既懂拉丁语又懂希腊语的人之一。第二个原因是，他的兄弟查尔斯当时是让·巴普蒂斯特·科尔伯特（Jean-Baptiste Colbert）——路易十四的首席部长和新学院背后的推动者——的秘书。因此，佩罗特有一个内线，但这一优势不应削弱这样一个事实，即他不仅会做出一个极好的翻译，而且还会做出一套批评注释，远远优于维特鲁维乌斯的早期版本。

佩罗特1667年的第二次建筑冒险源于对卢浮宫（Louvre）的争议，卢浮宫在1660年代是路易十四的主要宫殿。[4]一座塔楼式的中世纪城堡最初占据了塞纳河北部（或右岸）的遗址，但在1546年和1624年的两次建筑运动中被拆除了，取而代之的是一座南北朝向的长方形建筑，中间有一座宏伟的亭子。1659年，也就是"太阳王"升天的两年前，由于第三次建筑运动，这座建筑开始扩建，两翼向东延伸，然后由东侧的另一座纪念性建筑所包围，这就形成了今天仍然存在的大型方形庭院。新的东区将成为国王的宫殿。

1662年，由于刚被任命的科尔伯特对设计不满，因此工程暂停。随后举行了一场有限制的比赛，克劳德·佩罗特和查尔斯·佩罗特联合提交了一份未经邀请的设计方案，但获奖者是著名的贝尔尼尼，他于1665年应邀前往巴黎准备最终设计。然而，他在那座城市的夏季逗留中表现出了对巴洛克风格设计的不满，当他10月份返回罗马时，两翼的工程再次停止。最后，1667年国王任命了一个三人委员会来准备一个新的设计，这个委员会由国王的首席建筑师路易·勒沃（Louis Le Vau）、国王的首席画师查尔斯·勒布伦（Charles Le Brun）和克劳德·佩罗特组成。克劳德几乎没有建筑经验，他是如何被选中的仍然是一个谜。选择他可能是因为科尔伯特试图（通过查尔斯）对结果施加某种控制。接着，佩罗特收到或即将收到翻译维特鲁维乌斯著作的委托，因此，科尔伯特可能觉得克劳德可以把他在古典理论方面的专长带到团队中。

尽管如此，东翼建筑仍然是法国古典主义的杰作，尽管法国的建筑学界需要一个世纪才能认识到这一点。这座相当庞大的建筑与更庞大的意大利宫殿的砖石和壁柱墙完全不同。它的主题是正面主楼的大型柱廊，缺乏任何文艺复兴或古典主义的先例。这些圆柱成对排列也违反了古典教条。同样，在这对跨度近 20 英尺的柱子之间的巨大平顶柱，需要一种全新的结构原理的发明——用复杂的钢筋框架加固砖石结构。原则上，这是一项类似于几个世纪后钢筋混凝土的发明。这个委员会设计的作者是谁？这个问题至今仍未得到解答。然而，克劳德·佩罗特非常乐意得到全部荣誉，即使参与该项目的其他人对他的说法会提出异议。

由于接下来发生的事情，这个问题就与我们的目的无关了。1673 年，在法国建筑学院正式建立一年多后，佩罗特出版了他的维特鲁维乌斯译本。在第三卷第三章的脚注中，他用下面的话解释了其革命性设计背后的思想：

> 我们这个世纪，或者至少是我们这个国家的品味，与古人不同，也许它有点哥特式的味道，因为我们喜欢空气、日光和开放性 [dégagemens]。因此，我们发明了第六种排列柱子的方法，即将它们成对分组，并用两个柱间分隔每一对。[5]

这个看似无辜的声明至少有三个革命性的方面。首先它就是一项声明，即法国民族的文化（及其建筑）可以不同于意大利和古典时期的文化，可以追求新的发明——这是后来被称为"古今之争"的第一波。[6] 新任命的皇家建筑学院院长弗朗索瓦·布隆德尔（François Blondel）是一位古人的捍卫者，他当时正在实施一个基于古典主义和文艺复兴先例的项目。[7]

第二个革命性元素是对哥特式建筑的借鉴，在古典文化中哥特式建筑被普遍视为一种"怪异"的建筑，甚至是一堆没有文物认可的野蛮建筑形式。然而，在 1669 年，佩罗特在法国南部进行了一次建筑之旅，他对哥特式建筑的形式和风格所表现出的结构独创性印象不佳。[8] 因此，他在这段话中对哥特式建筑的启用暗示了对古典主义的一种更轻松或更好的工程解释，一个更符合法国"品味"的解释。

图 2.2　卢浮宫东翼

塞巴斯蒂安·勒克莱克（Sébastien Le Clerc）雕刻，提升卢浮宫山墙石（1674）

这段话的第三个不寻常的方面是他提到的"openness"（开放性），即法语单词"dégagemens"。现代法语单词"dégagement"的词根与英语单词"diseasement"（疾病）相同，不过在法语中它通常意味着"清除"一些东西。佩罗特认为，通过在卢浮宫上使用他新发明的柱廊，他正在清除后面墙壁上的结构，从而减轻墙壁的负荷和质量。这样的间隙反过来又允许后面墙壁上有更大的开口，从而更好地通风、采光和开放性外观（由于高浮雕的缘故）。这又一次是针对巴洛克风格的物质或感官特征的批评。

然而，这段话有第四个——也是最重要的——革命性的元素，这就是它所引用的维特鲁维乌斯的文本。维特鲁维乌斯在脚注的一段文字中赞扬了希腊化建筑师赫莫根内斯（Hermogenes），因为他打破了早期的先例，拆除了内部一排双柱廊的柱子，从而使他的神庙的外部柱廊变得更加凸现，从而增添了威严。[9]维特鲁维乌斯用来描述这样一种新颖效果的拉丁语比较粗糙，佩罗特用法语术语"aspreté"（现在是 preté）来描述。与之相对应的英语单词是"asperity"，今天的词典将其定义为"严苛的"或"表面的粗糙性"。然而，在其17世纪的背景中，佩罗特指的是由其柱廊及其浮雕中的深阴影所引起的"生动性"或"视觉张力"，即它对眼睛视网膜的影响。因此，他赞同赫莫根内斯对古典主义的创新，同时用对其美学效果的解剖学或生理学解释来为其辩护——

这是建筑理论中的首次辩护。

布隆德尔当然觉得自己在学院的努力被佩罗特支持创新的意愿所削弱,他最终在《建筑课程》(*cours d'architecture*,1683)第二卷以不少于三章的篇幅回应了这一注脚。而佩罗特则在其维特鲁维乌斯第二版的译文中用了一个大得多的脚注进行了反驳,他在第二版中捍卫了自己那个时代创造新发明的权利。其论点的完整版是在1683年出版的另一本书中提出的,即《仿照古人的方法对五种柱式的排列》(*Ordonnance for the Five Kinds of Columns after the Method of the Ancients*)。[10]

这本书的主题集中在围绕建筑秩序使用的恼人的比例问题上。维特鲁维乌斯提出了他的比例秩序,同时承认这些比例会随着时间的推移而改变。[11] 阿尔贝蒂当然坚持一定的比例,与那些在音乐和声中使用的相同,是有特权的,因而是绝对的。1683年的问题实际上是双重的。从那时起,对古罗马纪念碑的测量表明,在古代没有任何建筑物遵循维特鲁维乌斯或任何其他可辨别的比例教条的规定。其次,对这个问题进行了讨论的文艺复兴时期的建筑师和作家没有得出一致意见,认为这些数字的比例应该是多少。因此,如果柱子应该基于绝对的或和谐的数值,那么它们还未出现在任何已知的系统中。佩罗特用冷静的科学方法解决了这个问题。他采用了在所有已得到公认的柱子顺序示例中所发现的不同比例,并计算了每个部分的算术平均值。此外,他还用两个论据证明了这种方法的合理性,这两个论据最终被证明对人文主义理论而言是毁灭性的。

首先,在医学研究的基础上,他谴责了音乐和建筑的和谐数值应该是相同的这一前提,因为生理上眼睛和耳朵以两种不同的方式处理它们的感知。他认为,音乐和声音是由听觉直接感知的,不需要智力的帮助,而视觉和谐只能通过大脑的心理活动来理解。用他的话来说,"眼睛,它能传达使我们欣赏的比例知识,而且只有通过这个知识才能使头脑通过它所传达的这个比例知识来体验它的效果。由此可以得出,让眼睛感到愉快的东西,不可能像通常的情形那样,是由于眼睛没有意识到其中的比例。"[12]

第二个论点同样有趣。他看到了绝对比例问题无法解决的困境,把美分为两类:积极之美依赖于"令人信服"的经验证据,并涉及材料的丰富性和所展示的工艺等方面。相比之下,任意之美是"由我们想要给一个确定的比例、形状，或者形成一种完全可以有不同形式而不须变形的事物，这种事物看起来是令人愉快的，不是因为每个人都能理解的原因，而仅仅是因为习俗和思维在两种不同性质的事物之间的联系"。[13]因此，整个比例的问题现在被置于任意之美的领域，即人类文化不断变化的时尚。必须强调的是，佩罗特完全基于他对人体解剖学的知识，颠覆了人文主义理论的这一基本前提。正如列昂纳多所赞赏的那样，佩罗特从他在医学院的早期就开始解剖尸体了。

然而，人文主义理论并没有温和地进入那个美好的夜晚。布隆德尔死于1686年，当时古代和现代之间的争论正闹得不可开交。两年后，佩罗特也去世了——这是可以理解的，因为他在解剖骆驼时感染了病毒。布隆德尔建立的这所学校的古典课程在下一个世纪的大部分时间里都相对完整，而佩罗特则相对地默默无闻，部分原因是卢浮宫的建筑活动节奏缓慢。在决定将王位迁往凡尔赛宫后，路易十四把所有的资源都放在那里，凡尔赛宫过于华丽的巴洛克风格（后来被称为洛可可风格）开创了一种新的建筑时尚，在18世纪的头几十年将成为整个欧洲的风潮。

第1节 劳吉尔

最终导致佩罗特复辟的是一场知识分子的剧变，更为人所知的名称是法国启蒙运动。在欧洲和北美不是探讨这种文化转变的细微差别的地方，只是要注意到，在法国这是一个充满着强烈的知识兴奋和好奇心的时代，也是一个越来越蔑视国王、贵族、宗教的既得利益和国家苛政的时代——因此在1789年法国大革命中恰如其分地达到高潮。

启蒙运动的一个很好的建筑代表是理论家马克–安托万·劳吉尔（Marc-Antoine Laugier），他是普罗旺斯人，年轻时成为耶稣会牧师，因此享受了极好的古典教育。1744年他搬到巴黎，被派往圣苏普里斯教堂，在那里他以演讲技巧而闻名。到1749年，他的才华吸引了人们足够的注意力，以至于他有时被邀请到凡尔赛宫在国王面前布道。这一荣誉最终被证明并不是一种幸事，因为在1753年复活节星期天凡尔赛宫的一次布道中，他有点过于尖锐地抨击了国王的个人和政治鲁莽性。当晚他被赶出了人们的视线，去了一个危险的地方——里昂。

然而，他的布道结果似乎是牧师事先预料到的。因为在17世纪50年代早期，劳吉尔在巴黎的沙龙圈子里变得活跃起来，尤其是在丹尼斯·狄德罗（Denis Diderot）周围，劳吉尔显然已经决定离开耶稣会了。这个决定导致了一个棘手的法律问题，因为这需要教皇的签名。因此，直到1756年他才最终被调往本笃会。劳吉尔摆脱了传教的义务独自回到巴黎，恢复了对艺术和文学的兴趣。那时他至少被温和地奉为备受欢迎的《建筑学随笔》（*Essay on Architecture*）的作者，署了他名字的第二版在1755年出版。1753年的第一版是匿名出版的，是他早些时候在巴黎逗留期间写的。

劳吉尔对洛可可式建筑的极度反感，彻底打破了过去的传统。维特鲁维乌斯"实际上只教会了我们他那个时代所实践的东西"，现在被认为是完全不相关的，他的建议将被"理性"的最高标准所取代。[15] 劳吉尔对自己大脑中关于建筑的创造性洞察的爆发的描述——他的"尤里卡！"（Eureka！）时刻（即发现时刻）——引人注目：

> 突然一道亮光出现在我眼前。我清楚地看到了一些东西，在那之前我只瞥见了薄雾和云层。我急切地抓住这些物体，借助于它们的光芒，我的不确定性逐渐消失，我的困难也随之消失。最后，我达到了一个阶段，我可以通过原则和结论，在不知道原因的情况下向自己证明这些影响的必然性。[16]

这本书的开篇就向让-雅克·卢梭（Jean-Jacques Rousseau）的著述致敬——一个早期的人类居住在荒野环境中（在社会和文化的腐化影响之前），并且仅仅依赖他的本能。[17] 恶劣的天气迫使他考虑需要庇护，而不是搬进一个潮湿的洞穴，他发现了一些倒下的树枝，把其中四个插入地里，用一些水平的枝干连接起来，然后加上倾斜的带叶子的枝干，形成一个山墙的顶棚。这三项理性的发明（柱子、楣梁和屋顶）构成了建筑所必需的一切，而墙、门和窗等其他偶然事件是允许的，但只是不幸的必需品。然而，所有形式的装饰物都不是必需的，拱门、桥墩、壁柱、相连的柱子以及许多其他元素都无法被开明的理性所支撑。

劳吉尔建筑理论的第二个原则是佩罗特的设计理念"dégagement"或"开放性",这无疑是贯穿全文的最频繁重复的技术术语。劳吉尔在各种意义上使用它,特别是当使用独立柱时,无论是在外部还是内部,建筑都会呈现出开放的外观。劳吉尔坚持认为,柱子永远不应该与墙壁相连,而对于教堂内部,中堂的柱子(而不是更大的墩柱)是使用首选,尽管柱子的结构有明显的局限性。佩罗特为卢浮宫设计的柱廊,以及位于凡尔赛宫的朱尔斯·哈杜因-曼萨特(Jules Hardouin-Mansart)小教堂的内部,在文中作为可效仿的典范都被引用了超过六次。相比之下,佩罗特的"âpreté"或"视觉张力"的概念在书中只出现过一次,但在某种程度上强调了劳吉尔对佩罗特对这个词的理解。

当进入凡尔赛教堂的中殿时,每个人都会被其圆柱的美丽所打动,被其柱间如画的景色(âpreté)所打动;但当人们接近半圆形后殿时,没有人不会注意到那排美丽的圆柱被一根令人沮丧的壁柱愚蠢地打断了。[18]

我认为,译者沃尔夫冈·赫尔曼(Wolfgang Herrman)把劳吉尔的术语"âpreté"翻译成"如画的景色"(picturesque vista),非常接近佩罗所说的这个词的视觉和生理意义。这也是一个概念,现在它已经被重新引入建筑理论,很快将以一种更有趣的方式发展起来。

第 2 节 勒罗伊的"连续感觉"

进一步发展的动力是 1750 年代对希腊古典建筑的惊人重新发现,几个世纪以来,雅典一直处于奥斯曼帝国的控制之下,因此欧洲游客相对难以接近。无论是作为外交使团还是作为个人,大多数冒险来到这座城市的人都没有注意到它的古典建筑,其中许多都部分地嵌入了后来的建筑中。例如,帕台农神庙的大殿,几个世纪以来曾被改造成教堂和清真寺。1674 年,在帕台农神庙被威尼斯炮弹击中的 13 年前,一支由诺因特尔侯爵(Marquis de Nointel)率领的法国外交团队结束中东之旅返回雅典。团队成员包括著名艺术家雅克·凯利（Jacques Carrey），团队对能够进入雅典卫城感到惊讶，因为这座城市的土耳其统治者居住在山门处，他的后宫则位于伊瑞克提翁（Erechteum）。凯利用了两周时间仔细地记录了帕台农神庙的雕饰带和山脚雕塑，但引人注目的是却没有注意到它们所矗立的柱廊（仍然完好无损）。

欧洲文化史上的这种"停顿"（caesura）现象在 18 世纪中叶开始显现，当时几队游客（大多是富有的业余爱好者）正在东地中海周围的古典遗址进行考古勘探。这项工作激发了居住在罗马的两位英国画家詹姆斯·斯图尔特（James Stuart）和尼古拉斯·雷维特（Nicholas Revett）的灵感，他们在 1748 年宣布了前往雅典并记录其古典纪念碑的意向。在赞助人和伦敦迪莱坦蒂协会（London Society of Dilettanti）资助下，他们于 1750 年 3 月离开罗马，但直到次年 3 月才抵达雅典。不过，他们在那里一下就待了两年。1754 年他们带着一大箱的画作回到伦敦，由于种种原因他们决定不立即出版。此外，当他们期待已久的研究的第一卷在 1762 年问世时，其中包含的大多是次要的罗马作品，而没有雅典的主要古迹。

同时，这一情况也得到了朱利安·大卫·勒罗伊（Julien David Le Roy）的补救，他当时是一名学生，17 世纪 50 年代初一直住在罗马的法国学院（French Academy）。他被斯图尔特和雷维特之行所感动，决定独自冒险前往雅典。1754 年春，他在威尼斯登上了一艘法国军舰，并于次年 2 月经由君士坦丁堡抵达雅典。他在那里只待了三个月，但描绘了许多希腊的原始纪念碑。在 1755 年秋天，勒罗伊回到巴黎后得到了资金支持和几位有才华的雕刻师的帮助。1758 年，他的《希腊最美丽的遗迹》（*Ruins of the Most Beautiful Monuments of Greece*）动摇了欧洲艺术界的艺术敏感性。[19] 这是对希腊古典建筑的第一次准确观察，其古典主义风格在比例上与罗马建筑明显不同。而近一个世纪以来，罗马建筑风格一直是法国学院唯一被认可的模式。因此，这些版画为古典艺术鉴赏家之间展开的激烈国际争论提供了种子，争论的焦点是希腊还是罗马具有更优越的艺术文化。

图 2.3 朱利安·大卫·勒罗伊,《米涅瓦神庙景观(帕台农)》
(*View of the Temple of Minerva*)
引自《希腊最美丽的遗迹》(1758)

勒罗伊代表希腊人在法国领导了这次行动。在他的书中,他赞扬了他们的"宏伟、高贵、庄严和美丽的思想",这一短语似乎是对三年前 J. J. 温克尔曼(J. J. Winckelmann)的"高贵的朴素和宁静的宏伟"的改写。[20]勒罗伊的版画不仅使这一短语更加生动,而且还表明希腊建筑在风格上更为简单,它的外形和比例更大,因此性格更具可塑性。由于希腊阶梯的比例更大,这也重新引发了是否存在绝对比例的问题,这场争论自一个世纪前布隆德尔和佩罗特的争端以来就一直存在。1758 年,勒罗伊几乎是同时代人中唯一一个站在佩罗特一边的人,他认为希腊人确实随着时间的推移改变了他们的比例,因此,比例对于希腊纪念碑的美丽来说并不重要。关于刚刚形成的希腊—罗马争论,他呼吁在两个相互竞争的阵营之间就比例问题走一条"和解之路"。[21]

但是,如果比例对于帕台农神庙的整体审美印象来说并不重要,正如勒罗伊所断言的那样,那么这座纪念碑就需要一些其他的依据来判断它的美丽。勒罗伊在 1758 年并没有解决这个问题,但到 1764 年下一次出版时,他已经想出了一个相当巧妙的解决办法。这本书的主题——自君士坦丁时代以来基督教教会的演变——对于让我们深入了解帕台农神庙的美丽之源的目的来说似乎比较奇怪,但在佩罗特和劳吉尔的思想背景下,这是完全合乎逻辑的。他解释说,如果帕台农神庙的美不能严格地用柱子的比例来定义，那么它必须由柱廊在大脑中形成的视觉和神经印象来定义。事实上，他的论点的基础是对崇高（the sublime）概念的早期阐述：

> 所有壮观的场面都给人类留下深刻印象。天空的浩瀚，陆地和海洋的广阔，我们从山峰上或海洋中的发现似乎使我们的灵魂振奋，思想扩展。我们自己最伟大的作品也以同样的方式给我们留下了深刻的印象：当我们看到它们时，我们会得到强烈的感觉，远远超过那些我们从小建筑中得到的愉悦感。[22]

因此，建筑物的大小和规模给人的大脑留下了生动的印象，对法国人来说，有柱廊的大型建筑要比没有柱廊或柱廊被占用的建筑要坚固得多。但这并不是对柱廊美的一个令人满意的解释，因此他进一步探讨了柱廊美的原因。他继续争辩说，一个伟大的画家会限制一幅画中人物的数量，因为太多的活动会使观者感到困惑，会分散他们对主题的注意力。与此相反，诗人之所以能够提供一系列意象，正是因为这些意象是按时间顺序经历的。"建筑师的艺术"，勒罗伊接着解释道，"就像诗人的艺术一样，在于通过使它们连续不断地增加这些感觉，而不是像画家那样把它们限制在一幅画能在瞬间给予的那种感觉"。[23]换句话说，建筑柱廊的立体性需要人们绕着它走一圈才能感受，它提供了多个有利位置，而且当观者在建筑物周围移动时，这些有利位置可以根据角度和距离而变化。这些是柱廊为观者提供的最重要的美学品质，为了证明这一点，勒罗伊引用了一个著名的例子：

> 沿着卢浮宫对面一排房子走一遭，目光沿着卢浮宫的柱廊将其尽收眼底；往后站，看一看整体，然后走近一点，就可以看到拱腹、壁龛和徽章的丰富多彩；在阳光的照射下，你可以挑选出最引人注目的部分将其他部分置于阴影中；这座柱廊后墙的雄伟与前面柱子的优美轮廓以及光线的照射以一千种不同的方式结合在一起，提供了多少迷人的景色。[24]

它的迷人之处在于它的视觉或生理体验。而更具体地说，柱廊的美在于不断变化的景色,也就是说,不在于柱子本身,而是在于人们通过在轮廓分明的柱廊上来回移动而获得的生理体验。勒罗伊用了大量的修辞手法来强调这一点:

> 简言之,这种柱廊的美是如此的普遍,以至于即使组成它们的支柱不是华丽的科林斯式柱子,而仅仅是树根之上和树枝以下被砍掉的树干,或者是从埃及人或中国人那里复制过来的,或者代表的仅仅是一堆杂乱无章的小型哥特式柱身或我们门廊的巨大方形墩柱,其美丽也是显而易见的。[25]

勒罗伊非常确信他已经为建筑打开了一扇新的大门,他毫不犹豫地从他关于教堂设计的书中一字不差地借用了这一章,并将其纳入他关于希腊的著作——《建筑理论随笔》的第二版中,作为他新的解释中心。[26]理论在启蒙运动时期发生了变化,从这个意义上说他是正确的,尽管——正如我们将看到的——法国并非唯一如此的国家。因为遵循勒罗伊的逻辑,建筑现在变成了神经系统开发的一种构造形式。

第3章　感觉大脑

伯克、普莱斯和奈特

> 我的意思是，同样地，当任何感觉器官以某种方式受到一段时间影响时，如果它突然受到其他方式的影响，就会出现抽搐运动。
> ——埃德蒙·伯克（Edmund Burke）[1]

约翰·洛克（John Locke）将笛卡尔对法国知识分子思想的贡献作为为盎格鲁–撒克逊世界提供科学和美学思想的最终哲学基础。他的主要论著《关于人类理解的文集》（*As Essay Concering Human Understanding*）发表于1690年，它在一个关键问题上与法国哲学有所不同。如果笛卡尔假设我们生来就有一些先天的想法（例如数学观念的确定性），我们可以从中推断出其他的真理，那么洛克认为，我们生来就是一个"tabula rasa"或"白板"（blank slate）。[2] 因此，我们对世界的所有知识都是经验性的，也就是说，这些知识在我们出生后通过对世界的感知或体验而来到我们身边。精神理解对感觉的严格依赖被称为感觉主义（sensationalism），尽管洛克在这方面没有他的追随者走得那么远。

在其著作的第一版中，洛克没有谈到美和比例的问题，但在1700年的第二版中，他添加了一篇文章，为这些美学问题奠定了基础。[3] 他认为我们通过大脑的工作方式形成对美和比例的看法。当我们感知到一个物体时，这些感觉会在大脑中引发记忆和联想。例如，如果一个特定的希腊瓮的形状唤起了我们对其他弯曲形状的记忆，我们可能会认为这个特殊的瓮是美丽的。因此，对美和比例的判断是相对的，而且是基于习俗的，这当然是佩罗特的想法。

洛克的经验主义于18世纪在几位英国哲学家的手中经历了广泛的发展，

但对我们来说最重要的主题是大卫·休谟（David Hume）。1754年，他和爱丁堡的一群志同道合的知识分子组成了一个辩论俱乐部，名为"苏格兰启蒙运动"，次年，该协会为"品味"问题的最佳论文设立了一个奖项。休谟的密友，住在罗马的艾伦·拉姆齐（Allan Ramsay）立刻在《调查者》（*The Investigator*）上用一篇题为《关于品味的对话》（"Dialogue on Taste"）的文章中作出了回应。他认为"品味"不仅是相对的（因此在很大程度上是由个人或文化决定的），而且"没有理由不把科林斯式的柱头朝下当作一种习俗，使之与通常的方式一样成为一种令人愉快的景象"[4]。对于休谟来说，大脑中唯一可认识的世界是存在的，但他并不那么确定，因为他相信我们与一个美丽的物体联系在一起的快乐情绪是由精神习惯培养和加强的。因此在1757年，他以自己的文章《论品味的标准》（"On the Standard of Taste"）来回应拉姆齐。在这篇文章中，他遵循了审美判断的经验概念，但只是在一定程度上。"美"，他认为，"不是事物本身的一种品质，它只存在于思考事物的头脑中，每个心灵都能感知到不同的美"[5]。如果每个大脑感知到不同的美，那是因为每一个大脑都有不同的经验来作判断。然而，对休谟来说，阻止美的判断陷入唯我论或极端主观性的原因，是大脑的另一种品质，即运作的一致性。如果两个人将大脑的审美敏感度培养到相同的程度，他们应该能在美的问题上达成一致，如果他们意见不一致，原因肯定在别处。休谟总结了他的观点，"一些来自内部原始结构的特殊形式或性质是为了取悦人们，而另一些则是为了使其不悦；如果它们在任何特定的情况下没有起到作用，那就是由于器官的某些明显的缺陷或不完善"[6]。因此，通过这样的表述方式，他提出大脑的特殊结构也能适应特定的形式和比例。

第1节 伯克与情绪生理学

爱尔兰人埃德蒙·伯克（Edmund Burke）是这次辩论的一个积极参与者，他在1757年出版了《对我们崇高和美丽思想起源的哲学探讨》（*A Philosophical Inquiry into the Origin of Our Ideas of the Sublime and Beautiful*）。就在他自己的书还没写完的时候，他看到休谟的文章发表，于是伯克把他的介绍性文章

《论品味》("On Taste")推迟到了 1759 年的第二版，以便更全面地回应这位苏格兰人。伯克事实上撰写了一部 18 世纪的伟大著作。这不是一个冗长的研究，也不是一个特别难读的研究，而是在看似简单的思想（通常以建筑学为例）的背后隐藏着许多见解，这些见解不仅会改变美学理论的进程，而且在今天仍然具有一定的现实意义。他把激情简单地描述为"心灵的器官"，这无疑具有现代气息，正如他继佩罗特之后试图将生理学引入为整个味觉问题寻找"一些不变的和特定的规律"的问题上一样。[7]

伯克的目标之一是将"崇高"（sublime）的概念作为一个与美（beauty）并驾齐驱的美学范畴。"崇高"一词可以追溯到古典修辞学理论，但其后来的概念化已经在 18 世纪第二个十年，在约瑟夫·艾迪生（Joseph Addison）为《观察家》（Spectator）撰写的文章中出现，他第一次将"美"（beautiful）与"伟大"（great）区分开来。[8]伯克最初关注的是大脑在我们对世界的经验中所产生的情感或激情，因此，他的研究的第一部分主要是心理学。如果说美是由微小、光滑、精致、渐变、明快的色彩所激发的情感，那么崇高的情感就要强烈得多，可以在"任何能激发痛苦和危险思想的东西中找到，也就是说在任何可怕的东西中找到"。伯克不是在谈论真正的痛苦或危险，而是指我们遇到的使我们从日常的单调中惊醒的感官体验，他认为这些体验对我们的生物系统的健康是必要的。因此，与美相反，崇高感的一些原因是惊讶、恐怖、朦胧、权力、匮乏、浩瀚、无限、接续、规模、困难、壮丽、光明和黑暗，以及突然性。

他对这些原因的解释充满了对建筑的观察。因为垂直方向的视觉力量比水平方向的更强烈，所以塔楼比水平建筑更能唤起崇高的感觉，粗糙和破碎的表面比光滑、光亮的表面更能体现这种感觉。[10]建筑物的规模或大小足以唤起崇高感，正如我们在巨石阵所看到的那样，它的建造难度也是如此。[11]在一座具有崇高意义的建筑中，"材料和装饰不应是白色、绿色、黄色、蓝色、浅红色、紫色、斑点，而应是黑色、棕色或深紫色等令人悲伤的深色"。[12]明暗之间的强烈对比产生了崇高，他甚至建议建筑师利用这些效果，例如当从白天进入一个故意变暗的入口，"尽可能多的黑暗与建筑的用途相一致"。[13]创造一系列视觉感受的想法——我们稍后将会回归这一主题——让人想起了勒罗伊对于柱廊的近乎现代化的讨论。

伯克的研究中需要特别指出的另一个因素是他对人文主义理论美学真理的极大怀疑。因此，他不遗余力地驳斥了比例与植物、动物或人类世界中的与美有关的观念。在谈到列昂纳多的维特鲁维亚人形象时，他非常明确地提出了这一点：

> 但在我清晰地看来，这个人类形象从未向建筑师提供过任何想法。因为，首先很少会看到有人摆出这种紧张的姿势；这对他们来说是不自然的，也是完全不适合的。其次，从人的角度来看，这并不是一个正方形的概念，而是一个十字架的概念；因为手臂和地面之间的巨大空间必须填充一些东西才能让人想到正方形。最后，好多建筑尽管是由最好的建筑师设计的，但绝不是那个特定的正方形的形式，它们产生的效果一样好，也许更好。当然，没有什么比建筑师用人的形象来塑造自己的行为更令人费解、异想天开了，因为还有哪两样东西比一个人和一座房子或一座庙宇更不相似的吗：我们需要看到它们的目的完全不同吗？[14]

然而，伯克的分析中最原创的方面是其研究的最后一部分，他试图从生理学上解释与美丽和崇高的感觉有关的情感。他的主要论点是，美丽的物体往往会放松眼睛的肌肉，从而减少器官神经的紧张，而崇高则有相反的效果。他用柱廊的体验恰当地说明了这一原则：

> 为了避免一般观念的困惑，让我们在眼前摆一个由整齐的柱子组成的柱廊，这些柱子都是按照一条直线排列的；让我们站在这样的位置上，目光可以沿着这个柱廊射出，因为它在这方面的效果最好。在我们目前的情况下，很明显来自第一个圆形柱子的光线会在眼睛里引起它的振动；这是柱子本身的一个形象。紧随其后的那根柱子使它增大；随后的柱子更新并加强了印象；每一根柱子都按照其顺序，一次又一次地重复振动着，一次又一次，直到眼睛长时间以一种特定的方式运动，无法立即失去那个物体；随后，心灵被这种持续的震动所猛烈地唤醒，它向心灵呈现出一个宏伟或崇高的概念。[15]

与几年后勒罗伊的表达方式不同，当柱子呈圆形和方形交替时，伯克所说的生理过程就消失了，因为"第一个圆柱一旦在眼中形成，神经振动就消失了"。[16]同样，一个长长的光滑墙面不能产生同样的效果，因为没有任何东西可以阻止目光沿着墙的表面前进。这并不是说，一堵非常大的墙不可能是崇高的——只是在这种情况下，它的主要情感必须来自无限的感觉，而不是来自广阔（vastness）。伯克的心理—生理美学的基本原理是，人类的情感是由感知的物质或神经过程产生的，这一原则至今仍然相当有效。

第 2 节　如画理论

"如画"（picturesque）的概念，正如 18 世纪末英国景观理论中所采用的那样，是另一个有着悠久欧洲血统的观念。在英国，威廉·坦普尔（William Temple）、约翰·索恩（John Soane）、沙夫特斯伯里伯爵（Earl of Shaftesbury）和约瑟夫·艾迪生都在这个世纪初谈到了不规则花园的美丽，但没有特别提到这个词。17 世纪 20 年代，随着亚历山大·波普（Alexander Pope）、洛德·伯灵顿（Lord Burlington）、巴蒂·兰利（Batty Langley）和威廉·肯特（William Kent）的作品的问世，英国园林设计的革命开始了。然而，"picturesque"一词直到 18 世纪中叶才开始被接受，实际上它直到 1770 年才成为一种流行的表达方式，托马斯在对现代园艺的观察中谨慎地使用了这个词。这个词也出现在威廉·吉尔普林（William Gilprin）的作品中，比如《版画随笔：对如画美原则的评述》（*An Essay on Prints: Containing Remarks on the Principles of Picturesque Beauty*，1768）。在该书中他仍将其定义为"一种奇特的美，在图画中是令人愉悦的"，尽管他描述的是自然之美。[18]然而，直到 19 世纪 90 年代，我们才可以谈论如画理论，而这完全是通过两个人的著作：乌维代尔·普莱斯（Uvedale Price）和理查德·佩恩·奈特（Richard Payne Knight）。两人都不是园丁，但在 18 世纪的这个词的意义上，他们都是业余爱好者。

普莱斯的《如画随笔》（*Essays on the Picturesque*，1794）包含两个主要目标。一个是效仿约书亚·雷诺兹（Joshua Reynolds），将风景园林提升为一门艺术，他鼓励那些进入这一领域的人研究克劳德·洛伦（Claude Lorrain）、尼古拉斯·普辛（Nicolas Poussin）和让-安托万·沃特图（Jean-Antoine Watteau）的风景画。[19]实际上，他认为画家们长期以来被训练成比大多数人更能看清自然的人。然而，这个研究他们作品的建议也包含了对凯珀比利提·布朗（Capability Brown）和汉弗莱·雷普顿（Humphry Repton）的风景画的一种非常明确的谴责，他觉得他们在使用蛇纹石和其他非正式事物时太过矫揉造作和公式化。最重要的是，普赖斯欣赏大自然的复杂性，他将其定义为"通过部分的和不确定的隐藏对物体进行处理，激发和培养了好奇心"。[20]

普莱斯的第二个目标是将"如画"概念提升到美学范畴，与美和崇高并驾齐驱。因此，他完全用伯克的术语来定义它。如果说美是在平滑且渐变的物体中发现的，那么在粗糙或突变的物体中就会发现如画。如果说美与年轻而新鲜的事物联系在一起，那么如画的事物则与衰老和腐朽联系在一起。如果美是对称的，那么如画就是不规则的。因此，一座古色古香的希腊神庙是美丽的，而废墟中的希腊神庙则是如画的。草木丛生的人行道同样风景如画。山毛榉或白蜡树很漂亮，而粗糙的橡树或长满苔藓的多节的榆树则如画。一个女人可能很漂亮，也可能很迷人，也就是说她有一种难以描述的（je ne sais quoi）迷人魅力。新古典主义建筑可能很漂亮，但哥特式建筑由于其形式多样、缺乏对称性，因此是如画的。

普赖斯在生理学上也遵循了伯克的解释。正如惊异是崇高的一种关键情感，它会拉紧神经纤维，美也会用"融化和慵懒"的联想感觉来放松神经。在生理效果上，如画正好介于这两者之间，也就是说，"野性浪漫的山景"激发我们的好奇心，去探索"每一个岩石岬角"，这使得神经纤维和肌肉达到"全色泽"（full tone），大脑进行"自由发挥"。因此，"当与其他角色混合时，对如画的体验纠正了美的慵懒或崇高的张力"。或许普莱斯关于如画的概念可以用他自己的一句话——"大自然的娇媚"——来概括。[21]

在这个问题上普莱斯会遭到奈特的反对。奈特在1805年出版了他的主要理论著作《品味原则的分析探究》（*An analytical Inquiry into the Principles of Taste*）。普莱斯和奈特是邻居和议员同僚。尽管如此，奈特还是会在几个方面反对他的朋友，尤其是他相信他的邻居"被关于崇高和美丽的卓越而荒谬肤浅的理论误导了"。[22]

不过，两人在理论上的分歧并不大。两人都钦佩同一位风景画家，两人都

第3章 感觉大脑

讨论了如画的概念——尽管从现代神经科学的角度来看，他们的不同方法相当重要。奈特从关于五种感官的章节开始了他的心理学研究，他承认所有的感觉都是通过液体、化合物、声波、触觉和光在各种感官上的"接触"而产生的。[23]因此，第一个区别是他认为这些感觉本身并不构成最终的知觉，只是一个粗糙的有机概念。要想产生完整的知觉，具有联想能力的大脑（"记忆中的印记"）也必须参与其中，而这种混合产生的是一种"提高的感知"的想法，也就是说，当粗糙的有机知觉与联想的观念混合时，会得到提高。这是对新旧两个维度的一个非常重要的洞察。从传统的角度来看，奈特有意将对美或如画的判断带回到大脑的联想模式中（休谟的美学曾将它们定位于此），这表明大脑本身可以在其审美的复杂性中得到培养。他指出，一个熟练的音乐家比一个非音乐家具有更大的辨别音乐声音的能力，而葡萄酒酿造者则对他的味觉能力有更敏锐的提炼能力。[24]但是，从更现代的角度来看，这种观点也表明，大脑在其感性发展过程中是相当可塑性的——也就是说，一个人可以在一生中提炼和增强自己的感知能力。一个艺术家给一个创作行为带来的精致性或关联性越高，艺术作品所具有的艺术价值就越大。

奈特第一次提出如画的概念也是在提高的感知的标题下。对他来说，这是看待创作品而不是具有任何性质的对象本身的人所培养出的一种审美能力。因此，这些"色、光、影的愉悦效果"并不是所有人都能达到的，而只有"熟悉绘画艺术，并有足够的技巧去辨别并对其真正的优点感到高兴的人"才能做到。[25]对于如画来说不可能有任何规则，普莱斯的根本错误在于"寻求外在事物的区别，而这些区别只存在于观察和思考它们的方式和习惯中"。[26]奈特甚至一度建议，如果一个盲人突然看到东西，他可以在没有任何心理联想的情况下分辨出漂亮的和不漂亮的女人，因为"事实上，优雅是被精神上的移情所感知的"。[27]

撇开这最后关于移情的观点——我们将在后面的章节中继续讨论——奈特用另一个有趣的见解完成了他的研究：即"新奇"（novelty）在人脑运作中的重要性。再一次，他对"最普遍的激情之一"的思考是从习惯化的生理问题开始的，同样或重复的感官体验会导致神经系统的沉闷，以至于"所有的变化——不是剧烈到对器官产生一定程度的绝对痛苦的刺激——都是令人愉快的"。[28]奈特认为大脑对新奇的需求是艺术风格不断变化的原因，更重要的是，他认为这是审美享受的关键。

因此,它的来源就是新奇:新思想的获得、新思想的形成、情感和依恋的更新和延伸;新的环境和情境,在其中所有这些情感和依恋的对象都以周期性或渐进性的变化出现;当我们从婴儿期走向成熟期,从成熟期走向衰败期时,我们都会看到新的光芒;随之而来的新的努力和追求的变化适应了生活的每一个阶段;最重要的是想象力在增加和改变对象、结果方面的无限力量,以及对我们超越现实或存在的追求的满足。[29]

这些都是旧的想法,但正如我们将会看到的,它们非常符合当代神经科学对人脑的记录。

第3节 如画的建筑

普莱斯和奈特都将各自的理论应用于建筑,但在这方面,罗伯特·亚当(Robert Adam)和詹姆斯·亚当(James Adam)的作品走在了前面,他们两人都是18世纪中叶爱丁堡圈子的一部分。罗伯特的经历比他的密友休谟更为世俗,因为他在17世纪50年代中期的格拉科-罗马辩论开始时在意大利待了近三年,他沿着巴尔干海岸进行了考古调查,并与意大利和巴洛克文化的伟大捍卫者乔瓦尼·巴蒂斯塔·皮拉内西(Giovanni Battista Piranesi)结为了朋友。几年后,詹姆斯效仿他为榜样。当两兄弟在17世纪60年代初在伦敦重聚时,"亚当风格"已经成为伦敦的新时尚。事实上,他们的作品质量达到了18世纪英国建筑的顶峰。

其背后是另一个具有开创性意义的如画问题,部分源于苏格兰和爱尔兰关于品味的讨论。早在1762年,詹姆斯·亚当就开始与洛德·卡姆斯(Lord Kames)通信,探讨了"感性"建筑的可能性,也就是说,这种建筑主要吸引感官,从而唤起人们的情感。[30]这些言论的实质内容在《罗伯特与詹姆斯·亚当的建筑作品》(*The Works in Architecture of Robert and James Adam*)的序言中再次呈现,该书第一卷出版于1778年。在这里,两位建筑师讨论了其风格的手段和目标，他们的新装饰的使用和效果，但最重要的是，他们希望组成表达"运动"的建筑形式，这与当前如画花园的时尚有关：

> 运动意味着在建筑的不同部分去表达上升和下降、前进和后退，以及其他形式的多样性，因此大大增加了构图的如画性。因为大部分的起伏、前进和后退以及其他形式，在建筑上与山和谷、前景和距离、膨胀和下沉在景观中的作用是一样的，也就是说它们产生了一个令人愉快的多样的轮廓线，这种组合和对比就像一幅图画，创造了各种各样的明暗，给构图带来了灵魂、美和效果。[31]

在进一步阐述这一美学概念时，他们还赞扬了建筑师约翰·范布鲁（John Vanbrugh），他的巴洛克式设计在18世纪初就被英国帕拉第亚人所摒弃，正是由于其构图的多样性和各部分的复杂衔接。因此，在18世纪的最后25年，建筑品味发生了变化。

图3.1　约翰·范布鲁和尼古拉斯·霍克斯莫尔，布伦海姆宫

这种变化正是普莱斯1798年的《建筑与建筑学随笔》(*Essay on Architecture and Buildings*)中所说的。他也对挽回范布鲁的声誉非常感兴趣，他称其为英国最著名的"建筑师画家"（architetti-pittori）——尤其是他设计的布伦海姆宫，将"希腊建筑的美丽和壮丽、哥特式建筑的生动"[32]组合在一座建筑中，这样的作品——有着"惊人的效果"并且"丰富多彩"——成为普莱斯的入门作品，因为他将一座如画的建筑定义为"具有强烈吸引力的可见物体"和具有"个性"的建筑。[33]遗迹、城堡和大多数哥特式建筑都符合这一要求，但普莱斯所追求的似乎是一种视觉上错综复杂、形式上突兀和不规则、屋顶线条多变、室内视野良好、缺乏古典对称性的建筑。与他的美学理论相一致的是，他也更喜欢一种情感化和感伤的建筑，一种与如画的粗糙和不规则形成和谐关系的建筑。因此，他的文章的全称是《关于与风景相联系的建筑学和建筑的尝试》（"An Essay on Architecture and Buildings, as connected with Scenery"），这就一点也不奇怪了。

奈特再次从总体上赞同普莱斯的观点，尽管他将再次从不同的角度来看待这个问题。他很感兴趣的是，在洛伦、尼古拉斯（Nicolas）和加斯帕德·普辛（Gaspard Poussin）（1613—1675）的画作中，"我们总是看到希腊式和哥特式建筑的混合体，在同一座建筑中产生了最令人愉悦的效果"——风格上的对比"可以用来增强美的品味"。[34]因此，他想知道英国建筑"是否过于谨慎和胆怯而不是过于大胆地运用它"。[35]

这句话实际上隐含着两种批评。一个是他反对帕拉第奥庄园和古典装饰性的建筑，这些庄园在18世纪一直是如画的花园的支柱，对奈特来说，这些庄园和建筑过于规整，对古典形式的模仿过于严格。另一个原因是他反对最近模仿哥特式作品的趋势，这种趋势摒弃了所有的对称和比例规则，并遭受了过度装饰。因此，他的解决方案——也是一个非凡的解决方案——就是将这些风格结合起来，事实上，正如他在唐顿庄园所做的那样：

自从这项调查的作者冒险建造一座房子以来，已经有三十多年了，这座房子没有被称为哥特式的塔楼和城垛装饰，里面有希腊式的天花板、柱子和檐台；尽管他的榜样没有得到太多的效仿，他完全有理由为这次实验的成功而庆幸；他一下子就拥有了一个如画的物体和一个优雅方便的住所；尽管在这两个方面都不如他在成熟的时候做得那么完美。然而，它的优点是能够接受几乎任何方向的修改和增补，而不会损害其真正和原初的性质。[36]

但奈特甚至更进一步。普赖斯代表的英国早期哥特式复兴的观点之一是（事实上他强调了这一点），对对称规则的放松将会得到更方便的地面设计，而且使房间能更好地利用周围的景观。然而，奈特不同意这种说法，他认为人们进入城堡后实际上并不想向外看。因此，房屋的设计应该考虑到它的外观，而不是从它向外看的角度。在这方面，最好的例子是布兰海姆的范布鲁（Vanbrugh at Blenheim）及其作品霍华德城堡：

> 从两个的主要正面看景色都不好，远不如其他地方的景色；但是，作为周围景色的对象，这两处的景色都是可以选择的最好的风景；而且这两处的景色也值得最好的位置，都是大不列颠岛最好的景色。[37]

因此，从普莱斯和奈特开始，探索大脑如何调节品味问题，现在却以建筑折衷主义的全面理论而告终，逻辑上也是如此。如果像奈特所说的，对称和比例的规则不能通过"有机感觉"来辨别，而只能通过涉及思想联想的"改进的感知"，那么他应该在"希腊式"的内饰中运用古典元素，使得训练有素的美学家能够充分欣赏这些元素。[38]然而，唐顿城堡的风景——邻居或游客可以从远处观看——并不一定受这些规则的约束，因此它的中世纪特征可以被视为如画。这两个方面都符合他对大脑的理解。

第4章　先验大脑

康德与叔本华

普莱斯和奈特都无法在英国以外的地方涉足，但大卫·休谟却并非如此。1739年至1776年间他在爱丁堡安静的栖身之地，通过我们对世界真正了解的限制程度，把经验主义带到了怀疑论，因此，他用人性的归纳科学来反驳笛卡尔的演绎形而上学。许多法国启蒙运动的哲学家们会为他在这方面的感官实在论而鼓掌，尽管他们也会相信我们大脑的感知世界只是外部世界的一个相对忠实的复制品。至少在另一位来自同样遥远的欧洲角落的哲学家看来，这就是它的致命弱点。

伊曼纽尔·康德（Immanuel Kant）出生并生活在大学城柯尼斯堡（Königsberg），也就是如今的加里宁格勒，一片位于波兰和立陶宛之间的俄罗斯土地。[1]当他1781年出版《纯粹理性批判》（The Critique of Pure Reason）时，他的书一开始就被置若罔闻。他的德语风格很难理解，而且这种语言在欧洲没有被广泛掌握；他对基本见解的阐述留下了一些有待改进的地方。康德毫不犹豫地在1787年的第二版中修改了他的著作，包含了一个新的导言，其中明确地将他的智力突破与哥白尼（Copernicus）的成就进行了比较。如果说后者推翻了太阳围绕地球公转的传统观念，那么康德则宣称对哲学也做了同样的事情。

到目前为止，人们一直认为我们所有的知识都必须符合客体。但是，所有试图扩展我们对客体的知识的尝试，都是通过建立关于客体的先验的概念，在这种假设下，都以失败告终。因此，我们必须试试，如果我们假设客体必定符合我们的知识,我们是否可以在形而上学的任务中取得更大的成功?[2]

理解这一论点背后的推理是很重要的,因为康德现在借鉴了休谟的严谨分析,为休谟的怀疑论提供了一条出路。18世纪的实在论是基于这样一个前提:我们的感官只是世界事件的被动记录者,而正是概念思维——理解或想象——解释或理解了这些感官体验。但是如果感觉不是被动的,也就是说,如果大脑在感觉变成感知之前就已经参与了构建感觉的过程,那会怎样呢?那我们所拥有的就不是对世界的感知,而是对大脑组织世界的"感性形式"的感知。换言之,我们所感知的世界是一个已经被塑造成符合我们思维方式的世界。

康德还使用了一些其他的术语,这些术语将为德国哲学的下一个世纪指明方向。如果世界本身仍然是本体的或不可知的,那么感官的对象就是世界上发生的事情的现象或"表象"。"表象形式"是大脑对这些表象进行排序或构造的感性过程。对康德来说,有两种非常特殊的"纯粹形式"大脑会强加给事件:把世界投射成按时间和空间顺序排列的事件。这些纯粹形式的表象并不否认世界的真实性,但康德从来没有把他的形而上学描述为"先验的",因为他认为,我们实际上只能知道我们活跃心灵的预定世界。正如我们今天所知,他的主张并不仅仅是虚张声势,即使科学界还需要一到两个世纪的时间来记录其观点的本质有效性。

第1节 康德的合目的性

在某种程度上,康德也把他的批判能力转向了建筑。在他的第三本批判著作《判断力批判》(*The Critique of Judgment*, 1790)中,他把分析的重点放在我们如何形成关于美的判断,即审美判断的问题上。在某种程度上类似于他早期的理性计划,他对某些"审美观念"如何允许心智根据心智的内部结构作出判断感兴趣。他总结说,如果我们对感性世界的理解需要空间和时间的形式,那么我们的心智也必须为审美判断行为带来一些东西。在导论的最后,他列出了一张图表,列出了他三次调查的先验原则。与"自然"相对的是

"符合规律"（conformity to law），而与"艺术"相对的是"合目的性"（Zweckmässigkeit）原则。³

尽管康德对这个词的使用在1780年代的美学理论中有着特定的语境，但是他的建议对于其当代的读者来说，可能和今天对我们一样牵强附会。德语术语"Zweckmässigkeit"可以包含适用性、实用性，甚至功能性的含义，但是康德显然并不打算在这些意义上使用这个术语。⁴康德的"合目的性"首先是一个主观的和启发式的原则，也就是说，它存在于我们的大脑中，因此不是存在于对象中的东西，并且它必须让我们的快乐或不快的感觉发生。而且这是一个前提，我们带来了审美判断的行为——一个测量杆、一个信念，艺术作品应该表现出某种形式上的一致性，或者斯蒂芬·克尔纳（Stephan Körner）所说的"有目的的整体"。⁵这是我们隐含的信任，正如自然的作品展示了包罗万象的形式统一和合律则性一样，它的设计原则可以被我们的心智所理解，艺术作品也应该有某种内在的形式，至少隐含地反映了自然的原则。恩斯特·卡西尔（Ernst Cassirer）指出，康德的合目的性思想只不过是对戈特弗里德·莱布尼茨（Gottfried Leibniz）"和谐"（harmony）⁶概念的一种改造。因此，当我们体验一件艺术作品时，我们会给这种体验带来一种心理上的期待，即在作品中找到某种和谐。事实上，康德的合目的性与阿尔贝蒂的"和谐"（concinnitas）的相似之处是惊人的，因为这意味着建筑作品的美在于大脑发现与艺术作品外观相一致的方式。

康德在这方面是明确的。因为在建筑等造型艺术中，他继续主张"描绘"（delineation）或"设计"是最基本的东西，也就是说"在这里，品味的根本不是感官上的满足，而是通过其形式所带来的愉悦"。⁷除了这种对形式或作品设计的强调，康德也致力于阻止建筑或其他艺术公开地代表任何一种目的，这后来是一种基本上与美学沉思相悖的概念化，后者的定义是先入为主的。我们给审美行为带来的目的感蔑视这样一个平凡的角色。事实上，康德的第三个美的原则——卡西尔认为"限定了整个美学的范围"⁸——将问题简化为一个简单的公理：

> 美是一个物体的合目的性的形式，只要它能被感知到而没有任何目的的表征。⁹

康德以这种方式阐述这一原则，同时也给建筑学提出了一个非常严重的问题。因为，这种内在地承载着特定功能或目的的艺术，如何提升到艺术和谐或设计目的性的更高阶段呢？同样重要的是要再次强调，康德对美的这种审美判断并不是通过概念化得到的。它是建立在人类生理学基础上的，或者康德所说的"感觉"（Gefühl），"快乐和痛苦的感觉"的基础上的。[10]在一篇文章中，康德甚至积极地提到伊壁鸠鲁，他坚持认为美在本质上是一种有益于健康的"身体感觉"，一种与"身体器官"的运动和谐结合的感觉。[11]康德同时致力于区分情感和纯粹的满足——对他来说这是纯粹的动物本能。[12]对美的判断既诱发了对生命的感觉（Lebensgefühl），也引发了灵魂的道德活力（Geistesgefühl）。这种艺术模式强调情感和主观性，而不是用任何理性或唯心主义的方法来处理美感的问题，它会强烈地影响色彩美学理论——但奇怪的是这种影响直到19世纪下半叶才出现。

第2节 叔本华的生理学方法

然而，康德的合目的性思想首先被一批浪漫主义哲学家所关注，他们倾向于用唯心主义的方式对问题进行概念化。例如，在19世纪初，奥古斯特·施莱格尔（August Schlegel）在他的艺术讲座中借鉴了康德的审美目的性模型，他将建筑定义为"设计和建造美丽形式的艺术，这种形式在自然界中没有明确的模式，来自人类自由心灵的适当和原始的想法"。[13]正是建筑对追求更高的"合目的性外观"的需要阻止了它直接模仿自然，留给建筑师的是模仿自然的"一般方法"，即水晶世界的规则几何和对称性以及比例和静态平衡的有机世界。[14]这样一种表述实际上导致了施莱格尔对建筑的一种生动的、以人类为中心的重新定义："因此，建筑创作就像动物身体一样，有它们的上下、它们的头和脚、它们的左右两侧，最重要的是它们的正面和背面应该是不同的。"[15]

为了进一步确保建筑没有显示出任何目的，施莱格尔在分析结束时引用了西塞罗（Cicero）的一段话，在这段话中，这位罗马演说家讨论了罗马国会大厦的山墙屋顶，这种形式最初是用来导引雨水的。西塞罗认为，这种屋顶形式从那时起就获得了如此大的价值,"即使一个人在不会下雨的天上建造了一座城堡,但如果没有三角墙,它肯定会完全失去尊严"。[16]因此,在这种"明显的"满足一个目的的过程中,或者在施莱格尔所说的"物质和精神需求的非常愉快的和解"中,我们找到了目的性的含义。[17]

弗里德里希·谢林(Friedrich Schelling)也遵循了康德关于合目的性的思想,但只是将另一种需求强加给了建筑。对他来说,建筑的最初形式正是实现或显示某种目的的基本需要。但谢林的这个条件(他称之为主观合目的性)是一种状态,正如康德所说,必须通过使外观独立于需要而加以克服,或者正如他所说,"建筑只有在成为观念的表达、宇宙和绝对的想象时,它才能表现为自由和美丽的艺术"[18]。但问题是,建筑如何穿过理想之门成为——用谢林的话来说——目标?他说,实现这一点的一种方法是在希腊三角槽排档中看到的。它最初作为一个木材构件,是托梁突出的头部,但后来随着主题被转移到石头上,外观没有梁的真实性,因此成为一种"自由的艺术形式"。[19]但这种对它自身(希腊三角槽排档)的简单提及,并没有真正触及问题的核心,正如谢林自己很快意识到的那样,他也希望在自然的有机规律和建筑的无机形式之间有一个更宏大的隐喻游戏。因此,建筑形式必须以寓言的方式接近自然,这可以在三个逐次提升的层次上实现。

在最低的一个层次上,建筑形式可以直接模仿自然形式,就像哥特式建筑的装饰形式一样。在文艺复兴时期出现的另一个合目的性层面上,建筑可以模仿更高层次的自然形式,如人体:"一部分是整体的对称性,一部分是个体的完美,另一部分是向上和向下的整体,从而使它成为一个自封闭的世界"。[20]最后,在最高层次,通过谢林著名的将建筑描述为"冻结的音乐",建筑形式可以达到客观的目的性。[21]如果音乐的形成关系在表达上是时间和动态的,那么建筑的形成关系就是空间和静态的。因此,建筑不是通过直接模仿自然,而是通过援引更高层次的自然规律来达到其更高层次的合目的性。

当然,谢林为黑格尔打开了大门,黑格尔将德国唯心主义美学带到了辩证法的极端,但后者在20世纪许多批评家中的流行,掩盖了人们在更坚实的基础上恢复康德的合目的性概念的努力。阿瑟·叔本华(Arthur Schopenhauer)的哲学生涯始于康德的关键见解,即我们通过大脑的结构来解读世界,但同时他对康德关于这个问题的认识论基础持高度批判态度,即他未能利用生理学。

叔本华在 1813 年的博士论文《论充分理性原则的四重根基》("On the Fourfold Root of the Principle of Sufficient Reason")中指出，康德的失败实际上是他无法将发生在"感知"过程中的"感觉"（一种"可怜的、悲惨的东西"）从"强大的转变"中区分开来。这种转变是"不是脆弱的神经末梢的一种功能，而是一种复杂而神秘的结构——大脑的功能，其重量是 3 磅，在一些特殊情况下甚至是 5 磅"。[22]

换句话说，正是大脑的神经操作将感觉与形式和意义联系起来。举例来说，对于叔本华来说，看不是一件简单的事。大脑必须颠倒图像，从一种双重体验的感觉中创造出一种单一的感知，构建三维空间，然后增加距离来完成空间。因此，理解（大脑形成知觉的集体力量）不仅仅是一种反思行为，而是首先创造"客观世界"的能动性。[23]他粗暴地否定了那些"德国哲学吹牛家"（在他看来也就是费希特和谢林）的"至爱的绝对论"，叔本华为 19 世纪的哲学开辟了一条全新的道路。[24]

他的主要著作《作为意志和表象的世界》(*The World as Will and Representation*, 1818) 阐述了这一要点，他在此书中对这个问题的表述同样具有高度的创新性。与康德区分现象世界（出现在人脑中的世界）和本体世界（站在表象后面的不可知的现实）相类似，叔本华区分了"表象"和"意志"。对他来说，表象是人类对事件的有序感知，意志是一种今天我们可以称之为生物、电磁、化学和重力的能量。然而，我们感兴趣的是叔本华是如何以一种明确的万物有灵论的方式——万物有灵论被定义为将生命能量投射到形式解读中——将这两个概念应用于艺术，尤其是建筑，对他来说建筑是艺术中最低级的（反之，音乐是最高级的）。

如果说在叔本华看来，艺术的作用是在柏拉图的意义上传达更高级的观念，那么对有机建筑的操纵由于其所表征的观念类型而处于艺术尺度的底部。这些是"重力、凝聚力、刚性、硬度、石头的普遍特征、意志的最初最简单最迟钝的可视性、大自然的基本低音音符；与之相伴的是，光在许多方面与之相反"。[25]然而，建筑必须仍然具有康德式的合目的性——或者说它的各个部分一起和谐工作——直到它的各个部分朝着整体的稳定性而工作，如果任何一个部分被移除，整体就会崩溃。[26]因此，建筑设计的"内部形式"在其最基本的层面上描绘了这种"重力与刚性之间的冲突"，叔本华称之为"建筑中唯一的审美材料"。[27]他这样说的意思是物质是愚蠢的；重力想把物质一堆一堆地拖到地上。建筑师的任务在于延长或扭转这种冲突，也就是说剥夺"这些永不满足的力量的最短路径，以满足他们的需要"，并保持"他们在一条迂回的道路上悬而未决"。[28]建筑师通过设计巧妙的柱、梁、托梁、拱门、拱顶和圆顶来抵抗重力。除此之外，我们还可以展示光的崇高心理体验，正如我们之前在埃德蒙·伯克身上看到的那样。因此，我们得出了一个充满活力的建筑概念，其中对建筑的解读就是对这些暂时搁置的积极力量的解读：

> 所有这些都证明，建筑不仅在数学上影响我们，而且在动态地影响着我们，通过它向我们传达的信息不仅仅是形式和对称，而且是自然的基本力量、基本思想和最低等级意志的客观性。[29]

我们将看到，这种对对称性等传统建筑属性的忽视，将对这门艺术产生一些重要的影响。但是，叔本华也低估了"单纯形式"的力量，事实上恰恰相反。因为当我们的大脑现在剥离建筑形式的历史或象征性的装饰时，我们可以简单地把建筑看作是一种动态的、对抗性的叙述，一出描述这种物质抵御重力的生动戏剧。可以说，我们通过对建筑材料意志的表征，使建筑形式充满活力。

第5章　活力大脑

辛克尔、伯蒂彻和森佩尔

第一位受到叔本华对建筑问题的彻底改造影响的建筑师是卡尔·弗里德里希·辛克尔（Karl Friedrich Schinkel）。[1]辛克尔这个卑微的寡母的儿子以迂回的方式解决了这个问题，因为1803年从柏林建筑学院毕业后，他前往南方，置身于拿破仑向整个欧洲扩张的军事野心的过程中。至1806年法国军队进军普鲁士并占领柏林时，辛克尔的建筑生涯已被搁置了整整十年，在此期间他探索了其他艺术媒介，并将注意力转向建筑理论。

因此，康德的"合目的性"首先出现在他早期的著作中，但它是通过约翰·费希特（Johann Fichte）和弗里德里希·谢林的唯心主义视角来解释的。我们发现辛克尔最初试图在1804年前后的日记中定义合目的性：

> 正如合目的性是所有建筑的基本原则一样，合目的性理想的最大可能呈现——也就是说建筑的特征或面貌——决定了它的艺术价值。[2]

尽管如此，辛克尔还是对这个词进行了更具结构性的解读，因为除了"理想的呈现"之外，他还通过"空间分布"（平面图）、"建造"（根据平面图来连接材料）等类别来描绘建筑的合目的性，并通过"装饰"对其进行适当的符号化。[3]在1810年左右的另一篇早期笔记文章中，辛克尔追随施莱格尔和谢林的观点，拒绝了建筑应继续模仿希腊神庙中发现的原型的论点。辛克尔认为，这种信仰会迫使建筑师成为"模仿的奴隶"，而建筑学发展的潜力实际上是"无止境的"。[4]这种立场已经属于早期对历史形式的拒绝，尽管这种立场也会改变。

辛克尔对这一问题的成熟思考始于19世纪20年代,当时他正逐渐成为欧洲最伟大的建筑师之一。1819年,他接受了他的第一个主要任务——柏林剧场,四年后他被授权设计柏林市最重要的文化建筑——阿尔特斯博物馆。整个19世纪20年代,辛克尔游历法国、英格兰和苏格兰,开始领悟工业革命的全部意义。辛克尔童年时的朋友彼得·克里斯蒂安·博思(Peter Christian Beauth)在普鲁士内政部有很高的职位,他也参与了普鲁士高等教育的改革,其中包括对各种贸易学校以及柏林建筑学院的课程进行重大重组。最后,这项工作使他相信有必要编写一本关于建筑理论的教科书。

虽然他为这个项目写的笔记和论文在他死后被分散了(这使得按时间顺序理解他的思想成为不可能的),但他显然站在了一个新的角度来理解建筑的意义。同样明显的是,到19世纪20年代中期,他已经熟悉了叔本华的思想,因为他的作品尤其是他的素描,表现出了对建筑高度生动的解读——既没有参考任何历史或文体,也没有强调建筑形式的结构线。它是一种万物有灵论的形式解读,然而现在注入了更高的情感和象征价值。因此,如果所有的建筑都是从建造开始的,那么它必须是"被美感增强的建造"。[5]感觉,反而是通过"每一部分的有目的的建造"而产生的,"每一个必要的东西都必须保持可见"。它也随着"美的比例"而产生,并且装饰也被赋予以"更高的意义"。[6]最终,辛克尔几乎回到了阿尔贝蒂的隐喻上去,并将装饰描述为"人类生活的一种装饰",也就是说作为"一种美丽生活的表达,并随着理性、自由和年轻感的增强而增强"。[7]他对比例的理解也带有理想主义和叔本华的意味,因为它们"建立在非常普遍的动态规律之上,但只有通过它们与人类存在或类似的明确和有组织的自然条件的关系和类比,它们才真正有意义"。[8]除了这些思考之外,辛克尔还给合目的性赋予了康德的伦理品格:

> 不同于感性的快乐,形式唤醒了道德精神上的快乐,这部分来自观念的愉悦,部分来自通过清晰的理解活动而产生的快乐。[9]

辛克尔的19世纪20年代的建筑也反映了这些思考,因为他运用了一种表达结构意图的构造学的表达方式,以及如何通过伦理和美学价值来增强它。例如，在他为潘科豪富（Packhof）和工业艺术与贸易研究所设计海关建筑时，他尝试了非历史性的形式和没有象征性装饰的鲜明的构造风格，而在阿尔特斯博物馆，正面的宏大寓言叙述描绘了人类的神话文化，他显然把重点放在了表征上。在这些作品之后，他为柏林建筑学院设计了作品，在那里可以说他结合了这两种倾向。

**图 5.1　卡尔·弗里德里希·辛克尔，
柏林阿尔特斯博物馆（1823—1830）**

来自《建筑设计集》（*Sammlung architektonischer Entwürfe*，柏林，1819—1811）

事实上，最后这座建筑很可能是他成熟的建筑观的关键。这是一种相当简朴的构造表现形式，由浅结构拱顶组成，包裹在砖块和陶土物中，没有任何风格。在窗框的浅拱门和护墙内，以及在门周围，它用陶土寓言描绘了建筑神话的瞬间。结构逻辑占主导地位，但随着诗意的表达，它变得柔和了。使这种结构和象征属性的融合变得更加有趣的是，当这些面板被吊装到位时，辛克尔就写下了所有建筑理论中最引人注目的一段。辛克尔评论了他毕生与建筑形式的意义或表征（建筑形式、历史形式、取自自然的形式）的斗争——本质上是对叔本华纯粹生动的形式解读的修正：

> 很快我就陷入了纯粹激进抽象的错误，我完全从功利主义的目的和建造角度构思了一个具体的建筑作品。在这些情况下出现了一些枯燥僵硬的东西，缺乏自由，完全排除了两个基本要素：历史和诗意。[10]

图 5.2　卡尔·弗里德里希·辛克尔，柏林建筑学院（1831—1836）
来自《建筑设计集》(Sammlung architektonischer Entwürfe，柏林，1819—1811)

这就是问题所在。对于许多后来的现代主义者来说，辛克尔对构造学的极度强调和他对非历史形式的实验的创造性意愿构成了德国现代主义的第一次明确表达，而德国现代主义是 20 世纪的先驱。但是辛克尔的大脑显然对这个问题的看法完全不同。他仍然致力于在康德的合目的性概念范围内调解叔本华的动态形式观。

第 1 节　伯蒂彻的作品—形式与艺术—形式

辛克尔于 1841 年早逝，这使其作品未能完成，但我们可以从他的弟子卡尔·博蒂彻（Carl Bötticher）的主要作品中看到他的计划大纲。[11]这位博学的建筑师和考古学家于 1827 年抵达柏林，在辛克尔的领导下学习，1830 年代初完成学业后，他开始了一门研究和教学课程，最终被任命为柏林建筑学院的教员。博蒂彻与辛克尔关系密切，1839 年他开始继续从事导师提出的研究主题——辨别希腊构造学的象征性语言。

博蒂彻在 1840 年的一篇题为《希腊构造学形式的发展》（"Development of

the Forms of Greek Tectonics"）的文章中首次提出了这个问题。他将"构造学"（tectonics）（他是第一个推广该术语的人）定义为"建筑主体的整体形式"，其各部分可以分为两个层次来考虑。[12] 其一是任意部分的功能性"作品—形式"，例如，理论上一根柱子支撑一个荷载。其二是被表达的"艺术—形式"，它同时作为一种隐喻性的装饰或对作品形式的强化而出现——将柱子转化为一种秩序。因此，这种艺术—形式既没有物质上的作用，也没有结构上的作用，而只是象征柱子的目的、功能和性质。[13] 伯蒂彻接着论证——在某种程度上他回想起了叔本华——古希腊建筑的所有部分都艺术地表现出它们机械的服务功能，特别是通过它们的艺术形式。在这里，我们又对希腊建筑有了一个非常生动的概念，在这个概念中，所有结构部分的装饰特征不仅表达了它们的直接目的（万有引力的弧线），而且还表达了"整体的有机体以及各部分的有机体"（康德的更高的合目的性）。[14]

在随后的十年中，博蒂彻将这篇论文变成了一部两卷的长篇研究：《希腊构造学》（*Die Tektonik der Hellenen*，1844—1852）。他通过扩大分析范围，再次用理想主义的术语来表达他的观点。因为他现在坚持认为，希腊构造学的原则"完全符合创造性的原则"，也就是说，对于希腊人来说，合目的性的概念在每种形式的线条和装饰物中都得到了充分的体现。[15] 在他对希腊神庙各部分的分析中，博蒂彻实际上坚持认为，希腊神庙的装饰在细节上没有任何东西完全是偶然的；每一条线和每一种形式都在有形地和隐喻性地表达着它的构造目的：

> 希腊建筑在其设计和建造上显示出它在各个方面都是一个理想的有机体，以艺术的方式表达空间需求。这个服务于空间的有机体——从整体到最小的成员（membra）——是一个概念性的创造；它是人类心灵的发明，在自然界中没有任何模型可以用来设计它。它的每一个成员都只是从整体出发的；因此，每一个成员都是重要和必要的一部分，是一个整合成整体的元素，它将其特殊的功能和地位传递给整体。从这样一个概念出发，建筑师［Tektonen］的工作之手将每一个构件塑造成一个有形的方案，对于空间的培养来说，它最完美地实现了每个构件的独特功能及其与所有其他构件的结构相互作用。当你赋予一个形式以一个适当的建筑材料——实际上是一个建筑构件的形式，当你把所有这些构件安排成一个自给自足的机

制、材料的内在生命——在无形的条件下是静止和潜伏的——就被分解成一个动态的表达。它被迫成为一种结构功能。它现在获得了更高的存在,并被赋予了一个理想的存在,因为它是一个理想有机体的一员。[16]

例如,在考虑多立克神庙上波状花边轮廓的作用时,博蒂彻将其描绘为"冲突的象征",无论是用作"结尾"或皇冠造型,还是用作"接缝"都是如此。在第一种情况下,如果我们以檐口顶部的波状花边为例,垂直倾斜的轮廓就变成了"象征垂直、无负载终端的概念"。[17]然而,当同一剖面出现在负载区域时,例如,当它变成多立克柱的柱帽时,施加在其上的荷载的巨大重量迫使该剖面自身折叠,并成为具有明显水平倾斜度的垫层。对于博蒂彻来说,应用于该剖面图的绘画装饰加强了这些解读;在这个案例中,折叠的叶子导致了卵—箭纹图案(the egg-and-dart motif)的原型装饰。

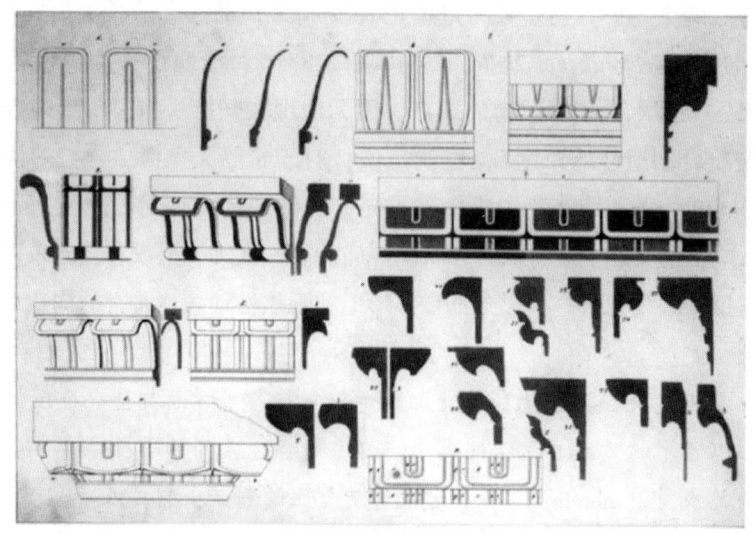

图5.3　卡尔·博蒂彻,泰克顿·德·海伦恩(Die Tektonic der Hellenen)的板材(波茨坦,1844—1852)

在博蒂彻之前,没有人以如此强烈的生动方式解读过建筑的线条。他的分析的每一行都成了一种隐喻;每一种形式背后都有一种精心设计的艺术概念化。从这个意义上讲,博蒂彻(或辛克尔)对建筑的肉体和隐喻解释与阿尔贝蒂对这门艺术的具身理解之间没有太多的概念空间。

第2节 森佩尔的"着装"隐喻

还有一个建筑师会提出一个理论来解决这个问题,但是在我们继续之前,让我们回顾一下我们走过的路。康德提出了德国美学的合目的性的概念(与阿尔贝蒂的"concinnitas"概念相去不远),作为大脑阅读和欣赏艺术的基本内在形式。辛克尔采用了这个术语,并按照叔本华的理论对其进行了解释,最终他承认,构造的合目的性不能仅仅是简单的目的和结构,而必须赋予其历史性和诗性的内容。博蒂彻将构造学和目的性的概念应用到古希腊建筑中,并对其形式进行了高度生动和隐喻的解释。到了1850年,戈特弗里德·森佩尔(Gottfried Semper)重新接受挑战,这一次是从一个稍微不同的视角出发。

森佩尔是汉堡人,到那时为止,他的生活经历已经相当丰富了。19世纪20年代末,他在巴黎的一所私立学校接受了建筑培训。[18]在目睹了1830年法国政治动乱的革命气息后,他开始了一次南方的考古之旅:意大利、西西里岛和希腊。他在帕台农神庙画作上发明的大量留白的画法,使他成为欧洲关于古典多色画法争议的焦点,但是,当森佩尔1833年回家路过柏林向辛克尔展示自己的研究成果时,辛克尔被他的成果打动了。第二年,森佩尔获得了德累斯顿美术学院的教授职位,辛克尔随后协助他赢得了第一个建筑设计任务——德累斯顿皇家剧院(1838—1941)。这一设计获得了巨大成功,森佩尔的事业也蓬勃发展起来——直到1849年,森佩尔和他的密友理查德·瓦格纳(Richard Wagner)一起参加了最后失败的德累斯顿起义来支持国家议会政府。从德国被驱逐出境并远离实践后,森佩尔转向理论,但在19世纪50年代初,他被迫在巴黎和伦敦过着贫苦的难民生活。

森佩尔的第一本书——《建筑的四要素》(*The Four Elements of Architecture*, 1851),并没有具体地解决辛克尔提出的问题,尽管它的内容与其相去不远。森佩尔的基本论点是,建筑与自然一样,只在一些基本动机或隐喻中运作,而这些"受原始想法制约的规范形式"通过对特定环境的无限变化不断再现。[19]该论题具有强烈的进化气息,但它不涉及自然选择决定论的进化。森佩尔认为建筑的主要动机有四个:壁炉制作、堆土、屋顶和墙壁。所有这些都与制作过程一致。壁炉是早期人类定居的部落生活的萌芽。它的黏土造就了陶瓷的工业艺术。潮湿的土地上升起了神圣的火焰，土堆后来成为不朽的柱状石。屋顶在头顶上保护了火焰，并产生了构造结构的概念，而墙壁的动机形成了纺织业的动机，隐喻地充当了一个垂直的空间分隔器。

对森佩尔来说，这些动机中最重要的是纺织业的动机，他从中得出了他的"着装"（Bekleidung）理论。德语词根是"kleiden"，意思是"穿衣服"，因此，我们可以把它理解为阿尔贝蒂对"皮肤"隐喻的延伸。森佩尔的论点是，早期人类的原始草席培养了几何图案和艺术图案，这些图案后来影响了墙壁装饰材料的艺术加工。后来，织物图案被应用于砖石墙，它们表征了墙作为空间分隔物的最初含义。他瞄准了一些民俗学证据，即埃及人用纺织品般的图案来描绘他们的坟墓，亚述人在墙上贴上了雪花石膏板，他们在墙板上凿出明显受纺织品图案影响的图像。后来，希腊人把大理石墙涂上了颜色。值得注意的是，这些原始动机可以在元素和材料之间进行转换，从而产生更为复杂的隐喻。例如，如果有人将织物编织到柱头上，这个图案表征张力中的纺织纤维，从而限制了施加在柱头上的荷载的向外力。

正是在此时，确切地说是 1852 年 12 月 13 日，森佩尔在大英博物馆的图书馆里偶然发现了博蒂彻关于希腊构造的书。[20] 我们还知道他对博蒂彻的分析非常感兴趣，因为在接下来的几周里，他多次回到图书馆对这项研究进行进一步的调查。森佩尔显然了解了它的内容，但这也让他感到恼火，因为他自己的这些想法——在过去几年里逐渐成为焦点——在某种程度上被抢占了。因为在1852 年 12 月他准备的一篇考古文章的草稿中，他把新发现的竞争对手称为

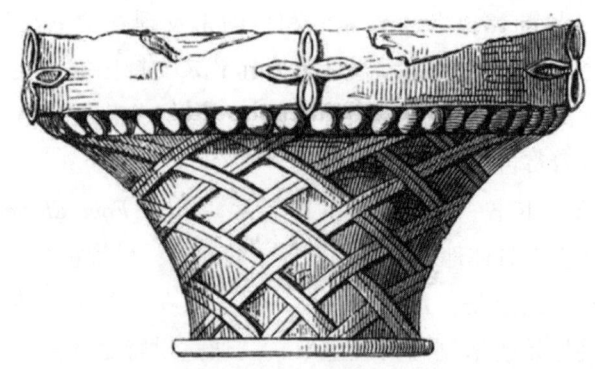

图 5.4　戈特弗里德·森佩尔，篮子编织柱顶

摘自《技术和构造艺术风格》（*Der Stil in technischen und tektonischen Künsten order praktische Äthestik*，法兰克福，1860—1863）

"来自柏林的邪恶的小神秘主义者、建筑新时代的奠基人、19世纪揭示构造秘密的毕达哥拉斯以及'类比'的重新发现者,在他及其特里斯梅季塔斯申克尔(trismegistos Schinkel)之前,世界都在黑暗中摸索,对希腊建筑一无所知"。[21]

尽管森佩尔最初有着这种反感(很大程度上是由于他对自己穷困潦倒而感到耻辱的结果),但他还是采纳了博蒂彻的许多想法。1854年,在伦敦亨利·科尔(Henry Cole)的实用艺术系的一次演讲中,森佩尔似乎至少使用了一幅博蒂彻的画作,他在很大程度上借鉴了博蒂彻对"cyma"(反曲线装饰)和"echinus"(柱帽)的分析,并将建筑物的所有此类"装饰性部分"定义为"对裸露结构的象征性投资,我们借助这些投资为其赋予了更高的意义、艺术表现力和美丽"。[22]他在另一篇文章中提到,由于"生命力和重力之间的冲突,反曲线的造型出现了双曲线。这些弯曲的叶子是两种力量之间冲突的代表和象征,适用于发生冲突的建筑中"。[23]

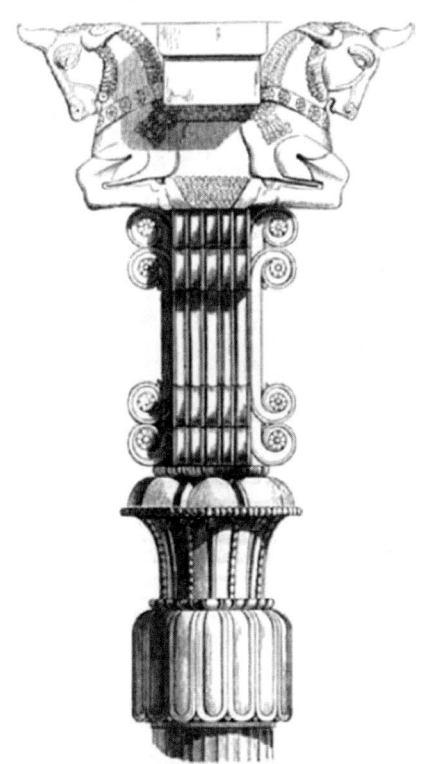

图 5.5 戈特弗里德·森佩尔,带离子蜗壳的波斯管状柱头

摘自《技术和构造艺术风格》(*Der Stil in technischen und tektonischen Künsten order praktische Äthestik*,法兰克福,1860—1863)

然而，森佩尔只是刚刚开始了对这个主题的思考。在他十年后搬到苏黎世之后，开始了两卷本的理论巨著《技术和构造艺术风格》（*Style in the Technical and Tectonic Arts*，1860—1863）的写作。在该著作中，这种万物有灵论的思想不仅变得无处不在，而且常常采取集体或文化心理学的形式。例如，在他对纺织图案的历史考察中，他详细地谈到了亚述棕榈图案——它们在建筑形式中作为装饰符号的使用——在某种程度上轻蔑地将其称为"服务力量的基础表达；有机生命原则在这里达到了自由表达意志的阶段"。[24]他进一步指出，在亚述首都发现的许多爱奥尼亚蜗壳，它们的自然主义起源于"神圣树的蜗壳花萼"。[25]"意志"再次被表达得没有自由，因为这些符号带有倾向性或带有宗教意义的编码，而希腊人后来纯粹以隐喻或"结构功能性意义"来想象这种符号。[26]

图 5.6　伊瑞克提翁神庙（Erechtheum）东廊的爱奥尼亚柱头
本书作者摄影

《技术和构造艺术风格》第二卷的章节涉及构造（木工）和立体剖切（石工），充满了对建筑形式的万物有灵论的解释。森佩尔特别感兴趣的是证明希腊人试图在他们的建筑形式中消除所有关于"重量"的想法（在旁观者看来，这可能会引起构造不稳定性的问题），因此，他并未将作用在柱子内的结构力解释为重力荷载向下转移（如博蒂彻和叔本华所做过的那样），而是恰恰相反。在另一段文章中，他读到了阁楼三角墙的适度倾斜和独立的三角形形式（陡坡山墙是行不通的）作为激活支撑物"生命"的一种策略，即"利用它们的能量和独立的内在抵抗力"。[28]在这种情况下，爱奥尼亚锥形的"柔软和弹性的力量"被选为一种象征，正是因为"它提供了抵抗力而没有暴力"。[29]对于森佩尔来说，这些更高象征形式的表达共同表征了"纪念性形式所能表现得更精细的特征或表达方式"。[30]

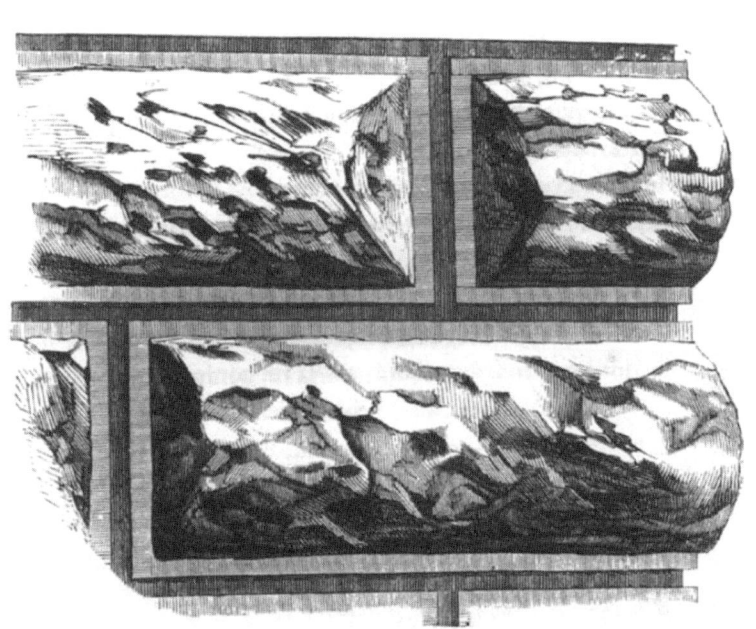

图 5.7　戈特弗里德·森佩尔，德累斯顿艺术博物馆（Dresden Art Museum）的乡村式的砖块

来自《技术和构造艺术风格》（*Der Stil in den technischen und tektonischen Künsten oder praktische Ästhetik*，法兰克福，1860—1863）

也许没有什么比森佩尔关于砖石乡村化的讨论更为精辟的了，构造主题再次充当了宏大的隐喻。从历史上看，这种对石雕的"修饰"总是发生在砌体承重墙的下部，那里的重力荷载最为严重，而粗糙石头的目的是为观者的感知提供一个安全的视觉基础。然而，这些重力的表达受到了墙面石板的细节的影响。如果砖块的表面传统上是在负载的压力下向外弯曲的，那么这块石头（正如森佩尔在德累斯顿的艺术博物馆中的一个细节所示）也可以用一个扁平的带子作为边缘,这条带子本质上"框住"了凸出的部分,从而包含了力的向外方向。他以一种让人回想起谢林的"冻结的音乐"建筑寓言的方式来描述这个连接带的心理解读:

> 同样地,凸起之间的连接带获得一个规则的"节拍",其节奏既有装饰效果,又通过对比处理强调了其表面。通过对连接表面进行仔细的平滑处理可以达到同样的效果。因此,粗犷可以被某种男子气概的优雅所包裹,赋予它一种类似多立克柱式象征意义的表达方式。[31]

这种音乐上的类比并不完全是他思考的附带结果。在 19 世纪 50 年代末的一篇文章中,他将建筑、舞蹈和音乐置于艺术三位一体中,被视为"宇宙"艺术。[32] 然而,森佩尔将他最生动的构造隐喻贬为《技术和构造艺术风格》第一卷中的一个脚注,在这本书中,他远远超越了康德的合目的性的局限。这段文字是关于希腊纪念性建筑的创作,对他来说,这是与希腊的戏剧创作同时产生的。因此,戏剧和庙宇的艺术本能是一致的:

> 节日装置——一个临时搭建的脚手架,其所有的华丽和装饰都特别标志着庆祝、加强、装饰和节日的荣耀,并悬挂着挂毯,用彩灯和花环装扮,并以飘扬的彩带和奖杯装饰——这是永久纪念碑的动机,其目的是向子孙后代宣布这一庄严的行为或庆祝的事件。[33]

因此,纪念性建筑的目的是典型的戏剧化,而且通过隐喻的非凡延伸,希腊神庙的彩绘装饰现在被转变成戏剧的(酒神)面具,不再是简单地"穿着",而是有意掩饰材料和主题内容:

> 我认为,服装和面具和人类文明一样古老,两者的快乐与使人们成为雕塑家、画家、建筑师、诗人、音乐家、戏剧家——简而言之,就是艺术家——的快乐一模一样。每一次艺术创作,每一次艺术愉悦,都有着某种狂欢精神或者用现代的方式来表达,狂欢节蜡烛的烟雾才是真正的艺术氛围。如果形式作为一种自主的人类创造物要成为一种有意义的象征,就必

须摧毁现实和物质。³⁴

森佩尔在这篇文章中扩展了他的隐喻,事实上他给自己留下了进一步发展的空间。因此,难怪他没有完成《技术和构造艺术风格》的第三卷,他本应将他的理论模型应用于当代建筑问题,并讨论如何通过这些原始材料和建筑技术来处理新材料和新建筑技术。³⁵同样不足为奇的是,在挣扎于这个问题后,他在职业生涯的最后一次苏黎世演讲中,礼貌地把该问题交给"我们的另一个年轻的同事",他们将证明自己有能力赋予新建筑"一件合适的建筑服装"。³⁶

然而,他的工作在以下两个方面都有影响。一方面,他以这样一种方式来界定建筑辩论的术语,使得一条清晰的理论发展路线可以追溯到欧洲和芝加哥的第一代现代主义者。事实上,正是他在19世纪80年代的居住的最后一个城市里,森佩尔的思想在专业界得到了讨论,"着装"隐喻被翻译成了"幕墙"的构造装置。³⁷另一方面,对于我们如何阅读和隐喻地解释艺术形式的心理分析,他有效地把康德形式主义的问题交给了新一代生理学家和心理学家,他们实际上是从更偏向生物学的角度来看待这个问题的。在这里,森佩尔的见解也将为那些考虑在感知和创造的艺术活动中大脑内部发生了什么的人提供重要的线索。

第6章 移情大脑

维舍尔、沃尔夫林和戈勒

> 建筑形式为何能表达一种情感或情绪？
> ——海因里希·沃尔夫林（Heinrich Wölfflin）[1]

森佩尔很快就进入了科学界。1855年他从伦敦搬到苏黎世，在新成立的瑞士理工学院（现为ETH或瑞士联邦理工学院）担任建筑学院院长。在那里，他遇到了同为德国难民的弗里德里希·西奥多·维舍尔（Friedrich Theodor Vischer），他的《美学或美的科学》（Aesthetik oder Wissenschaft des Schönen）在1846年至1857年间分四卷出版。维舍尔的早期美学基本上是黑格尔主义的，他也受到了博蒂彻观点的影响。在第三卷（1851）中，他将建筑定义为"象征性艺术"，建筑师的职责是通过部件的线性和平面悬架向物体注入"浮力生命"。[2]然而，到1866年，弗里德里希·维舍尔得出了这个问题的新公式——几乎可以肯定部分原因是他与森佩尔的友谊，因为两个人经常在工作日后一起喝酒。维舍尔现在为大脑倾向于以情感和象征性的方式阅读艺术作品提供了生理学基础：

> 我们将不得不假设每一个心理行为都会产生——同时也会反映在某些振动中——神经的修改，后者以这样的方式表征了它们的形象，也就是说它们在有机体内部产生了一个象征性的画面。那些对我们有如此特殊影响的外部现象无意中读入了我们的情绪，这些现象必须与这个内在的画面联系起来，作为它的客观表征和解释。自然现象符合相关的振动，刺激它

们、加强和确认它们,并与情绪状态一起反映在它们之中。[3]

维舍尔进一步指出,竖直的线条提升了人的精神,水平的线条使人的精神更开阔,而曲线比直线运动更具活力。他解释说,大脑的脉动将这种象征性和情感的重构塑造成一种"统一和收缩的感觉"(Ineins-und Zusammenfühlung),也就是说,"泛神论"(pantheistic)督促我们以感官世界的形式来解读我们的情绪和我们自己。[4]

第1节 移情与艺术知觉

然而,弗里德里希的儿子罗伯特(Robert)在1873年的一篇博士论文《论形式的视觉感》("On the Optical Sense of Form")中,引入了"Einfühlung"(移情)的概念。维舍尔对这个词的使用,在字面意思上是"在感觉中"或"感觉到",是不可能翻译成英语的,事实上它的一般翻译法——"empathy"(移情),必须有一个条件,即它远不止是将我们的情感转换到视觉或艺术沉思的对象上;它更像是通过我们集体和个人的经历来解读这些对象。

小维舍尔的理论源头很多。例如,他被卡尔·阿尔伯特·舍纳(Karl Albert Scherner)1861年的一部关于梦的分析的早期著作所吸引,这本书也被西格蒙德·弗洛伊德(Sigmund Freud)在《梦的解析》(Interpretation of Dreams, 1900)中反复引用。舍纳在这本书中推测,由于想象在做梦的过程中缺乏理性的框架,它必须将观念转化为视觉印象或隐喻。因此,建筑物可能是身体的原型符号,而它的某些部分可能代表特定的器官。例如,头痛可能会让人梦见蜘蛛在天花板上飞来飞去。[5]维舍尔对这样一个想法感到兴奋:我们的许多移情过程实际上是无意识的。因此,他以一种初步的形式将"Einfühlung"定义为我们"自己的身体形态——连同灵魂——进入对象形态的"无意识投射。[6]

但是,小维舍尔和他父亲一样,也有意为这种转换寻找生理学或神经学基础。这里的关键概念是他的"相似性"概念,他将其定义为"与其说是客体内部的和谐,不如说是客体与主体之间的和谐"。[7]他所说的不仅意味着我们倾向于将客体与我们的身体形态联系起来,而且它们反过来又在不同程度上与我们的神经、肌肉的工作有关，也就是与他父亲说的那些神秘的"神经系统的修改"有关。一种颜色可能是令人愉悦的，因为它符合视网膜敏感性的三种主要神经群之一〔赫尔曼·赫尔姆霍兹（Hermann Helmholtz）的最新发现〕，而复合色若能刺激来自这三组中的两组或全部的神经振动，就更具有吸引力。同样，一条水平线可能是令人愉快的，因为它符合我们的视觉器官的结构，而对角线则不那么令人愉快，因为它需要眼睛笨拙地移动。一条有着柔和弧线的线条比锯齿状的线条更令人愉悦，因为它会诱发"和谐"的神经运动，而展现规律的线条则是一种快乐的形式，因为它模仿了我们的身体规律。因此，在对生理学的一个非常现代的理解中，某些感觉对神经和肌肉有抑制作用，而另一些感觉则增强了我们至关重要的幸福感。

当我们把这些感觉提升到情感水平时，我们也会有很多其他的心理反应。例如，当我们看着海滩上的一个小贝壳时，我们把自己压缩在一个小而复杂的物体里，这会产生一种"收缩感"（Zusammenfühlung）。相比之下，在观看大型建筑时，我们会体验到一种"膨胀的感觉"（Ausfühlung）。所有这一切的重点是，我们与一个物体的移情关系在本质上是"外貌上的或情感上的"。[8] 因为我们有身体，所以我们对世界有一个外表上的理解，当我们把情绪和个性读入客体时，这种关系会激发移情。这种接触是无意识的，正如维舍尔所说："我们有很好的能力将自己的身体形态投射到客观形态中，就像野鸟通过隐藏自己来接近猎物一样。"[9]

这种接触的关键——比如我们通过艺术体验——是我们的想象力，通过想象力我们可以向物体注入我们的生命力。对维舍尔来说，这是我们人类的一个基本行为。这当然是一个泛神论的行为，但如果要上升到移情的水平，这也是一个能够进行艺术修养的行为。因此，艺术家或建筑师的角色是强化感性，也就是说，"每一件艺术作品都向我们展示自己，作为一个人和谐地将自己置身于一个相似的物体中，或作为人类以和谐的形式将自己物化"。[10]

维舍尔把这一过程称为"艺术重塑"，他在1874年的一篇题为《审美行为与纯粹形式》（"The Aesthetic Act and Pure Form"）的文章中对此作了最好的解释。维舍尔现在更直接地借鉴了康德关于合目的性的思想，他认为一座比例匀称的建筑之所以美丽，并不是因为它的数学关系，而是因为这些特定的比例"有利地诱导了想象力的接近和投射，因为它们在我身上唤起了一个和谐的情感过程"。[11] 换句话说，因为某些艺术或建筑作品与我们大脑的运作相一致，我们给它们注入了情感。因此，当它们强化了我们的生命、反映了或给观看者自身神经生活的复杂性带来了一些东西时，它们是令人愉悦的。

维舍尔的移情概念以一种奇怪的方式围绕着两个问题，这两个问题现在是当代神经科学的核心。第一个问题是：某些比例是和谐的，因为它们实际上与生俱来地对视觉皮层以高度选择性的方式分解和处理视觉图像产生的共鸣。另一个问题是：所有形式的感知和思考，包括我们丰富的情感生活，现在都被描述为是与自然结合起来的。这意味着，我们的艺术享受很大程度上取决于我们对艺术作品的兴趣，也就是说它丰富或挑战了我们感官、情感和智力（神经）模式的复杂性。在19世纪的生理学意义上，维舍尔是这样表述的：每一次移情体验"都会导致一般生命感觉的加强或减弱"。[12]

第2节 情感与建筑

"Einfühlung"的概念在19世纪末的许多心理学家和艺术家的日耳曼理论中受到巨大的欢迎，其中包括西奥多·利普斯（Theodor Lipps）、奥古斯特·恩德尔（August Endell）以及亨利·范德费尔德（Henry van de Velde）。[13] 从这个意义上讲，它开辟了一条形式抽象的途径（形式本身，而不是它们的历史或代表性的装饰，施加了情感的力量），如今已经成为现代主义的代名词。艺术史学家海因里希·沃尔夫林（Heinrich Wölfflin）通过他在1886年的博士论文《建筑心理学的序言》（"Prolegomena to a Psychology of Architecture"），在这一过程中迈出了重要的一步。他以一个简单的问题开始了这项研究："建筑形式如何能够表达一种情感或情绪?"[14]

这个问题以一种不那么抽象的方式触及罗伯特·维舍尔的论文核心，但沃尔夫林也有意避免后者的泛神论倾向以及他对想象力的强调。因此，沃尔夫林把更多的注意力放在解读形式上——只是"表达"，因此他的理论在术语上就不那么深奥了。他以拟人化的前提开篇，即"物理形式之所以具有特征，仅仅是因为我们自己拥有一个身体"，也就是说，我们的身体组织是形式——事实上是康德的形式，我们通过它理解一切物理的东西。[15] 例如，如果一个建筑在其组成上显得不平衡，我们直觉上会有身体上的不安感，因为它破坏了身体的平衡。这种不安不是积极想象的结果，而是对我们对肌肉不平衡状态的更直接的印象，或者是我们不自觉的大脑前庭努力通过我们的身体组织来解释其他形式。这一前提的基础是另一个今天被广泛承认的原则，那就是肌肉的紧张程度与每一个感官印象都对应。例如，两种不同的颜色可能会对人体的生理机能产生非常不同的影响。

沃尔夫林的论文也是相当泛灵论的，甚至比他所批判的叔本华更甚。哲学家把建筑解释为没有重力作用就会倒塌的惰性物质，除非建筑师有在结构上的独创性，沃尔夫林——与森佩尔类似——更喜欢把建筑看作是向上的或充满活力的物体，因此，冲突变成了一种"物质与形式的力量之间"（Formkraft）的冲突。[16]因此，建筑的基本主题无非是展示"伟大的生命情感"或源自我们身体状态的情绪表达。[17]

在19世纪80年代非同寻常的理论辩论的背景下，这位哲学家在建立了这个有趣的心理学基础之后，并没有坚持到底。相反，他选择回顾了弗里德里希·维舍尔所提出的形式的四种表现（规则性、对称性、比例性和和谐性），从中他将建筑的表现元素简化为比例、水平、垂直和装饰。这种结构的问题在于，这些概念并没有为追求形式表达的主题提供许多可能性。只有装饰的概念——他定义为"过度的形式力量的表达"——暗示了一些有趣的东西，事实上，就是在这里他谈到了细化或阐明建筑质量的必要性，这种东西让体验建筑的人"感受到了身体的每一块肌肉"。[18]然而，就在此处沃尔夫林停止了他的分析。

我们只能推测，之所以出现这样一个过程，是因为沃尔夫林在论文中已经对这个主题失去了兴趣，或者至少对其个人形式的局限性失去了兴趣。因为在他研究的最后几页，他反而把注意力转向了更大的建筑风格问题，那就是如何将它们解读为集体"态度和人的运动"的反映。[19]这种文化或集体的"形式力量"在每一个时期都被赋予了生命的感觉，每一种风格都带有一种情绪。无论如何，这都为艺术史打开了一个全新的篇章。这也成为沃尔夫林第一本书《文艺复兴与巴洛克》（*Renaissance and Baroque*，1888）的中心主题，在这本书中，作者大胆地解释了意大利文艺复兴的形式，以及它为什么会让位给巴洛克时期更为复杂和进化的形式。[20]然而事实证明，在这个问题上已经有人领先了。

第 3 节　风格变化的原因

　　1886 年，当沃尔夫林即将完成他的论文时，他可能对斯图加特理工学院建筑学教授阿道夫·戈勒（Adolf Göller）的作品一无所知。第二年，这位鲜为人知的教授发表了一篇题为《建筑风格永恒变化的原因是什么》（"What is the Cause of Perpetual Style Change in Architecture?"）的论文。沃尔夫林一定很惊讶，事实上，沃尔夫林一定觉得他的论文的结语在某种程度上被取代了，因为在他自己的 1888 年的《文艺复兴与巴洛克》一书中用了好几页的篇幅贬低了戈勒研究的前提，尽管这是一种不具说服力的断言。事实上，我们可以说，戈勒的严格形式主义（排除了所有问题、风格或象征性的内容）对沃尔夫林后来作为艺术历史学家的方法论前提产生了深远的影响。

　　严格地讲，戈勒是形式主义者。他反对这两位维舍尔式美学家和他们之前的理想主义美学的观点，反对 19 世纪强调的艺术内容的观点——特别是因为它已经得到黑格尔理论的认可。与沃尔夫林一样，他深受约翰·弗里德里希·赫尔巴特（Johann Friedrich Herbart）和冯特（Wundt）的心理生理学研究的影响，但他不同意沃尔夫林和冯特对这些情绪的物质基础的关注。对他来说，建筑中的审美基本上是一种发生在想象中的心理行为，尽管在他的模型中也隐含着某种形式的神经活动。

　　戈勒对建筑理论的主要见解是他将这门学科简化为他所称的"可见的纯粹形式的艺术"。[21]这是这门艺术所特有的特性或特征。他认为在绘画和雕塑中，不可能将形式与其表征内容区分开来，但在建筑中线条和形式本身就构成了艺术。因此，他在第一次明确的非历史主义表述中，将建筑定义为"一种内在愉悦的、无意义的线条或明暗对比的游戏"。[22]

　　这个定义背后其实是一场心理剧本。风格形成的第一个时刻是培养一种"记忆形象"（Gedächnisbild），对戈勒来说，这是"我们以这种形式获得快乐的无意识心理原因"。[23]这是一个特定时期或文化的个体逐渐习惯于某些特定的轮廓或比例的过程形式。记忆模式越清晰地刻进个人的记忆模式中，这些特定的形式就越令人愉悦。但这一过程也有一个限度，那就是"陈化"

（Ermüdung）定律。在这里，用于培养记忆形象的脑力劳动或神经劳动变得完全或过度，旁观者或创造性建筑师不再以看到或复制相同的旧形式为乐。此时风格被耗尽，建筑师只剩下几个选择。他们可能会寻求建筑体量和楼层平面图的新安排，他们可能会采用传统装饰的新组合，或者他们可能会强化残存的陈化形式的魅力——所有这些都会给巴洛克风格以舞台。当所有这些途径都用尽时，最后一种选择是大大简化词汇，提供全新的形式以产生新的记忆形象，然后这种形象将经历一个类似的辩证过程。

戈勒方案的简单性在某种程度上掩盖了他给模型带来的细微差别。例如，他非常关注建筑师如何获得美丽形式的记忆形象，以及如何通过接触历史模型和其他文化来加强这一基本的教育过程。他强调，不仅不同的文化会产生不同的记忆形象，而且一种文化在其特定的形式上并不优于另一种文化（这是民族或历史风格的第一次统一）。他还强调了一种风格在时间上的局限性。他指出："文艺复兴鼎盛时期或巴洛克时期的大师无法欣赏埃尔文·冯·斯坦巴赫（Erwin von Steinbach）的线性设计。"[24] 他愿意承认这样一个事实，即我们作为人类，往往从人体的比例中获得"形式感"。

总体上，戈勒关注的是风格问题。在 19 世纪中叶前由森佩尔所推动的文艺复兴运动，到 19 世纪 80 年代在德国进入了巴洛克晚期，其艺术生命接近尾声。戈勒在 1888 年的一篇长篇后续研究中直接解决了这个问题，该研究题为《建筑风格的起源》（"Die Entstehung der architektonischen Stilformen"）。在这项研究中他纠结于未来的风格。戈勒深信，在建筑中"所有用于制作艺术形式的简单和自然的资源都已经用尽"，他悲观地预测，目前唯一的选择是从现有的形式宝库中选择更多的形式。[25]

然而，正如命运所愿，他的悲观情绪会被另一个有眼光的人所弥补。1887 年末，德累斯顿建筑师和历史学家科尼利厄斯·古利特（Cornelius Gurlitt）在对戈勒的两本书进行评论时高兴地宣称，戈勒通过剥离建筑的历史或风格伪装，不仅为建筑开辟了一个可行的新纪元，而且同样的形式主义抽象模式可以应用于绘画和雕塑，一旦这些艺术也超越了它们过度的表现价值的话。[26] 古利特的评论源自他对戈勒的解读，这确实是建筑现代主义的第一个明确的理论表达，它们出现在弗兰克·劳埃德·赖特（Frank Lloyd Wright）、奥托·瓦格纳（Otto Wagner）以及亨德里克·伯拉格（Hendrik Berlage）等为寻求传统历史形式的正式替代品所做的努力的前夜。戈勒和古利特猜测——但可能没有完全意识到——在之后几年内,新的心理生理学距离对这种知觉转变的本质的解释(至少部分地)会有多么接近,而这种转变发生在大脑本身的神经模式中。　　*84*

第7章 格式塔大脑

感知场的动力学

> 但是我们发现,它是一个多么奇怪的宝库啊!
>
> ——库尔特·科夫卡(Kurt Koffka)[1]

事实上,罗伯特·维舍尔、沃尔夫林和戈勒的美学思辨在生理学和心理学领域的一系列活动中落空了——最后这一领域仍然是一个相对年轻的领域。约翰·弗里德里希·赫尔巴特在19世纪上半叶创立了一个形式主义心理学流派。到了19世纪80年代,它衍生出了(除了戈勒的方案)许多其他形式主义美学问题的方法,比如我们在阿道夫·泽辛(Adolf Zeising)、爱德华·汉斯利克(Eduard Hanslick)、康拉德·费德勒(Conrad Fiedler)、罗伯特·齐默尔曼(Robert Zimmermann)、古斯塔夫·费希纳(Gustav Fechner)以及赫尔曼·罗兹(Hermann Lotze)的著作中发现了这些方法。甚至连柏林生理学家赫尔曼·赫尔姆霍兹也被赫尔巴特的想法深深打动,他进行了许多关于音乐调性的实验,并于1863年出版了《论音调的感觉作为音乐理论的生理学基础》(*Die Lehre von den Tonempfindungen als physiologische Grundlage für die Theorie der Musik*)。[3]

同样遵循类似科学精神的还有威廉·冯特(Wilhelm Wundt)的工作。这位生理学家于1875年接受了莱比锡大学的哲学讲座,四年后他建立了著名的实验室,致力于按照严格的科学方法进行心理学研究。冯特曾是赫尔姆霍兹的助手,在19世纪60年代早期他将注意力转向了心理学,在《生理心理学原理》(*Grundzüge der Physiologischen psychology*, 1874)一书中,他宣布了一个全新的研究领域,其目标是"研究意识过程中特有的连接方式"。他将这个新领域视为一种心脑并行——即心理活动被视为类似于物理身体的机械规律。[4]在莱比锡的实验室里,他训练了许多观察者,并进行了数千次关于意识、注意力、空间知觉、颜色和声音的实验。他还列出了在以后研究中使用的许多术语。他对感知、情感和感觉之间的区别一直是20世纪心理学实验的主要内容,而他相对较小的"记忆形象"概念,如我们所见,则成为戈勒的关于风格转变的论文的主题。

冯特的"原子"方法倾向于将经验分解为离散的感官元素或事实,但这种方法也不乏批评者,其中最重要的是卡尔·斯顿普夫(Carl Stumpf),他是弗兰兹·布伦塔诺(Franz Brentano)和洛兹(Lotze)的学生,1894年他在柏林大学建立了自己的心理学研究实验室,尽管他在之前就活跃于这个领域。在1873年,他出版了《论空间想象的心理学起源》(*Chen Ursprung der Raumvorstellung*)。在这本书中他首先反对冯特关于空间知觉的生理假设,并认为空间实际上是立即被赋予意识的。[5]然而,斯顿普夫更为人所知的是他的《声音心理学》(*Tonpsychologie*, 1883—1890),强调心理因素在音乐感知中的重要性,而不是赫尔姆霍兹所寻求的严格的生理学基础。有经验的"整体"大于各部分之和的看法,也使他与冯特的原子方法产生了分歧,两人之间的一场大争论持续了多年。在另一个问题上斯顿普夫不同意冯特的观点,他坚持认为心理学研究的主要主题应该是对"现象"本身的直接体验——斯顿普夫的一个学生埃德蒙·胡塞尔(Edmund Husserl)认为,这一信念转化为了现象学的主要哲学运动。

所有这些活动也应该与西格蒙德·弗洛伊德在19世纪90年代开创的心理学方向相对应。弗洛伊德在大学期间的研究也受到弗兰兹·布伦塔诺关于心理学和哲学的讲座的强烈影响,19世纪80年代的观念与年轻医学生的生理倾向相融合。弗洛伊德的精神分析,在其早期主要是基于生理学原理的,与冯特的实验方法形成了鲜明的对比。

第1节 韦特海默、科夫卡和科勒

斯顿普夫的另外三名学生——马克斯·韦特海默(Max Wertheimer)、库尔特·科夫卡和沃尔夫冈·科勒（Wolfgang Köhler）——的情况就不那么明显了，他们把"格式塔"心理学的领域确立为20世纪最主要的心理学流派之一。比他的两位同事大几岁的韦特海默率先定义了这一新领域。他是布拉格人，20世纪头几年在柏林斯顿普夫手下学习，后来在奥斯瓦尔德·库尔佩（Oswald Külpe）门下撰写了博士论文，后者曾协助冯特多年。1910年，他在法兰克福的心理研究所获得了一个职位，此后的19年里，该研究所一直是他的业务基地，直到他移居美国。

韦特海默在1912年的第一篇论文《关于运动知觉的实验研究》（"Experimental Studies on the Perception of Movement"）涉及了"似动现象"（phi phenomenon）。[7]这篇论文讨论了"视运动"的问题，也就是说，在一个特定的实验中一束光（以一定的强度和持续时间）交替地显示在一块面板上的两个狭缝后面。"被试"（在最初的实验中是科夫卡和科勒）经历的不是两个交替的光，而是从一边移动到另一边的光。这种被感知的运动表明，感知不仅仅是简单的原子感觉，韦特海默从中得出了一个更具戏剧性的结论，正如几年后的科夫卡所说：

> 但那天下午，他说了一句令我印象最深的话，那就是他关于心理学中生理理论的作用、意识和潜在生理过程之间的关系，或者用我们的新术语——行为和生理领域之间的关系。[8]

韦特海默事实上假设这两种刺激之间的联系发生在大脑皮层。如果第二束光出现在第一束光刺激的神经处理完成之前，那么大脑会将这两个事件连接起来，然后感知就被构建成一个运动。

从这个原则中产生了"Prägnanz"的格式塔概念，其字面意思是"孕育着意义"。这也许是格式塔心理学最基本的原理，它指出大脑对经验现象——一个"被先验条件所允许的永远是'好'的"[9]经验现象——施加了一个"心理组织"（与康德的"感性形式"并非完全不同）。这种结构不仅使观众对感官事件有一种"完整"的感觉，也"使感官世界显得如此充满意义"。[10]其中一些是简化的感性倾向，即创造规则、简单和对称的形式，而另一些则提出了格式塔原则，这些原则在每一本心理学教科书中都能找到——即闭合原则（完成图像中缺失的内容)、相似性（将相似的项目分组）和连续性（被中断时，线条和形式的延续性）。

尽管这些原则通常被作为这一理论体系的支柱，但在这一学派的众多总结中，往往被忽视的是格式塔理论中发现的一些新颖见解，特别是它改变了关于人脑的主要观点。一个重要的步骤就是认识到感官体验的高度复杂性。早在1927年，在一篇题为《感官的统一》("The Unity of the Senses")的论文中，韦特海默的老朋友和同事埃里希·M. 冯·霍恩博斯特（Erich M. von Hornbostel）反对对感官的分离。他坚持认为，只有罕见的知觉才局限于单一的感官："感官的可感知性中最重要的不是将感官分开的东西，而是将它们联系在一起的东西。它们彼此之间的联系，它们与我们的整个（甚至是非感官的）经验以及所有将要经历的外部世界结合起来。"[11]另一位接近格式塔领域的神经学家库尔特·戈尔茨坦（Kurt Goldstein）在1934年表达了同样的观点，他指出，每一个感知都不是局部的，而是"整个有机体的一种特定模式"。[12]

科夫卡在他的《格式塔心理学原理》（*Principles of Gestalt Psychology*）中用了近300页的篇幅阐述了他关于"环境场"的结构概念，环境场是识别事件的感性媒介，通过它我们可以构建视觉组织、图形和背景、形状、颜色以及三维空间的恒定性。他将心理学的主要任务定义为"研究行为与心理—物理场之间的因果关系"。[13]他试图以这种方式将格式塔方法与当代物理学的"场"论联系起来。

科勒在这方面更为具体。在他的《格式塔心理学》（*Gestalt Psychology*，1929，1947）中，他也对传统上将局部感觉刺激分配给离散的独立事件的做法表示遗憾。与之对应，他提出了这样的观点："有机体对它所接触到的刺激模式作出反应。知觉总是一个单一的过程，一个功能性的整体，它在经验中提供了一个感官的场景，而不是一个局部感觉的马赛克。"[14]他把这种新的心理学观点比作威廉·哈维对血液循环的发现，后者颠覆了对有机功能的机械论解释。他还强调了所有物理过程中的"动力学"因素，因此心理过程也包括在内。基于1939年的讲座，科勒在他的《心理学中的动力学》（*Dynamics in Psychology*）一书中，通过指出任何"感知理论都必须是场理论"，使这一点更加明确，然后他给出了这样的解释：

我们的意思是，与知觉事实相关联的神经功能和过程都位于一个连续的介质中；这种介质的一部分中的事件以一种直接取决于它们之间相互关系的性质的方式影响着其他区域的事件。这是所有物理学家的工作理念。知觉的场理论将这个简单的方案应用于大脑中感知事实的关联中。[15]

科勒和科夫卡都努力将场心理学的概念扩展到认知以外的领域，比如记忆、学习、情感和思维。在这方面最有趣的工作是科夫卡 1928 年的论文"论无意识的结构"（"On the Structure of the Unconscious"），在这篇论文中，他试图解释大脑是如何产生"许多记忆错误"的。他反对弗洛伊德认为无意识缺乏真正创造力的信念，科夫卡认为，"想象的真正创造确实是在无意识中发生的过程的结果"。他指的是，在物质离开意识之后，大脑继续与未解决的问题搏斗。[16]这样，他就赋予了格式塔大脑非凡的力量：

潜意识被比作一个仓库。但是我们发现它是一个多么奇怪的仓库啊！事物并不是简单地落在它们被扔进的地方，而是按照它们所属的多种方式在它们进入和存放的时间里安排自己。它们还做了更多：它们相互影响，形成各种规模和种类的团体，总是试图满足当下的紧急情况。真是奇迹般的仓库！[17]

几年后，科夫卡不再需要格式塔理论来接受无意识的概念，他赞成"生理过程中的场特性"。[18]但是，即使是这种温和的退却，其意义也必须与早期行为心理学家将我们的知觉领域局限于有意识生命活动的相应努力进行比较。例如，在如今的某些领域，至少 95% 的思想被认为是在有意识觉知的阈限下进行的。[19]

第 2 节　同构

这种早期应用动态场的概念的尝试——科勒将其描述为"感知事实的大脑关联物"——导致了格式塔理论的另一个革命性概念——同构。在格式塔理论最简单的定义中,它意味着感知事件与大脑皮层或神经活动之间存在直接的关联。尽管这种关联——与感觉过程相对应的神经活动模式(而不仅仅是视网膜活动模式)——在今天看来可能是显而易见的,但准确界定这种相关性的性质已被证明是一个困难的问题,事实上现在仍然是一个难题。尤其是科勒,他在这个问题上苦苦挣扎。1920 年,他第一次指出:"任何实际的意识,在每一种情况下,不仅盲目地与它相应的心理物理过程相联系,而且在本质结构属性上与之相似。"[20] 在 1929 年的书中,他将这个概念推向了中心阶段,尽管仍然没有一个明确的解决方案。他提供了空间和时间同构的例子,例如,他指出每一个经历过的空间顺序"在结构上总是与潜在大脑过程分布中的功能顺序相同"。[21]

然而,在同一时间发表的两篇论文中,他更大胆地陈述了这一假设,他断言我们必须将"感知的基础过程想象成一种在大脑的某个领域中形成的动态模式"。[22] 这里需要注意的是,这种神经模式不是"现象主体的几何复制品",而是一种"动态"的结果发生的"互动",是他所说的"感觉动力学"的一个例子。[23] 最后,在《心理学中的动力学》(1939,1965)一书中,他通过指出"经验的结构特性同时也是其生物相关物的结构特性"[24] 来最简洁地定义场论背景下的同构所做的这些努力。科勒对心理学进行了严厉的批评,因为人们不愿将大脑的神经结构引入模型,尽管他对大脑的神经系统理解仍处于初级阶段感到遗憾。实际上,科勒被困在心理学和生理学两个领域之间,而格式塔理论的一个缺点——今天可能会被争论——在于它主要把自己看作是心理学的一个领域。

在这方面,将科勒的观点与稍年长于他的库尔特·戈尔茨坦的神经学研究相比较是很有趣的。后者在他的经典著作《有机体》(*The Organic*,1934)中,提出了被最欣赏的格式塔理论新视角。同时,他对格式塔对感性领域的强调及其与同构概念的斗争持高度批判态度,基本上是因为这些理论在界定有机体的范围方面不够深入,因此,混淆了生物学和心理学的方法论。戈尔茨坦寻求了一种更全面的方法来解决这个问题,在这个问题中,知觉场的概念应该扩展到整个有机体,到目前为止,应该更加关注有机体如何在对每一种刺激作出反应时不断地挣扎"以适应其环境条件"。[25] 如今神经学在许多这类问题上正迅速取得共识。1982 年在一只恒河猴身上进行的一项著名实验中,科学家们证明，对几何图案的感知和它在初级视觉皮层留下的神经元印记之间实际上存在着同构的关联。[26] 然而，正如我们现在所知，大脑在将其传递给其他区域时——涉及更大范围的躯体、情感和大脑功能的区域——这种图案会分解成更原始的成分用于进一步处理。因此，近年来的潮流明显朝着戈尔茨坦的方向发展。

第3节 阿恩海姆与格式塔美学的兴起

20世纪20年代中期，柏林人鲁道夫·阿恩海姆（Rudolf Arnheim）与韦特海默和科勒都有广泛的接触，使得他也被同构的思想所吸引，尽管是在另一种意义上。这是他在《艺术与视觉感知》（*Art and Visual Perception*，1954）的一章中首次在美国本土提出的一个主题，即"表达"。他以格式塔的方式将这个术语定义为"在感性对象和事件的动态外观中表现出的有机和无机行为模式"。[27] 表达也"嵌入"在结构中，这导致他对同构的特殊定义是"刺激模式和它所传达的表达之间的结构性亲属关系"。[28]

有趣的是，他选择通过考虑圣彼得穹顶的外部轮廓来说明这一观点，他用观相术的方式将其解释为一种暗示了"巨大的重量和自由上升"的形式。[29] 他的基本论点是，具有固定半径的圆的一部分是一种固有的刚性结构，而抛物线在外观上比较温和。米开朗基罗在圆顶上画出一个截面，在圆顶的两侧使用了一个圆的曲率（使其具有刚性），只是他从两个不同的半径上画出了圆形部分。通过这种方式，圆顶部分的轮廓接近哥特式拱门——顶部的大圆顶缓和了这种效果。因此，作为一种格式塔形式，它读起来就像一个垂直伸展的半球，赋予它"垂直抗争"的感觉。

阿恩海姆在这一章继续介绍了其格式塔美学的一个主要主题，即大脑如何在其分类或思维过程中倾向于通过隐喻的媒介来视觉阅读感知事件。他接着说，这种趋势不仅局限于艺术家，而且是我们"接近经验世界的普遍和自发的方式"。[30] 这个主题成为他《视觉思维》（*Visual Thinking*，1969）一书的中心，他在其中总结了格式塔理论的见解，并开拓了新的领域。首先，他反对那种认为心灵是一个具有收集和处理信息双重功能的实体的根深蒂固的观点,并且提出了一个明确的格式塔命题:"被称为思维的认知操作不是超越感知的心理过程的特权,而是感知的基本组成部分"。[31]同样,对于大脑来说,在扶手椅的私密空间里思考这个世界上的一个物体和走出去直接看着这个物体之间并没有明显的区别——神经科学正在证明这一点。此外,对阿恩海姆来说,知觉本质上是"目的性和选择性的"。这意味着感官并非进化成了"为了认知而作为认知的工具",而是"作为生存的生物辅助物"。[32]因此,认知是知觉,反之亦然。

图 7.1 米开朗基罗,梵蒂冈圣彼得教堂的穹顶(1546—1544)
由本书作者摄影

阿恩海姆以更明显的方式提出的另一个格式塔原则是,我们对形状的感知是通过"应用形式范畴"或他所说的"视觉概念或视觉范畴"来实现的。[33]我们可以这样理解,视觉感知是对在一个特定的环境中的形状结构的一种"问题解决"或比较区分,其中很多是我们无意识地表现出来的。如果说阿恩海姆在这方面通常用经典的格式塔术语来思考图像的几何结构，那么他在书的后面部分通过讨论单词的力量和限制，极大地扩展了这些视觉概念的范围。他大胆地推测，使文字对人类思维如此"有价值"的原因，本质上在于它们的隐喻能力，也就是说，在于它们唤起视觉形象的能力，而视觉形象正是大脑对事物进行分类和进行思维活动的手段。正是在视觉意象的"比喻性"领域里，语言起着作用。因此，"要大声支持思维发生在感官领域的观点"。[34]这种激进的观点——语言实际上是一种更原始的视觉思维的近代叠加——在当时几乎完全被忽视，但是，正如梅林·唐纳德（Merlin Donald）最近所指出的那样，"阿恩海姆对视觉隐喻和非符号化表现形式的看法一直存在并取得了成功；视觉思维现在被视为在很大程度上是独立于语言的"。[35]阿恩海姆指出，隐喻倾向与视觉想象和感官相联系，这也意味着思维从根本上说是对图像的"具身化"处理，我们将在第12章更全面地讨论这个主题。

这本书出版八年后，阿恩海姆出版了第一个专门研究建筑的格式塔研究，即《建筑形式的动力学》（*The Dynamics of Architectural Form*）。一方面，这是一项雄心勃勃的研究，它借鉴了19世纪末德国的心理美学。[36]另一方面，它是在20世纪70年代末的特定建筑背景下创作的，即作为对现代主义的辩护〔尤其是勒·柯布西耶（Le Corbusier）的作品〕，与最近对建筑理论的"语言学、信息论、结构主义、实验心理学和马克思主义"的关注相对立。[37]他将这种兴趣视为是无关紧要的，因为它们回避了对建筑本身的讨论。阿恩海姆相反的关注点——分析与建筑感性领域有关的"视觉力量"——同时也给他带来了陷入困境的风险，即他将建筑形式简化为抽象的空间、线条和实体。

他的研究还涉及一个更有趣的层面上的矛盾——集中在视觉复杂性的问题上。例如，他强烈批评罗伯特·文图里（Robert Venturi）《在建筑上的复杂性和矛盾性》，因为他相信作者喜欢"无序、混乱、不相容的庸俗聚集，以及现代病理学的其他症状"。[38]同时，阿恩海姆在其他场合也乐于赞扬各种形式的——他称之为——"丰富复杂性"。[39]问题在于，阿恩海姆关于后者的主要例子〔对米开朗基罗的《皮亚之门》（Porta Pia）的积极辩护〕同时也是文丘里最喜欢的风格复杂性例子之一。[40]

不过，阿恩海姆为早先对巴洛克建筑的批评进行了辩护。他首先引用了保罗·弗兰克尔（Paul Frankl）对巴洛克建筑的看法——即巴洛克建筑放弃了连贯一致的形象，而倾向于"一系列不等于整体的局部形象"。[41]他以一种富有洞察力的方式反驳了这一论点，并认为"像舞台上或电影中发生的那样，屈从于一个瞬间的形象或一系列这样的形象是违反建筑本质的"。[42]因此，他坚持认为，巴洛克建筑师的目的不是将视觉体验分割开来，而是"使观者对建筑主题的理解复杂化，从而使其对建筑的基本含义的理解复杂化"。[43]他甚至把这种注入建筑体验中的期待比作莎士比亚的迂回手法，把观众引向其情节的主题核心。因此，如果一个人遵循他的逻辑，至少表面上的模糊性总是支撑着视觉的复杂性。

图 7.2 米开朗基罗，皮亚之门（Porta Pia），罗马（1561—1565）
由本书作者摄影

事实上，当格式塔心理学家从经验的角度来思考建筑时是最有见地的，尤其是在其"动力学符号"一章中。阿恩海姆现在回到了具身性（即体现，embodiment）这一主题，他从一个近乎现代的讨论角度来观察，再次将隐喻问题与感官联系起来。他认为，当隐喻被有意识地应用到建筑中时——比如当我们把一个特定的建筑与其功能联系起来时——它们通常是肤浅的。他引用了克劳德·勒杜（Claude Ledoux）在他的理想小镇乔克斯中对建筑形式的象征。

相比之下，当建筑隐喻和视觉图像一样被当作"感官符号"体验时，它们就变得有意义了：

> 所有真正的隐喻都来源于物理世界中的表达形式和行为。我们会谈到"高"的希望和"深"的思想，只有通过比较可感知世界的这些基本品质，我们才能理解和描述非物质属性。一件建筑作品作为一个整体——以及在它的部分中——表达为一个象征性的陈述，通过我们的感官传达与人类相关的品质和环境。[44]

再一次，"最强大"的符号是建立在我们的"感知感觉"上的，例如透过大教堂唱诗班席窗户的晨光强度，或是圆顶屋顶的容量，以保持"与天空的自然亲和力，并分享其主要的表达内涵"。[45]感官符号有效地强化或丰富了建筑体验，而最强烈的符号"源于最基本的感知感觉，因为它们指的是所有人赖以生存的基本人类经验"。[46]正是在这一点上，阿恩海姆通过回忆19世纪的"Einfühlung"概念——即我们对审美对象的移情——来强调他的观点。特别是，他提醒大家注意我们之前看到的沃尔夫林的论点——我们通过自己的身体形式和肌肉的感觉来解读建筑。

但令人惊讶的是，阿恩海姆拒绝了这种观点。沃尔夫林所说的肌肉感觉充其量也是次于经验的，因为正如阿恩海姆所坚持的那样，"视觉表达的主要效果，正如戈勒所说，更令人信服地来自视觉形状本身的形式属性，并受其控制"。[47]因此，

> 我认为，将感官原材料组织成我们所感知的形状的生理学力量，与我们所体验到的视觉图像的动态成分是一样的。没有必要求助于另一种感官形态——如肌肉运动觉知——来解释这种初始效应。[48]

除了阿恩海姆对纯粹的视觉事件的过分强调之外，这种立场的问题在于，它削弱了他关于感性经验的本质具身性和多感官复杂性的更大的论点。尽管如此，阿恩海姆仍然让今天的读者感到惊讶，因为他是如此接近神经科学的一些现代进展。

第8章 神经大脑

哈耶克、赫伯和诺伊特拉

> 可以肯定的是,这个显著的人类大脑存在着问题,但它也可能提供一些尚未经试验的生存辅助工具。
>
> ——理查德·诺伊特拉[1]

在这方面,阿恩海姆并不孤单。如果说神经科学作为一门生物学和认知学科在近几十年才基本成熟,那么可以说在第二次世界大战后不久的几年里其他重要的理论基础正在形成。其中一个例子是弗里德里希·哈耶克(Friedrich Hayek)的直觉研究《感官秩序》("The Sensory Order")。该文发表于1952年,副标题是"理论心理学的基础研究"。1974年,哈耶克因其在经济学领域的研究成果而获得诺贝尔奖,他是哈布斯堡帝国垮台前后令人眼花缭乱的维也纳文化的产物,而且他在20世纪20年代初开始撰写的这本书实际上跨越了两个时代。[2]其数字形式和逻辑风格,让人想起他表兄路德维希·维特根斯坦(Ludwig Wittgenstein)在1921年出版的《逻辑学哲学论》(*Tractatus Logico Philosophicus*)。哈耶克承认,维特根斯坦是他最初构思时的第一批读者之一。但哈耶克也将其起源追溯到恩斯特·马赫(Ernst Mach)的《感觉的分析》(*Analysis of Sensations*,1878),在这本书中,马赫这位物理学家以与大卫·休谟相似的方式提出了一种纯粹现象主义的怀疑哲学,在这种哲学中我们永远被自己感觉的神经一元论所束缚。在这个看似老套的基础上,哈耶克提出了一个非常有前瞻性的论点:所有感官知觉的神经过程(因此所有的思考)都是一种分类行为,因此是一种解释。此外,这些关联行为——出现在多个层次上并在连续的阶段展开——始终遵循特定的物理规律。

看到哈耶克哲学立场的细微差别是很重要的。尽管出于实用性的考虑，他有意保留心智的概念，否认了心智的一种"极端二元论"——这种心智与物质世界的力量截然不同。[3]这种心智与身体的二重性在现实中并不存在，因为所有的心理活动都只是大脑中"从神经元到神经元的脉冲传递"——实际上是一种神经一元论。[4]因此，心理学的目标与物理科学相反；事实上，这是从他们的模型中回溯到我们认识世界的"感官品质的顺序"。[5]支持这个目标的是另一个有点复杂的原则，即"心理事件是物理世界的一个子系统中的一种特殊的物理事件，它把我们称为有机体（它们是其中的一部分）的更大的子系统与整个系统联系起来，从而使有机体得以生存"。[6]简单地说，大脑是一个由神经元组成的分类器官，这些神经元的运作随着时间的推移而进化，以促进或增强自身生存的前景。

哈耶克的感官秩序主要有三个等级体系术语。首先是"连接"（linkage）的概念，他将其定义为"一组刺激物对中枢神经系统的组织产生的最普遍的持久影响"。[7]连接可以被视为大脑的主要神经回路在对外界刺激作出反应时以行为的方式组织起来的过程。它们不需要有意识，例如，记忆总是两个或多个这样的事件之间的连接。随着时间的推移，这些连接所形成的神经联系"显然会在作用于有机体的外部刺激中重现某些规律"，哈耶克称之为"映射"（maps）。[8]因此，映射是过去连接的神经记录，它们重复了我们从经验中所知道的东西。更具体地说，映射是"分类或定向的仪器，能够被任何新的脉冲激活，但独立于特定时刻在其中进行的特定脉冲而存在"。[9]最后，还有第三个神经系统——"模型"（model），这是"在给定的半永久性通道网络内随时追踪的脉冲模式"。[10]如果映射构成过去分类的神经记录，模型则是动态系统，并且特定于所发生的环境事件，但同时也受到现有映射结构的限制。

在此基础上，哈耶克构建了一个非常动态的大脑运作系统——完全是理论上的。神经模型不断地被新的脉冲所影响，因此也在不断地变化。几个不同事件的模型可以并行存在。心理联想的映射不是后来作用于现象的事后思考，而是定义这些现象的分类网络。正因为如此，它们也通过期望的载体而跑在感官世界的前面。所有新到达的神经脉冲总是根据现有的映射进行评估，并经常修改它们。此外，同样的脉冲不会总是产生同样的反应，有时会产生新的反应。

休谟回忆说，更根本的是，我们赋予物体的感官品质"严格来说根本不是那个物体的属性，而是我们神经系统对它们进行分类的一系列关系，换言之，我们对这个世界所知道的一切都是理论上的，而所有'经验'所能做的就是改变这些理论"。[11]同样，这种学习是在多个层次上进行的，因为"抽象概念的形成，因此构成了对同一分类过程的更高层次的重复，而这种分类过程决定了感官品质之间的差异"。[12]如今所有这些观点都有所流行。

有趣的是，在这方面哈耶克选择将"同构"（isomorphism）一词应用于他的感官系统。他很清楚格式塔学派在使用这个词，他甚至说，他们用"模糊和不精确"的方式来定义这个词。[13]但是他对这个词更严格的数学定义是"神经和现象的秩序之间的关系"，这一定义也不清晰——这一点他最终承认了。[14]然而，哈耶克认为他的作品是建立在格式塔理论之上的上层建筑。首先，他认为该学派摧毁了我们的感官世界是原子事件的结果的神话，在这方面，格式塔对"场的组织"的强调是一个更优越的模式。他还相信他的"感觉顺序"将把这种神经学的理解推进了一个阶段，因为它将从"生理脉冲之间的因果联系"的角度来解释大脑的动态组织，它将表明这种结构"决定了单个脉冲或是一组脉冲的特殊功能意义，我们称之为它们的感官品质"。[15]后来在书中，他将自己的努力具体描述为发展了组织场的格式塔概念：

> 正如当时指出的，目前的方法可以被看作是一种尝试，在所有的感官体验中提出格式塔学派提出的与构形知觉有关的问题。在我们看来，至少在某些方面我们的理论可以看作是格式塔学派方法的一贯发展。[16]

这些都是相当罕见的观点，但也必须承认，哈耶克的书——尽管它有许多关于大脑运作的理论见解——在当时几乎没有人注意到，甚至在今天也很少有人讨论。但这并没有减损它的重要性，因为最近对感知、记忆和意识现象的建模者正在开始记录。

第1节 赫布的神经心理学理论

这种认同感的缺乏，在心理学家唐纳德·O. 赫布（Donald O. Hebb）对大脑神经结构的几乎同时代的研究上是不成立的。他在 1949 年发表了他的划时代研究《行为的组织》（*The Organization of Behavior*）。[17]就在哈耶克的手稿接近完成之际，他甚至因为赫布书中的"生理细节"而拒绝发表他的研究。[18]然而，最终哈耶克的决定被证明是合理的，因为这两个理论模型确实是互补的。赫布的著作为哈耶克的感觉分类理论提供了生理学上的解释。

加拿大人赫布在卡尔·拉什利（Karl Lashley）的指导下接受了生理心理学训练，这位著名的生物学家将其漫长的职业生涯奉献给了学习和记忆的神经学原理。因此，赫布在他的著作中产生了解剖学的倾向，尽管他给他的著作加了一个副标题"神经心理学理论"，并将他的学习原则描述为心理学原理。这部书是为了回应当时的两个神经系统模型。一种是连接主义，认为大脑是一种连接感觉和运动系统的"总机"（telephone exchange）。另一种是场理论的格式塔模型，在这个模型中大脑被视为一个同质的系统，有着不同的、可互换的活动领域。赫布采取了中间立场，他采取了连接主义模型的某些方面，但不是以线性的方式，同时他从根本上改变了场论的一些前提。例如，他指出，脑电图（EEGs）这项新技术已经证明，大脑的所有部分都是持续活动的，甚至是自发的，而且这些神经元的激发或映射之间存在局部的模式。这种活动意味着人类的思维与神经过程有关，通过注意力、期望等媒介进行运作。

他对格式塔心理学的批评也很有启发性，尤其是因为赫布对他们的重要见解漠不关心。首先，关于场论最普遍的前提——神经事件中定位的缺失——他认为"我们不知道模式就是一切，而位置什么都不是"。[19]他认为，神经活动的位置是重要的，在这种情况下对特定事件作出反应的细胞在大脑的特定区域被激发。格式塔心理学对模式的强调是正确的，但是他们坚持认为模式可以在大脑的任何地方发生是错误的。赫布还为场论带来了一些新的东西，他认为，如果某些物体被视为不同的整体，那是因为这些整体依赖于一系列的神经兴奋，其中有些是必须是训练而来的。在他的推理中，一些基本的感知能力如对垂直线和水平线的识别可能在出生时就存在，但普通的视觉感知（尤其是高等哺乳动物）的学习曲线相对较长，格式塔理论家对这些与过去经验相关的联系考虑得太少。因此，他认为将大脑的联想区域引入到这种神经活动中，"可能会采取一种中间的位置，在这种位置上人们可以利用一些明显的形态心理学的和连接主义理论的价值观"。[20]他甚至说，神经关联是每一个感知事件的重要组成部分。

作了这个决定之后，赫布就可以自由地提出他的学习神经理论，基于"秃顶假设"——即"反复刺激特定的受体将缓慢地形成一个联络区细胞的'集合'"。[21]因此，在所有情况下，学习都是连接大脑神经元的突触生长的结果，这是他用现代神经科学的基本原理或定律提出的观点：

> 当细胞 A 的轴突接近到足以激发 B 细胞并反复或持续地参与激活它时，其中一个或两个细胞都会发生某种代谢变化的生长过程，因此 A 作为激活 B 的细胞之一，其效率被提高了。[22]

赫布的原理——有时用"神经元相互连接"来表达——包含了丰富的含义。当一个神经元激发另一个神经元时，它们之间的结合就加强了，增加了它们对类似刺激再次激发的可能性；通过反复激发，它们形成了既定的模式或映射。在他看来，这些模式或映射最终会吸引或产生联想回路或记忆。赫布将这种突触生长归因于"突触小结"本身的增加，或者我们今天所说的由神经递质反复释放的化学物质所制约的生长。然而，大脑神经元生长或结合的最终结果是一样的。神经元连接可以通过经验而被改变的事实，也被称为大脑对突触变化的"可塑性"或开放性。反过来说，如果先前的神经回路没有被反复的激发强化，生长最终会恶化，连接也会解体。

赫布的神经学理论还有第二部分，他称之为"相序"（phase sequence）。在这里，随着更复杂的感知事件，不同的感知单位（感觉、运动和思维）被整合到一系列的模式或线路中，从而导致意识现象：

> 然后，从理论上来说，意识与相序的某种复杂程度是一致的，在这个过程中，中枢与感官的促进作用融合在一起，中枢时而强化一类感官刺激，时而又强化另一类。[23]

对赫布来说，人类的意识也来自非感觉皮层区域与感觉皮层区域的高比例（与其他哺乳动物相比），这反过来又对学习产生了非常明显的影响。例如，人类在早期对世界的感性和概念性的掌握是极其低效的，但由于映射中包含了大量的关联区域，因此在成熟时变得非常地高效。赫布在书中继续将这些原则应用于其他问题，如注意力、动机、痛苦、饥饿和情绪，但所有这些工作——他的书的大部分内容——仍然远没有他潜在的意图重要："最终，我们的目标必须是找出相同的基本神经原理是如何决定所有行为的。"[24]虽然今天有些人不同意他的动词"决定"，但每个人都认识到他对脑细胞或神经元如何建立其放电模式的洞见的正确性。

第2节　诺伊特拉在建筑中的生物实在论

乍一看，理查德·诺伊特拉的《通过设计而生存》（*Survival through Design*, 1954）可以与哈耶克或赫布的研究对应起来，仅仅是因为它的出版日期。但是当我们更仔细地观察这些并列的文本时，我们发现这种联系实际上是更深层次的。诺伊特拉不仅与哈耶克有着几乎相同的维也纳背景和跨学科的好奇心，而且他还与赫布都坚信，大脑的神经活动不能脱离它所发生的物理环境。诺伊特拉用非常令人震惊的措辞指出，忽视这一事实的建筑师会将人类的未来置于危险之中。

"大自然对鼻环、紧身胸衣和污秽不堪的地铁的设计早已感到愤怒。"[25]诺伊特拉用这些愤怒的话作为其著作的开场白，这本书收录了47篇文章，内容涉及建筑如何从一个为商业利益服务的创业企业转变为一个认识到我们的"神经系统实体"本质的事业。[26]事实上，这个问题是双重的。一方面，建筑师应该致力修复这种人造环境的"有害影响"；另一方面，人们必须努力成为"神经生长的园丁"，也就是说，建筑师必须意识到自己对人类物种有益或有害的潜力是"惊人的"。[27]

诺伊特拉在20世纪40年代末完成了他的著作，因此他对赫布的研究并不熟悉。他在生理学和心理学方面的许多参考资料，如乔治·科希尔（George Coghill）的《解剖学与行为问题》（*Anatomy and Problem of Behavior*）和纳姆·伊斯康斯基（Naum Ischlondsky）的《条件反射、神经心理学和大脑皮层》（*The Conditioned Reflex, Neuropsyche and Cortex*）都可以追溯到20世纪20年代和30年代，但他的研究结果却极其现代化，这一事实凸显了早期科学文献的丰富。此外，还有他的维也纳教育背景问题。[28] 早年，他陶醉于艺术的"19世纪末特征的（fin-de-siècle）"氛围中，培养了他对弗洛伊德心理学的兴趣（他是弗洛伊德的儿子恩斯特的童年朋友，经常与其家人一起度假）。1912年，他在维也纳工业大学开始研究建筑后，成了阿道夫·洛斯（Adolf Loos）的非正式讲座的常客。在那里，他遇到了鲁道夫·辛德勒（Rudolph Schindler）（比他大五岁），两人相约前往美国为弗兰克·劳埃德·赖特（Frank Lloyd Wright）工作。辛德勒于1913年离开，但诺伊特拉完成学业后留任。第一次世界大战期间，诺伊特拉被派往巴尔干前线，在那里他感染了肺结核和疟疾。战后，他在瑞士的疗养院又待了一年，这位建筑师——由于正式外交关系恢复缓慢而没有美国工作签证——搬到柏林为埃里希·门德尔松（Erich Mendelsohn）工作。直到1923年，他才动身前往芝加哥，直到次年在路易·沙利文（Louis Sullivan）的葬礼上见到赖特之后，他才终于收到了他所希望去塔利辛的邀请。赖特的诊所在那之后不久就垮了，诺伊特拉前往洛杉矶，在那里他加入了辛德勒团队。

因此，当他在南加州定居时已经是一位成熟的建筑师，正是在这里他把注意力转向了生理学。1922年，辛德勒接受委托在新港海滩设计菲利普·洛弗尔医生（Dr Philip Lovell）的周末住所，他是洛杉矶地区著名的医生，以定期锻炼、按摩、素食和水疗等自然健康疗法著称。1926年，辛德勒与洛弗尔合作为《洛杉矶时报》撰写了许多关于健康住宅的生理需求的文章：讨论了通风、管道、供暖、照明、家具、运动区和景观等问题。1927年，当洛弗尔决定在好莱坞山上建一个新家——所谓的健康之家——时，他并没有求助于辛德勒，而是求助于诺伊特拉，后者设计了20世纪20年代最具生物学特性的住宅，这座住宅的构思完全围绕生理、心理和环境来考虑。这项委托将诺伊特拉确立为国际现代主义者，但更重要的是它开始了一项成功的实践，使他在1949年登上了《时代》杂志的封面。人类的心理和生理学仍然是建筑师的主要兴趣所在，因为在20世纪30年代和40年代，他试验了许多低成本的住宅和学校原型，这些原型注重居住者的健康和舒适。

正是在这种背景下，他开始考虑《通过设计而生存》的撰写。如果这本书的目的之一是淡化建筑师作为一个具有商业头脑的实践者的角色，那么它也挑战了任何基于简单美学的设计方法。在评论人类独特的大脑皮层的禀赋时，诺伊特拉指出，"在这个更加复杂的世界里，正如我们根据当前的有机研究所看到的，未来的设计师必须在过去的纯粹的美学理论之外进行操作"。[29]例如，这个对大脑科学理解的新时代意味着建筑引起的神经兴奋的水平和持续时间，必须与环境和精心制作的感官场的效果相适应。如果我们的大脑不断受到混乱或"多情的感官"的攻击，大脑就会寻求一种秩序感来维持生物平衡。他接着说，"柏拉图把庄严的神秘意义归于抽象的思想、简单的数字关系和几何图案。显然，精神经济学倾向于容易构思、形象化、记忆化和交流的事物"。[30]因此，"我们必须谨慎地评估消耗、吸收、同化形式的生理功能，无论它们是简单的、有组织的实体、习惯的复杂性、神奇的残余物，还是新奇而令人费解的技术发明必需品——即我们所处的工业化时代的要求"。[31]

然而，这些都不意味着建筑的组成应该是简单的。建筑首先是一门多感官的艺术，因此情绪总是在其中发挥作用。情绪（诺伊特拉说情绪受血液循环、腺体分泌、呼吸、肠道蠕动和新陈代谢的调节）不仅影响了每一次经历，而且"我们的神经心理表现在多层次的舞台上，就像中世纪的一出神秘剧。情绪接近所有的层次，永远不会消失"。[32]在多感官设计的理念下，诺伊特拉一再强调，建筑的构思必须不仅仅是视觉上的，不仅要考虑到其他感官，还必须考虑到由于潮湿、气流、热损失而产生的孢子效应、触觉刺激、地板的重力或弹性，以及其他肌肉骨骼反应。即使是像建筑空间这样一个以前很抽象的问题，随着时间的推移，我们强加给它的"向量属性"也有一种非常存在主义的色彩。房间的声音对这种体验也至关重要："无论我们是否意识到，构建的环境要么吸引我们，要么伤害我们，这也是一种复杂的听觉现象，即使对于最小的回响也常常是有效的。"[33]

所有这些使得诺伊特拉提出了一个双重的设计策略。一方面，他鼓励建筑师们要熟悉色彩、光照、舒适和疲劳、无意识反射、习惯化和神经休克等方面的最新研究成果。另一方面，他建议建筑师在"感官意义"（形状、颜色、质地、一致性）、材料（作为感官刺激）、布置和组合方式（光学、声学、化学、机械、热响应）等领域进行新的研究。这些策略的消极方面是担心——引用了特雷西·M.桑内伯恩（Tracy M. Sonneborn）的基因研究——在基因意义上的任性和武断的设计，"可能会带来比大自然更致命的突变"。[34]更积极的一面是，他强调整个神经系统只是一个神经器官，建筑师通过对其必要的刺激和平衡的生理和心理理解，有能力影响我们存在的最深层次：

> 那么，一套房子可以设计成为满足"按月"的要求，并符合供养人的规律。在这里，它通过习惯化来满足。或者它可能会以一种非常不同的方式来实现"此时此刻"——那是伴随着爱人的激动的一瞬间。一辈子的经历往往是在一些记忆中总结出来的，而这些记忆更有可能是后一种类型，执着于惊心动魄的事件，而不是前一种，只关心单调的稳定。这就是打开一扇巨大的滑动门从而愉快地进入花园的价值。[35]

诺伊特拉的著作是一个巨大的资料库，充满了敏锐的观察，因为他是近代第一个从严格的神经学角度考虑设计的建筑师。例如，他思考了当日本人穿上紧身皮鞋和西服时，他们的房屋将会经历的建筑变革。[36]他评论了伴随着"尤里卡！"的那一刻，大脑对心理僵局的创造性突破。[37]他专注于我们触觉的巨大敏感性以及我们空间感知的细微差别。在一篇关于城市的特别章节中，他严厉地斥责了战后由汽车引发的计划规模，其方式仍然很有说服力：

> 所谓的邻里关系有一个最佳的大小范围，只要婴儿的发育阶段、人的身高和步态不发生变化，它就不会有很大的变化。正如几千年前人们所宣称的那样，人仍然是衡量事物的尺度。现代交通工具可能会扩大定居点、缩小地球；但我们重申，在一个人类构想的社区内，不应允许它们造成重大的空间变化。除了乏味的肌肉组织外，还有其他原因。人类的大脑和神经系统有很大的局限性。[38]

总之，诺伊特拉的著作仍然是从人类生态学的角度看待建筑的一个里程碑——事实上，大约在同一时期，一位社会学家提供了一本研究人类社会与其建筑环境关系的书。[39]即使今天，他的书对于大众消费来说还是有点过于"费脑"，但它值得被重新发现并成为我们建筑学派的标准价值，因为其中的许多理论仍然与设计的重要问题有着遥远的联系。这无疑为该行业走出目前所处的僵局提供了一条可能的途径。

第9章　现象大脑

梅洛-庞蒂、拉斯穆森和帕拉斯玛

> 世界的肉体——躯体的肉体——存在。
>
> ——莫里斯·梅洛-庞蒂[1]

法国哲学家莫里斯·梅洛-庞蒂（Maurice Merleau-Ponty）以其著作《知觉现象学》（*Phenomenology of Perception*，1945）而闻名，以至于很少有人对他三年之前的第一本书《行为的结构》（*The Structure of Behavior*）进行研究。也许造成这种疏忽的一个原因是，他早期研究阅读的心理学教科书和哲学研究一样多。尽管如此，该书仍然是对他的思想的一个重要的介绍，因为它非常明确地揭示了他后来的现象学的心理学和生理学基础。

《行为的结构》首先是对行为心理学和他所说的生理原子论的其他形式的批判，在这方面，他遵循了格式塔理论和库尔特·戈尔茨坦更为整体的生理学的批判路线，即不可能将感性整体还原为单个部分的总和，知觉从根本上说是整个有机体的一个事件。梅洛-庞蒂也对格式塔的同构概念或意识与特定神经事件的联系感兴趣，从哲学上讲，他的意图是消除笛卡尔式的身心二元论。他对当代心理学模型最有说服力的批评是，我们所居住的生活世界或构建的环境与在心理学实验室中实验性地解剖出来的世界或环境是完全不同的。因此，他希望在一个经验框架内接近格式塔或结构整体的概念，一个在其对意义的感性追求中整合意识，但不是作为其最基本的元素。正是知觉本身的结构，现在变得"对人的定义不可或缺"。[2]

梅洛-庞蒂认为，我们的心理世界事实上是以三个辩证的"秩序"展开的。格式塔理论家所说的感性整体构成了我们所居住的物理世界的最初基础或辩证法，但这个世界同时也被我们的行为所带来的意向性转变成一个更高层次的活力秩序。例如，步行不仅仅是一系列肌肉收缩，它还是一种由我们通常朝着一个目标走的事实而活跃的活动。同样，现象的身体"不是任何视觉和触觉的马赛克"，而是一个有着充满意义的姿势和态度的有序的身体。[3]这些意义因此构成了我们存在的重要结构。最后，在文化层面，或者梅洛-庞蒂所说的"人类秩序"层面，我们不断地用我们的书籍、音乐、建筑和语言来创造新的环境。这三个秩序中的每一个都与较低的秩序形成一个结构综合。如果说这样的综合在本质上是模糊的，那是因为这三个秩序始终体现在"知觉意识"的首要地位之中。

知觉秩序的首要地位也成为《知觉现象学》的主旨，在这一点上，他早期著作中的黑格尔辩证法现在被改写成为明确的现象学术语。如果说这项令人印象深刻的研究有一个万能的原则，那就是对每个人都有着"世界的本土意义"，一个总是无处不在地受到我们本质的化身存在的制约的世界，因此只有通过我们与世界的具身交往才能获得。[4]我们是我们的身体，甚至理性化的心灵也不能在这种条件之外运作。世界上的事不再像古典心理学让我们相信的那样在知觉上被"给予"了，"它被我们内在地接受，被我们重新建构和体验，因为它与我们所承载的这个世界的基本结构相联系，它只是许多可能的具体形式中的一种"。[5]因此，知觉总是一种创造性的接受过程，一种对外部世界的合成而不是复制，但更重要的是，"一种已经与一个更大的整体联系在一起的、已经被赋予意义的形式"。[6]

这最终也是一个格式塔前提，梅洛-庞蒂并不回避承认这一学派（他再次从中获得了大量实验证据）带来了"我们的紧张感，它像力线一样穿过视野和系统：它们通过在这里或那里施加扭曲、收缩和膨胀的力量，给我们的身体世界带来了一种神秘而神奇的生命"。[7]梅洛-庞蒂认为，这是许多格式塔心理学家面临的一个问题，是因为他们误解了其发现的根本含义，并将问题置于朴素实在论的传统术语中——而事实上，格式塔或重要形式更多的是"世界的真实外观"。[8]因此，我们在许多层面上体验世界的形式：空间性、时间性，运动性，等等。例如，在这种解读中身体不能被对象化，它不存在于空间和时间中，"它栖息于空间和时间之中"，也就是说，身体是空间或时间出现的前提条件。[9]同样，我们在感知行为中移动的不是客观身体，而是我们现象化的身体，"涌向被抓住并感知它们的物体"。[10]再一次，知觉世界是人类活动的一个巨大的潜在领域，它始终与人的身体意识有关，而我的身体是"普通空间关系不会跨越的边界"。[11]如果我在空中用手做一个复杂的手势，我总是知道我的手在哪里，它的位置和距离是给定的。

意识也是如此——在严格的现象学意义上，意识是一种对某事物的意识，一种知觉的意向行为。它现在也以其"意向弧"（intentional arc）完全融入我们的物质状态，它既通过过去和未来定位我们，同时也"带来了感官、智力、感性和能动性的统一"。[12]因为意识只通过身体和感官运作，心身的结合贯穿于我们存在的每一刻。这样的表述也扩展了梅洛-庞蒂的知觉概念，或者说他把它与现象意识和感官混为一谈。例如，他曾将视觉定义为"从属于某一领域的思想，这就是所谓的感觉"。[13]我们怀疑的是，视觉领域总是孕育着意义。一个熟悉的物体，如果我们不能在一个颠倒的位置上辨认出来，它不会失去它的基本形态，而是失去它的意义。同样地，眼球的会聚和明显的大小并不是我们解读视觉深度的原因，"它们存在于深度的体验中"。[14]通过这种方式，梅洛-庞蒂观察到"身体是所有物体织入其中的织物，它至少与感知到的世界有关，是我'理解'的一般工具"。[15]他以另一种方式总结了这一点：他引用了法国飞行员兼作家安托万·德圣·埃克斯佩里（Antoine de Saint-Exuperéry）的一段话来结束这本书："人只是一个关系网，而这些关系对他来说是唯一重要的东西。"[16]

与他早期的心理学相比，这里所改变的不仅是他批判心理实在论的基调，而且也是其认识论基础。梅洛-庞蒂的思想几乎从一开始就被定性为"模糊的哲学"，既有感性过程中固有的模糊性，也有意识本身的不确定性。[17]然而，还有第三层模糊性遮蔽了《知觉现象学》，它存在于这样一个事实：认知的概念仍然徘徊在背景中的某个地方。尽管他曾通过对世界的现象学还原来坚定地摆脱传统的心身二元性，但二元性仍然存在。至少在他1961年去世后发现的一份不完整的手稿《有形与无形》（The Visible and the Invisible）中，他批评了自己早期的作品。

第 1 节　有形与无形

　　这部 150 页的手稿最初是对萨特的现象学的批判，它不仅没有完成，而且在文学风格上过于晦涩，其中也许只有一章——"交织——神经叉"不是如此。作者在文中附加的注释也阐明了一些关键点。这一章以一个关于我们的触觉的看似简单的问题开头："我如何能够给我的手以那个程度、速度和方向，能够让我感觉到光滑和粗糙的纹理？"[18] 他的回答是，我们能够这样做是因为我们对自己所居住的世界并不陌生。以沃尔夫林所说的方式，我们能够通过手接触和感受世界，因为我们的手知道被触摸的感觉。"身体的感知和被感知"是同一身体的两个瞬间，它们是相互作用的活动，是相互交织的存在。它们是——用他最喜欢的本体论术语来说是——"肉体"。通过使用这个生动的物质术语（这里被用作我们深刻的具身存在的隐喻），梅洛-庞蒂努力消除传统的心身二元性以及主客观世界之间的分裂：

> 　　我们必须拒绝那些古老的假设，即把身体放在世界里，把先知放在身体里，或者反过来说，把世界和身体放在先知的盒子里。既然世界是肉身的，我们在身体和世界之间的界限在哪里呢？我们把先知放在身体的什么地方？因为显然身体里只有"塞满器官的影子"，即更多可见的东西。所见的世界不是"在"我的身体里，我的身体最终也不是"在"可见的世界里：当肉体应用于肉体时，世界既不围绕它，也不被它所围绕。[19]

　　这段话暗示了一种潜在的泛神论，就像我们在前面的罗伯特·维舍尔的理论中看到的那样，梅洛-庞蒂通过神经叉的概念明确地回避了它。这一个是生理学术语，表示解剖线的交叉，其中最显著的是视交叉，即每只眼睛的视神经分叉，并将信息传送到大脑的两个半球。对于梅洛-庞蒂来说，身体看见和身体所见的这种本体论分歧，提供了一种空间或他所说的"分裂"，从中我们获得了一种身份，而不允许任何二元论的表象回到哲学中，"因此，我们必须说，事物进入我们，我们也进入了事物"。[20]

然而，正如这最后的评论所暗示的那样，梅洛-庞蒂确实借鉴了维舍尔的思想。在本章开头引用的标题的注释中（"世界的肉体——身体的肉体——存在"），这位哲学家具体地回顾了维舍尔的"Einfühlung"（移情）概念。我们与世界的本体论关系是这样的，"我们已经在所描述的存在中，我们是它的一部分，在它和我们之间有一个 Einfühlung"，这意味着，"我的身体是由与世界相同的肉体构成的（它是被感知到的），而且我身体的这个肉体被世界所分享，世界反映它，而它蚕食了这个世界。"[21]这也意味着我的身体是"世界所有维度"的出发点和测量杆"。[22]

对梅洛-庞蒂来说，肉体因此几乎获得了一种象征意义，它吞噬了先前所称的心智。一方面，它将我们的本质上具身的或肉身化的条件定义为有形的和有情的存在；另一方面，它保留了在他早期的现象学中有显而易见意义的格式塔结构。我们的大脑并不是把世界解释成一系列的时空形式，而是把它解释成富有表现力的声音、动作和手势。当我们居住在这个世界上时，我们同时借用了它内在的观念框架。现在不同的是，这种理想（这是梅洛-庞蒂对哲学最重要的贡献）再也不能被认为是与肉体分离的：

> 在肉体的体验中有一个严格的理想：奏鸣曲的乐章、光线的片段，无概念地相互衔接……我的身体是一个东西还是一个观念？作为事物的测量者，它两者都不是。因此，我们必须认识到一种与肉体并不陌生的理想，该理想赋予肉体本身以轴线、深度和维度。[23]

第2节 拉斯穆森论建筑体验

几乎在梅洛-庞蒂努力撰写他最后一篇哲学研究的同时，丹麦建筑师和城市规划师斯特恩·艾勒·拉斯穆森（Steen Eiler Rasmussen）出版了一本小书，名为《体验建筑》（*Experiencing Architecture*，1959）。这本书没有法国人书中的哲学严谨，也很少涉及人脑的机制。但它以其自身的方式，借鉴了与梅洛-庞蒂和我们所关注的其他理论家的相似主题。撰写于"国际风格"的全盛时期，当时的建筑很大程度上是以其圆滑的黑白细节的上镜品质来衡量的，拉斯穆森认为建筑是一种独特的感官体验，也就是说，建筑不是光线而是肉身。

在作者所表达的放弃规范标准的意图中，这本书是一部轻描淡写的杰作，"在我们高度文明的社会里，普通人注定要居住和凝视的房屋总体上是没有质量的"。[24]虽然没有引用任何资料，也没有提供参考书目，但这本书显然有一个智力谱系——心理学和生物学的。例如，在他关于"建筑中的实体和空腔"（"Solids and Cavities in Architecture"）的章节中，"Einfühlung"的思想显然是围绕着感性的"再创造这一非常活跃和创造性的过程的，这通常是通过想象自己代替物体来实现的"。[25]如果原始人通过向无生命的物体投入精神生活来表达这种移情，那么现代人现在会在柱上的微凸线上读到"肌肉绷紧的印象"，"这是在一根僵硬、反应迟钝的石柱中所能发现的一件令人惊讶的事"。[26]这种感觉不能从照片上（或者在我们的电脑屏幕上）解读出来，而必须在现场才能体验到，因此，拉斯穆森更喜欢"空腔"（cavity）一词，而不是更抽象的建筑"空间"概念。[27]只有具有质量感或肉感的"空腔"这个术语，才以沃尔夫林的方式表达了一种真正的空间感知的相貌体验。这样一来，哥特式建筑就成了建造的建筑，而文艺复兴时期的穹顶空间就变成了空腔式的建筑。

拉斯穆森指出，他很少关注建筑设计的原子元素，因为——以格式塔的方式——"所有好的建筑的目标都是创造完整的整体"。[28]然而，这本书从高度敏感的触觉角度对细节进行了大量的观察——从早期对英国马靴的弧度的评论，到切罗基部落编织的篮子或荷兰街道和人行道上发现的铺路图案。拉斯穆森还考虑了节奏、纹理和颜色等主题，但他的意图显然是超越纯粹的视觉阅读建筑体验。因此，他有一章是关于"听觉建筑"的，讨论了改变整个建筑的回响水平的优点。同样，他的章节中篇幅最长、内容最丰富的一章涉及"建筑中的日光"，他坚持认为，"这在体验建筑中具有决定性的重要性"。[29]

拉斯穆森的目标显然是让建筑成为一种多感官的体验，他发现他最喜欢的城市罗马是最令人满意的。他承认，他并没有完全欣赏圣母玛利亚教堂，直到有一天他遇到一群学生在玩从后堂外墙上弹球的游戏："当我坐在树荫下看着他们时，我前所未有地感受到了整个三维结构"。[30]米开朗基罗设计的皮亚门的"张力盘绕的涡卷形饰"和其他"令人难以置信的巴洛克细节"——阿恩海姆也会感到非常满意——为拉斯穆森描绘了一个高度移情的"激烈的冲突"，

"既不安分又富有戏剧性的形式"。[31]

图 9.1 皮埃特罗·达·科托纳，罗马圣玛丽亚·德拉佩斯教堂
(Santa Maria della Pace, 1656—1667)

由本书作者摄影

同时，皮埃特罗·达·科托纳（Pietro da Cortona）的圣玛丽亚·德拉佩斯教堂（Santa Maria della Pace）的"大胆弯曲的门廊"在其城市庭院内设置时，无异于一种呼吸、热和戏剧的启示："从黑暗中来是一种令人窒息的体验，狭窄的通道通向阳光明媚的庭院，然后转过身，看到教堂的入口就像一座圆形的小庙宇，周围是一个凉爽的、充满阴影的洞。当你向上凝视时，重叠柱的非凡排列更加引人注目。"[32] 显然有一种现象学的观点推动着拉斯穆森的建筑概念，尽管这个词本身在建筑界的使用还要等几年。

第 3 节 弗兰普顿和帕拉斯玛

事实上，挪威理论家克里斯蒂安·诺伯格·舒尔茨（Christian Norberg Schulz）——在 1971 年的《存在、空间与建筑》（*Existence, Space & Architec-*

ture）一书中——是最早提出这一观点的建筑师之一。在他八年之前出版的第一本书《建筑学的意图》（*Intentions in Architecture*）中，他试图将格式塔心理学、让·皮亚杰（Jean Piaget）、结构主义、信息理论和符号学的各个方面结合起来，形成一个"令人满意的建筑理论"。[33]然而，在他1971年出版的书中，他转向马丁·海德格尔（Martin Heidegger）和梅洛-庞蒂的现象学，描绘了不少于六种类型的空间（实用主义的、感性的、认知的、抽象的、存在主义的和建筑学的）。他关注的是建筑空间如何通过场所/节点、路径/轴、域/区等象征手段来"具体化"存在空间。在这个十年中，诺伯格·舒尔茨又进行了另外两项现象学研究，分别是《西方建筑中的意义》（*Meaning in Western Architecture*，1975）和《场所精神：走向建筑现象学》（*Genius Loci：Towards a Phenomenology of Architecture*，1979）。两者都再次聚焦于从感官和情感的角度看待建筑，后者甚至提出要探索这一领域的"心理影响"。[34]

在这方面，诺伯格·舒尔茨并不孤单。1972年，约瑟夫·雷克沃特（Joseph Rykwert）出版了《亚当的天堂之家》（*Adam's House In Paradise*）。[35]虽然这本书在结构上并不明显是现象学的，但还是以一种诠释学的方式讨论了建筑。自20世纪60年代初以来，雷克沃特一直对理性主义的设计策略持高度批判的态度，并强调需要考虑意义、情感和创造（poie-sis）的仪式价值的重要性，所有这些都将在他令人印象深刻的研究《舞蹈的柱子》（*The Dancing Column*，1996）[36]中达到高潮。20世纪70年代，雷克沃特在埃塞克斯大学，与捷克出生的建筑师和理论家达利博尔·维塞利（Dalibor Vesely）并肩工作。后者曾与汉斯-格奥尔格·伽达默尔（Hans-Georg Gadamer）一起研究，从而将严格的现象学视角引入他自己的建筑分析中，其成果已在他最近的研究《表征分裂时代的建筑》（*Architecture in the Age of Divided Representation*，2004）中显现出来。[37]

同样受到现象学影响的还有英国理论家和批评家肯尼斯·弗兰普顿（Kenneth Frampton），他在1974年为美国《反对》（*Oppositions*）杂志发表的《解读海德格尔》（"On Reading Heidegger"）为另一个大陆的现象学（指法国、德国的现象学。——译者注）提供了重要的可信度支持。[38]弗兰普顿在20世纪50年代曾在伦敦建筑协会学习，是受雷纳·班纳姆（Reyner Banham）现代主义论战启发而垮掉的一代英国建筑师。1965年，他搬到普林斯顿大学，承认自己在政治上变得激进，先是追随西奥多·阿多诺（Theodor Adorno）和赫伯特·马尔库塞（Herbert Marcuse）的批判理论，其后是汉娜·阿伦特（Hannah Arendt）的政治观点。因此，他1974年的评论标志着他思想中的一个新方向，因为他抓住了海德格尔的"场所"（Raum）概念，以此来对抗他所称的"精英主义女妖"（Charybdis of elitism）（形式主义或高度概念化的设计方法）和"平民主义的锡拉"（Scylla of populism）（实践的商业化）。弗兰普顿坚持认为，现象学的"场所"概念不仅赋予了建筑实践一个更真实的拓扑和结构设计基础，而且它也承认"公共领域"中好的建筑也必须适应这种公共领域。因此，"场所、生产和自然"这一公式成为设计的新"稳态平台"。[39]

将近十年之后，弗兰普顿在他著名的文章《走向批判的地域主义：抵抗建筑的六个观点》（"Towards a Critical Regionalism: Six Points for an Architecture of Resistance"）中再次阐述了这种观点。在这里，弗兰普顿提出了"批判地域主义"的阿雷加德（arrièregarde）立场，认为这是对普世文明的技术力量的"抵抗"行为。[40]特别有趣的是这种抵抗的发生方式。首先，也是最重要的是"场所形式"（place-form）的概念，在阿伦特式的（Arendtian）"人的外观空间"（the space of human appearance）的内涵中，它既赋予了城邦某种保守或封闭的权威，又暗示了诸如周边街区、广场、中庭、前院等永恒而具有抵抗力的城市形态。[41]批判的地域主义者也支持考虑当地的地形、环境、气候、自然光的使用和构造形式等变量的设计策略。如果前四个关注点在很大程度上被地域主义的概念所限制，那么对构造的新的强调——或者说建筑的构造方面——既是"提取材料、工艺和重力之间的游戏的潜在手段"，也是"结构诗意的呈现，而不是建筑正面的重新呈现"。[42]更令人惊讶的是他论文的最后一部分——"视觉与触觉"，他公开地引用了拉斯穆森早期的主题：

>我们发现有必要提醒自己，触觉是感知建筑形式的一个重要维度，这是视觉优先导致的症状。人们心中有一整套由不稳定的身体所记录的互补的感觉：光、暗、热和冷的强度；湿度的感觉；材料的香气；当身体感觉到自己的禁锢时几乎可以感觉到的砖石的存在；诱导步态的动力和身体穿越地板时的相对惯性；我们自己脚步声的回声。[43]

第 9 章 现象大脑

当然，弗兰普顿在他后来的著作《构造文化研究》（*Studies in Tectonic Culture*，1994）中更详细地探讨了构造学的诗意。[44] 然而，此时他的密友朱哈尼·帕拉斯玛（Juhani Pallasmaa）正在以更为全面的方式探讨建筑现象学解读的理念。事实上，芬兰建筑师让我们完成了从梅洛–庞蒂和拉斯穆森开始的循环，因为现在两者都被纳入了同一种理论，认为建筑首先是一种感性的体验。

帕拉斯玛是通过一个不同的背景形成这一观点的。[45] 在职业生涯的早期，他被巴克明斯特·富勒（R. Buckminster Fuller）和约翰·麦克黑尔（John McHale）的技术理论所吸引，然而到了 70 年代中期或晚期，他对理性主义的信仰随着他被诺伯格–舒尔茨（Norberg-Schulz）、海德格尔尤其是加斯顿·巴希拉德（Gaston Bachelard）和梅洛–庞蒂的现象学著作所吸引而逐渐减弱。所有这些都是在后现代主义和后结构运动的冲击下发生的，这些运动往往掩盖了这些观点。

我们可以通过他的演讲和论文来追踪他多年来的学术轨迹，所有这些都随着他的思想而变得越来越丰富。在 1983 年的一篇文章《建筑与我们时代的迷恋》（"Architecture and the Obsession of Our Times"）中，帕拉斯玛援引了巴希拉德的《空间的诗意》（*Poetics of Space*）来哀叹建筑的"可塑性和感性"的丧失，以及对"幻觉、装饰和框架"的反感。[46] 在他 1985 年的文章《感觉的几何学》（"The Geometry of Feeling"）中，帕拉斯玛的现象学变得完全明确下来。它首先提出这样一个问题："为什么只有那么少的现代建筑能吸引我们的情感，而一座位于老城的无名房子或一座朴实无华的农舍却会给我们一种熟悉和愉悦的感觉？"[47] 答案的一部分必然在于过去几个世纪不断加剧的理性主义，但也有一部分与过去几十年的过度形式主义有关。相比之下，"一件真正的艺术作品总是把我们的意识从平凡的轨道上推出来，集中在现实的深层结构上"。[48] 他认为现象学的作用是探索这个更深层次的结构，并用它来阐明"隐喻的语言，可以与我们的存在相一致"。[49] 现象学进一步强调了这样一个事实，即建筑首先是一种多感官的体验，在最好的情况下，"使我们的整个身体和精神的接受能力变得敏感"。[50] 两者都是帕拉斯玛对高度合理化的形式主义的厌恶以及他把建筑视为一种隐喻和多感官体验的观点，这构成了帕拉斯玛信仰的基本核心。

随着 20 世纪 90 年代的到来，他的思想又一次发生了变化，这是由复苏的环境运动带来的。在他 1993 年的文章《从隐喻到生态功能主义》（"From Metaphorical to Ecological Functionalism"）中，帕拉斯玛不仅嘲讽了后结构虚无主义的最后残余，还痛惜了建筑曾经引以为傲的社会使命的丧失。他以回顾诺伊特拉的方式，呼吁建筑回归其"生物学驱动的功能主义理想"，一种支持"高贵贫困美学，以及所有哲学复杂性中的责任概念"的伦理立场。[51] 在1994年的一篇后续文章《下一个千年的六个主题》（"Six Themes for the Next Millennium"）中，他列举了建筑魅力的六点：缓慢性、可塑性、感性、真实性、理想化和沉默。如果这些观点中有几点是可以自我解释的，那么缓慢性（面对设计过程的数字化和对新奇事物的过度关注）就需要深刻考虑"人类心理中古老的、生物文化的维度"，而沉默，就像所有伟大的艺术一样，允许人类个体倾听自己的存在。[52]

1994年，帕拉斯玛与佩雷斯-戈梅斯（Pérez-Gómez）和斯蒂芬·霍尔（Steven Holl）在日本杂志《a+u》的一期中共同讨论了一个特殊的问题，标题是《知觉问题：建筑现象学》（"Questions of Perception: Phenomenology of Architecture"）。帕拉斯玛的论文《七感建筑》（"An Architecture of the Seven Senses"）将梅洛-庞蒂的作品明确地纳入其中，因为这个芬兰理论家对建筑的"视网膜"或视觉偏见深表关注，导致过分强调了"建筑的智力和概念维度"。[53]

与拉斯穆森一样，帕拉斯玛讨论了听觉亲密度、沉默、气味和味觉的感官领域，但他的论点的新方面是他高度重视触觉，在"触觉的形状""肌肉和骨骼的图像"和"身体识别"这三个领域展开。第一个领域不仅是皮肤阅读物质世界的质地、重量、密度和温度的能力，还有这种感觉——预示着新的扫描技术的类似发现——如何与视觉感知进行"无意识的身体模拟"。他说："我们的目光触及遥远的表面、轮廓和边缘，而无意识的触觉决定了体验的愉悦与否"，因此好的建筑应该提供"为愉悦视觉而塑造的形状和表面"。[54] 此外，他还指出，情绪状态也会改变这些感知。在情绪状态下，"感觉刺激似乎从更精细的感官转向更早期的感官，从视觉转向触觉和嗅觉"。[55] 肌肉和骨骼的图像进一步强调了身体与世界的联系，因为"我们看、触摸、倾听和衡量整个身体所存在的世界，体验世界是围绕着身体为中心进行组织和表达的"。[56] 身体认同也是如此，因为当"运动、平衡、距离和尺度被无意识地感受到时，通过身体肌肉系统的张力、骨骼和内部器官的位置"，每个建筑师和旁观者都会"将建筑内化到自己身体中"。因此，他总结道：

> 理解建筑意味着用自己的身体无意识地测量一个物体或一座建筑,并将自己的身体投射到所讨论的空间上。当身体在空间中发现共振时,我们会感到快乐和保护。[57]

帕拉斯玛在其后来的著作《皮肤的眼睛:建筑与感官》(*The Eyes of the Skin: Architecture and the Senses*, 2005)[58]中进一步探讨了这些主题。他十年后的这部作品最重要之处在于,他认识到他早期的观察是"基于个人经验、观点和推测的",现在已经在神经科学的进步中找到了一些证据。[59]对于梅洛-庞蒂和帕拉斯玛来说,"具身意识"(embodied consciousness)的概念只是一种建立在个人冥想基础上的哲学信仰,就像列昂纳多的笔记以来关于大脑的许多其他观察一样。然而,神经科学家开始发现的是支持这一观点的生物学证据——我们现在可以转向这些证据。

第二部分

神经科学和建筑

第六篇

林业和华南农业

第 10 章 解剖学

大脑结构

无论是好是坏,地球的未来和它所有的生命形式目前都由一个单一的物种统治着,它的头颅由灰质、白质和其他物质组成,被许多人认为是最不可思议的进化现象。尽管这种高度专业化的组成部分在染色体结构上与其他灵长类或哺乳动物在许多方面没有区别,但人脑在一个特定的意义上确实存在特殊性。在 150 万年的进化过程中(自直立人出现以来),它培养了人类对自身短暂存在的认识、在逻辑框架内思考和说话的能力,以及在过去、现在和未来的背景下看待自己的天赋。人类的大脑在探索物理宇宙的原理方面取得了一定的成功。由于其自身的生物学原因,它构建了一个精心设计的文化形式,我们称之为音乐、艺术和建筑。尤其是在过去的四分之一世纪左右,它凭借其新技术,培养了自己的好奇心,今天正在收获惊人的突破和见解。因为我们现在开始明白,至少在过去的一万年里,人类提出的一些哲学和心理学问题有一个非常令人信服的,也许是一个非常不同的神经学的答案,与我们在几年前所设想的完全不同。诺贝尔奖获得者弗朗西斯·克里克(Francis Crick)将这项新的努力命名为"对灵魂的科学探索"。[1]

但是大脑究竟是什么呢?这束神经元在生物学上是用来探索、解释和分类事件的。首先,我们可能会注意到,它是一个由 1000 亿个神经元或神经细胞组成的活体,重约 3 磅,能够产生约 14 瓦的电能。在人类进化之前,它变化的速度比人类出现后的历史上要慢得多，就像所有的神经系统一样，它的出现是为了在特定的环境中调节一个物种的生存。此外，只有那些表现出运动性的物种才有大脑。因此，它是一种以目标为导向的有机体，它的活动围绕着寻找食物、水、性和更有利的环境等基本需求。

人脑还有另一个奇怪的特征。它在出生时还没有形成许多更高的功能，因此在婴儿期的最初几年里，大脑经历了独特的增长和发展。有些神经细胞甚至在出生前就已经死亡，而另一些神经细胞则在出生后不久就开始大量繁衍，形成精细的电化学路径，有效地将大脑的特定区域相互联系起来。大脑最显著的特点是，即使在经历了早期发展的特定阶段之后，大脑的神经复杂性仍在继续增长，在这些阶段中，语言、音乐和数学学习是最容易获得的。控制这种生长的因素是我们所处的特殊环境以及我们用来喂养大脑的食物，最重要的是神经刺激的水平，通过这种刺激我们可以增强或忽略它的生长倾向。

第1节　神经元

人脑是由1000亿个神经元或脑细胞组成的，它们夹在数量更多的胶质细胞和广泛的血管支持系统中。如果不从机械的角度看，每一个神经元的巨大的计算能力在某些方面是一个有着完整DNA的小电池，它包括一个细胞体、轴突和树突。它通过离子（带正电荷和负电荷的原子如钾和钠）沿着主干或轴突产生一个动作电位或微小的电荷而运作。大脑中可能有多达1000种不同类型的神经元，但它们分为兴奋性和抑制性两大类。在一个非常松散的类比中，大多数细胞都可以比作一棵树。细胞核位于树的中间，在多节区域开始分叉。带有树枝的四肢是树突，它接受来自其他神经元的信息。树的主干是轴突，它通过树根（多达10000个）将信息从细胞体传递给其他神经元，而这些神经元能够与其他数量相等的树突相连。轴突或者说树干，可以是从不到一毫米到几英尺的任何长度；较长的轴突被包裹在白色的髓鞘中，这使得信号传播得更快。这些有髓轴突是大脑的"白质"，它们把神经元相互连接起来，构成了脑质量的40%。

第 10 章　解剖学

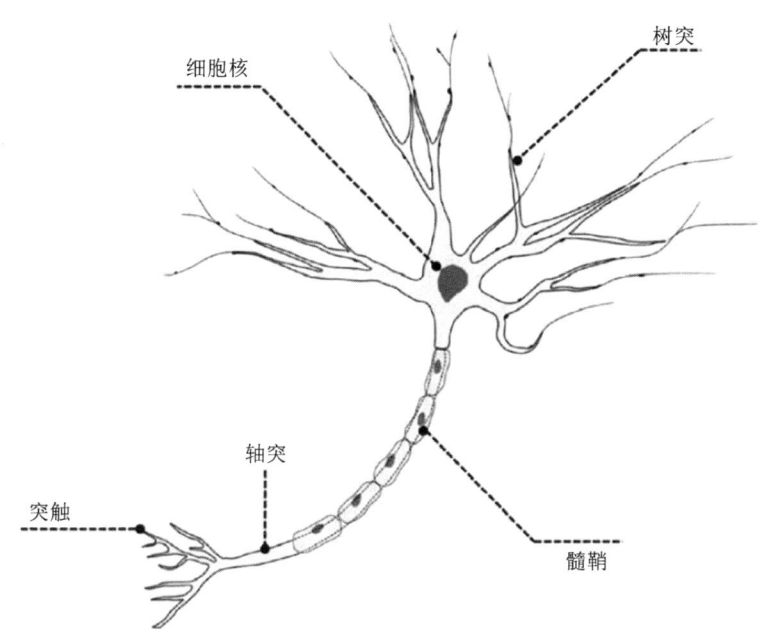

图 10.1　神经元或脑细胞

阿姆贾德·阿尔古德（Amjad Alkoud）插图

一个神经元的轴突和另一个神经元的树突之间的连接点是突触或突触间隙（这是一个很小的间隙）。当离子化的电荷或动作电位沿着轴突向下移动到突触间隙时，会导致化学神经递质溢出到邻近的树突。神经递质就像细胞本身一样可以有几种类型，事实上已经鉴定出多达 50 种。因为突触的数量估计高达 200 万亿，人类大脑，无论出于何种意图和目的，都拥有无限数量的神经连接。如果这些数字令人震惊，那么结构本身的整体神经效率也同样令人震惊。科学家盖尔吉·布兹萨基（György Buzsáki）把大脑，特别是它的可伸缩性比作 R. 巴克明斯特·富勒的一种张力整体结构，在这种结构中神经元在基因工程的漫长过程中已经绘制出了它们可能的最短路径，从而使所需的轴突体积最小化。[2] 伯纳德·J. 巴尔斯（Bernard J. Baars）报告说，神经元的相互联系如此紧密，以至于信息可以在最多七步内从大脑中的任何一个细胞传递到另一个细胞。[3] 诺曼·布赖森（Norman Bryson）将这种神经活动描述为"无数个闪电划过大脑分支的交响乐"。[4]

近年来，我们对大脑认识的第一个重大突破是唐纳德·O. 赫布的理论，即当两个神经元同时激发时，突触会随着生长而改变，它们会趋向于连接在一起。这一生物学原理是大脑效率高的原因，因为该器官从发育之初就倾向于将神经群连接成以同步节律振荡的回路或映射图（这一原理长期以来一直是冥想练习的基础），使动作得以协调，从而提高在不同的神经元群中的输出。这些神经节律的复杂性直到最近才被揭示出来，然而它们如何以及为什么以这种方式工作仍然是个谜。三种主要的节律——α、β 和 γ——分别在 8—12 赫兹、13—30 赫兹和大于 30 赫兹的频率下工作，某些节律被认为是认知和意识等事件所必需的。[5] 这些节律的另一个有趣特征是它们的默认状态。与我们的整个神经系统类似的是，它是一种脉冲触发（而不是沉默），这意味着大脑不仅仅处理外界的刺激，而且不断地产生自己的信息模式。正如布兹萨基所描述的："外部现实的'表征'因此是受外界影响不断调整大脑自我生成的模式，即心理学家称之为'经验'的过程。"[6]

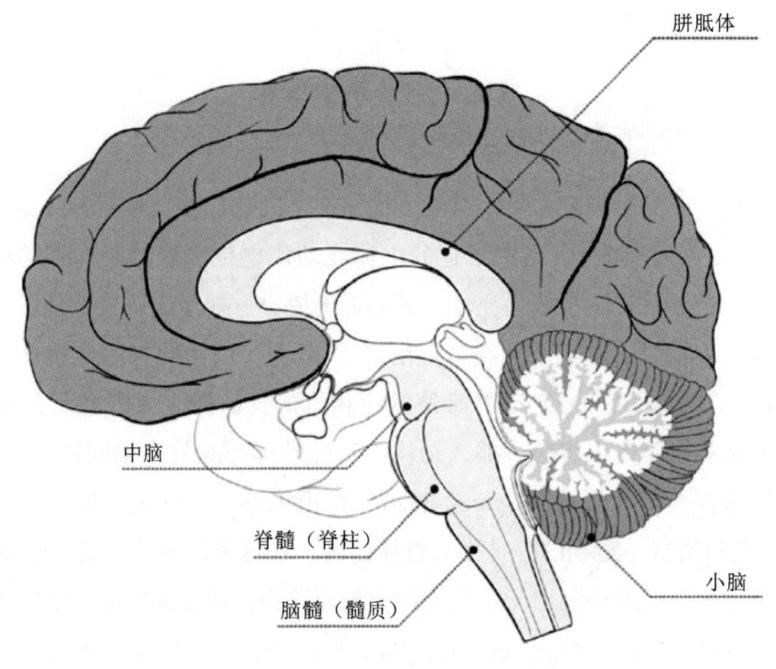

图 10.2　脑干

阿姆贾德·阿尔古德插图

这一事实变得更加重要，因为神经元和它们的回路对它们所响应的刺激高度专门化。神经回路不仅不断地处理大脑不同区域的触觉、颜色、形状、运动、嗅觉和声音的输入,而且有些神经元只对个别颜色作出反应,而其他神经元则只对垂直或水平线作出反应。因此,我们所居住的精神世界在随后被整合到我们看似简单的感官感知之前,被大脑仔细地包裹着——一切都发生在几百毫秒之内。康德和休谟模糊地暗示,这种创造性的事件顺序是大脑内在微生物学的本体论本质。"令人欣慰或是令人不安的是,"鲁道夫·R. 林纳斯(Rodolfo R. Linás)说,"事实上,我们基本上都是在做梦的机器,它们构建了真实世界的虚拟模型。"[7]

第 2 节 脑干和脑缘系统

大脑不仅仅是一个器官。事实上,它由许多不同的部分组成,它们在漫长的进化史中相互重叠。进化中最古老的部分是位于脊髓顶部的脑干。它由三部分组成:髓质、桥脑和中脑。多年来,科学已经知道它与多种代谢功能有关,如调节心脏和呼吸系统、中枢神经系统、睡眠、疼痛、体温和肌肉骨骼框架等,但最近变得明显的是这些区域的微生物学复杂性。在脑干中有 40 多个异质性的细胞核或细胞群,每一个都有不同的细胞结构来储存和释放不同的神经递质。[8]中脑的一部分对意识至关重要,而中脑灰质的另一个区域(称为 PAG 或水管周围灰质)与情绪的产生密切相关。它控制面部、舌头、表情的运动以及血液携带的化学信号向神经信号的转化。[9]

脑干后面,在大脑的底部是小脑,它在我们哺乳动物的历史上曾经是主要的大脑。如今它调节我们的一些精细运动技能(例如骑自行车或弹钢琴),而且最近人们发现它似乎有着帮助某些类型记忆的认知功能。成像技术已经证明,它还涉及我们听觉、视觉、触觉和情感处理的某些方面,这并不奇怪,因为它是大脑最古老的部分之一。

当我们从脑干上方进入被称为脑缘区的区域时,大脑变得特别有趣:两个模块的集合(每个半球一个),被丽塔·卡特(Rita Carter)称为"大脑的发电站"。[10]它们位于大脑的最核心,形成两组相同的微型器官,包裹在周围每个半球的白质和灰质中。如果说"脑缘系统"(与情绪有关)一词在许多科学家中已经失去了可信度,那是因为我们再次开始理解这两个区域的高度复杂性和至关重要性。它们的一些组成部分如下丘脑、杏仁核、基底神经节和脑垂体实际上主要是调节性的，参与诸如运动、饮食、性行为和情绪等活动。基底神经节是丘脑和皮层之间五个相互连接的大核团，基底神经节的"运动带"对于诸如拉小提琴之类的复杂任务至关重要，正如鲁道夫·利纳斯（Rodolfo Llinás）所说。建筑师们对每个半球的另外两个结节感兴趣——海马体和丘脑。

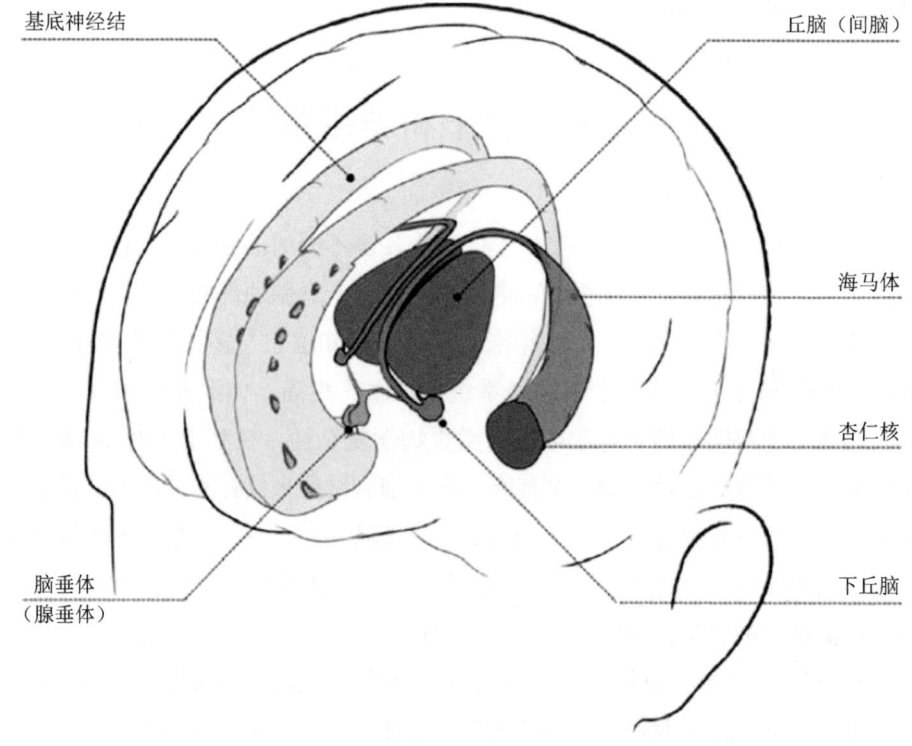

图 10.3　脑缘系统

阿姆贾德·阿尔古德插图

海马体因其形状有点像海马而得名，它位于大脑皮层颞叶的折叠边缘。这如今是一个非常热烈的研究领域，因为它是阿尔茨海默病的病源，因此，它对恢复短期和长期记忆至关重要。两个海马体连同周围的皮质组织还有另一个有趣的功能，那就是空间定位和导航。通过一系列的发现（最近一次是在2005年）我们知道，空间理解是通过海马体及其周围区域的一组特殊细胞所介导的，并且已经被诸如"伦敦出租车司机的海马体增大"这样的案例所证明。考虑到设计中涉及空间抽象，我们期望建筑师也会遇到这种情况。两个海马体依次包裹着两个卵形的附属物——两个丘脑。每个丘脑被细分为大约 24 个区域，每个区域似乎都与皮层的一个特定区域有关。由于这个原因，它有时被称为大脑皮层的门户，在许多方面可以被认为是它的动态中枢，因为它几乎涉及大脑的所有活动，包括注意力和意识。尽管神经学家不愿把丘脑称为控制中心，但丘脑既能扫描大脑，又能帮助协调大脑的各种活动。即使是记录在两眼视网膜上的神经刺激，也会在被大脑后部的视觉皮层处理之前通过丘脑。

132

第 3 节　大脑皮层

然而，当大多数人想到大脑时，他们会想象出被称为大脑皮层的上脑的外层。它只有八分之一英寸厚，由六层神经元（从 300 亿到 500 亿个细胞）组成，如此密集以至于在实验室小瓶里它呈现出灰色。在外套膜下是一个由轴突组成的纤维束，连接着大脑的许多部分。灰色的外套膜相当整齐地分成几部分。有左右半球，每个半球又分为额叶、顶叶（后中）、颞叶（侧）和枕叶（后）。大脑皮层的各种裂缝和褶皱之所以出现，是因为它在最近的进化史中变得如此之大，以至于它必须被挤压和折叠以适应头盖骨。如果把它平放，大概有一块大手帕那么大。

两个半球在某种程度上都是一个大脑，每一个都有自己的各种脑缘的附属物（appendages）。它们通过一个被称为胼胝体的轴突桥连接在一起，胼胝体有 6 亿个纤维，每秒传送信息 40 到 1000 次。这两个半球在功能上有一定的特殊性或差异性，但并不像通常所描述的那样简单。语言和分析能力在很大程度上集中在左半球，而情感处理、某些空间技能和整体把握能力则集中在右半球。许多技能如对声音的处理，都是在两个半球进行的，但音乐在右侧稍多一些。

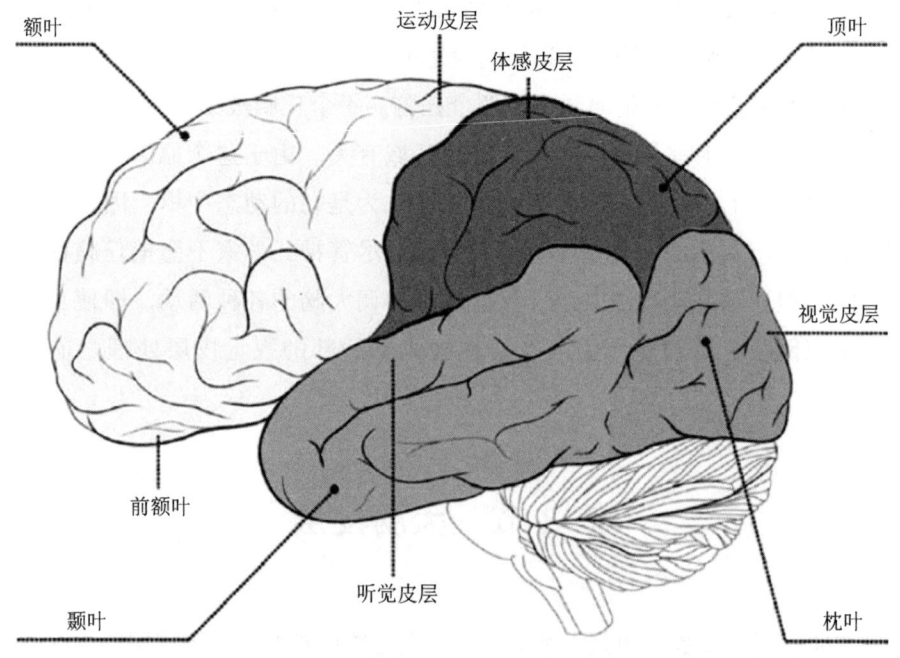

图 10.4　脑叶

阿姆贾德·阿尔古德插图

大脑的各个脑叶在功能上也趋于特殊化。几乎所有位于大脑后部的枕叶都被用于视觉处理,通常被称为视觉皮层。顶叶的区域与枕叶在感觉处理方面密切合作,而靠近头顶的顶叶也包含体感皮层,它既记录我们的触觉,又监控肌肉和骨骼的运动。众所周知,躯体感觉皮层是根据身体不同部位的神经敏感性来划分的。到目前为止,最大的区域是手、嘴唇和生殖器。颞叶是多功能的,参与语言识别、空间可视化和声音处理(听觉皮层)等活动。

额叶是大脑进化和儿童大脑中发育的最后一部分,是规划和推理过程的所在区域。它不仅占大脑皮层总面积的近三分之一,而且也是神经元最密集的区域。沿着它的后部,靠近顶叶的体感皮层,是调节我们有意识运动的运动皮层。然而,当我们朝着前额叶皮层前进时,感觉处理让位于意志、注意力、情绪反射、言语和思考等功能。皮质内的这些特殊活动部位在大小、分区或神经复杂性上都没有严格的固定。例如,音乐家的听觉皮层比没有受过音乐训练的人体积更大,结构更复杂。我们最近才了解到这一点,这是由于各种成像或扫描技术的改进，如功能磁共振成像（fMRI）、正电子发射断层扫描（PET）、脑电图（EEG）和脑磁图（MEG）。尤其是自20世纪90年代中期以来，它们的可及性和使用量已经激增，科学家们似乎——几乎每天都——在理解大脑的神经复杂性方面取得了重大突破。此外，2006年才完成的人类基因组3万个基因的最终测序，无疑将在微生物学水平上为这一知识增添更多细节。事实上，我们正处在重大发现的尖端，这些发现将彻底改变我们对自己的看法。

第4节 具身性与可塑性

最近有两个与我们的主题相关的关于大脑的深入研究。第一个是大脑的相对自主性，意味着大脑是一个独立的有机体，能够自发活动或者独立于环境的影响。梦也许是这种力量最明显的表现，但这种活动的影响在今天看来更为深刻。把大脑作为计算机或处理中心的旧模型——被动地从感官获得刺激——从根本上说是有缺陷的，现在已经被抛弃了。大脑有着悠久的进化历史，它在发展过程中获得了某些独特的技能，其中最重要的是它的生物自组织。大脑不仅感知世界，还积极地用自己的表征模型与之对抗，并且不断地测试和重新测试其假设。大脑在感知上也有很高的动机和选择性，它会减少它不寻求或不需要的东西。因为所有这些都是在分子水平上发生的，所以许多科学家现在会争辩说，把人类的"心智"说成是认知上与大脑不同的东西的观点是过时的。老的笛卡尔式的二元性——"非物质思维意识"（res cognitas）和"纯物质"（res extensa）——正在崩溃。

伴随着这种理解，具身性（embodiment）也随之实现。如果你从尸体上取下一个大脑，从下面观察，你会立刻发现眼睛是大脑后部的直接神经延伸。这表明，视觉并不是像我们日常所说的那样是独立于大脑的一个"感官"，而是大脑的一个附属物，位于颅骨的两个入口。如果你连接所有向下延伸到手臂和腿部的神经回路，情况也是一样的。很简单，大脑是一个身体器官，在这一点上，甚至心智和身体之间的旧区别也在瓦解。大脚趾上的神经元和让我们思考大脚趾的脑额叶神经元一样，都是大脑的一部分。大脑在所有的工作中都是身体，反之亦然。

在过去几年中，第二个重要的问题是大脑可塑性的程度，这是大脑改变其突触网络能力的生物学术语。出生时，人脑的重量在 12—14 盎司之间，当它成熟时重量会增加四倍。从人体其他部位在生长过程中所经历的变化来看，这种差异似乎并不罕见，但大脑在一个重要方面不同于其他器官。它基本上是由大约 1000 亿个脑细胞组成的，但它们之间的连接相对较少（大约 50%）。当然，基因密码指导着基本的稳态机制，并为未来的发展提供了一个总体规划，但这些调控系统和智力禀赋绝不能指导大脑随后发育的各个方面。我们只是缺少基因来指定大脑高级功能的突触复杂性。

这种可塑性的含义是多种多样的。因为我们的许多神经网络都是由我们的经验或与世界的接触决定的，所以大脑在人与人之间，甚至是同卵双胞胎之间，都有着非常大的差异。在很大程度上，我们是自己一生中构建的特定神经回路或映射。可以肯定的是，这种突触生长大多发生在生命的早期阶段。例如，一个孩子出生时就有视觉皮层，出生后不久顶叶皮层就会活跃起来。然而，额叶的发育允许认知和自我感觉，这直到大约六个月大时才出现。因此，我们如何以及何时开发大脑区域对大脑结构至关重要。例如，我们早就知道，孩子在童年的特定阶段更愿意学习第二语言或接受音乐训练，而这种延迟会使这些任务更加困难，有时甚至不可能完成。我们现在知道为什么这是正确的。这是因为在神经生长的某些阶段，特定的突触结构已经准备形成。如果不加以开发，这些结构将退化或被其他功能接管。例如，阅读和写作所需的神经联系（这是最近的进化技能，没有编码在人类基因组中）必须在儿童时期学习或形成，否则，大脑在这些能力方面会永久性地改变。[11]这并不是说年长的人不能学习读写，只是说读写会更困难，通常效率更低。

音乐训练为这种可塑性原则提供了生动的演示。由托马斯·埃伯特（Thomas Ebert）领导的一组德国科学家最近进行了一项实验，他们扫描了音乐家和非音乐人控制双手手指的大脑区域。音乐家的大脑，特别是小提琴手和大提琴手，表现出明显的差异。控制右手的运动皮层区域——简单地移动琴弓——与非音乐家的区域在大小上没有区别。然而，控制左手四个手指的皮层区域对调节乐器的声音至关重要，音乐家的这个区域比非音乐家的这个区域大五倍之多。这些差异在那些很小就接受过训练的音乐家身上表现得最为明显。[12]我们也许有一天能够为建筑师的大脑推断出类似的结果，即使这种发展出现在较晚的时间。

我们才刚刚开始了解的可塑性的另一个方面是：在我们的一生中，大脑在其神经线路中始终保持着柔韧性。我们注意到，现有的突触回路根据它们的用途会加强或减弱。当被激发时，大脑会创建新的连接，而不经常使用的现有连接将萎缩和消失。如果我们缺乏早期的训练，这一事实可能永远不会让我们成为音乐会的小提琴手，但它确实强调了这样一个事实：我们（和我们的文化）对大脑的刺激越多，我们就越能用知识、记忆和创造性联想丰富大脑皮层的映射，大脑的神经复杂性就越会继续增长。苏珊·格林菲尔德（Susan Greenfield）将这一过程称为大脑的"个性化"，她将"心智"归为"由个人经验配置的细胞电路的沸腾泥沼"。[13]这表明，创造力的各个方面确实可以学习；反之亦然，正如俗语"vegetate"（长草）所恰当地暗示的那样。

137

对大脑的这种理解对建筑师来说意义重大，他们的教育一般发生在青少年晚期和20岁早期，也就是说，发生在当大脑正经历主要成长和发展的最后一个重要阶段之时。这也可以解释为什么建筑师经常被说要到40岁甚至更晚的年龄才能达到他们的创作能力的高峰。如果说其中一个原因可能是为了获得如此庞大的技术技能和专业知识，那么另一个原因可能是在这个竞争激烈的领域中取得优异成绩所必需的皮质映射的高度复杂性。

沃伦·内迪奇（Warren Neidich）所称的对大脑的"雕塑"，也带有相反的含义。[14]如果大脑的许多突触连接是由我们出生地的特定文化以及我们根据兴趣来"玩"大脑而塑造的，那么我们就可以推断出建筑师的大脑是存在的。此外，在我们的建筑理论知识体系的短暂过程中，文化发生了巨大的变化，因此我们可以毫不牵强地说，建筑师大脑的基本结构确实随着时间的推移而改变，随着文化和环境条件的变化而改变。例如，帕拉迪奥的大脑在神经回路上就与皮埃尔·德·梅隆（Pierre de Meuron）不同。当然，这种说法必须在梅林·唐纳德等最近的认知模型中加以考虑，他们在更宏大的进化背景下，将现代人脑及其独特的表现力视为"人类出现早期阶段的认知遗迹的镶嵌结构"。[15]因此，我们带着过去祖先的许多文化属性，但一直在不断地适应和修改它们——今天，似乎是以一种大大加快了的速度。

这样的遗产及其潜在的损失，使我们能够提出几个基本问题。这种对大脑的新理解对现在和未来的设计有什么启示？而设计的本质又是如何受到我们

21世纪文化所要求开发的大脑区域的影响的呢？神经学家们，即使现在已经发表了大量的研究结果，当然还没有准备好详细回答这些问题，但是我们可以沿路在这里或那里找到一些有趣的线索。

第 11 章　模糊性

视觉构造

我相信，没有一个令人满意的美学理论不是以神经生物学为基础的。
——塞米尔·泽基[1]

近年来，也许没有哪个领域的神经学研究在如何看待世界方面比我们取得了更大的进展。已经存在了几个世纪的旧的视觉模式在很大程度上是一个被动模式。在这个解释中，世界的图像被机械地印在我们双眼的视网膜上，然后通过视神经传递到大脑后部的视皮层。在那里，这个图像是由大脑中被称为联想皮层的"更高级的"区域处理的。这个理论通过它的许多排列，在始终如相机般的观察世界及其心理过程的感官程序之间保持了整洁的笛卡尔边界。新的更具活力的神经学模型绕过并使这些区别过时了，它的细节和细微差别可以告诉建筑师们几个重要的东西。

那么观察一个物体的过程是什么呢？事实证明，它比我们先前想象的要复杂得多。物体反射的光穿过晶状体，刺激眼睛的视网膜神经——实际上是大脑的一部分。神经细胞（视锥细胞和视杆细胞）沿视网膜表面分布不均匀，因此它们有选择性地偏爱或扭曲信息，最大的神经集中在中心凹的非常小的区域中，这是我们视野的焦点。用于白天视觉的三种锥状体对特定波长范围很敏感。此外，双眼视网膜的右侧扫描左半部分视野，而左侧则相反。神经细胞的轴突——大约一亿根杆状物，500万个锥状物——形成视神经，然后将信息传递到大脑中央的视交叉处，此时，每只眼睛大约有一半的信息传递到对侧半球。这种部分交叉允许在大脑后部视觉皮层的两个部分重建完整图像。

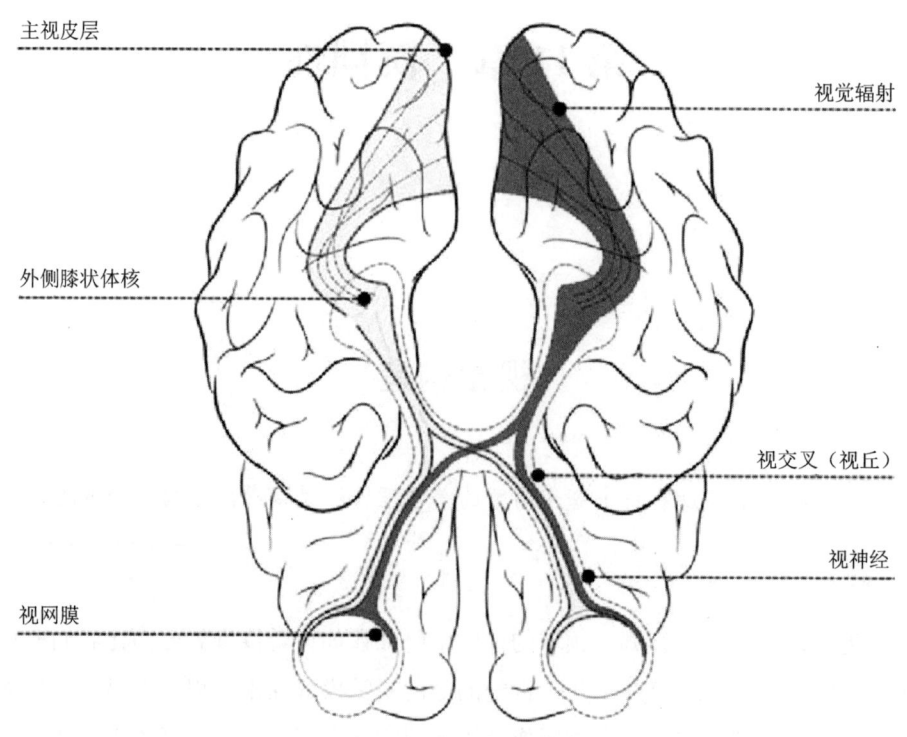

图 11.1　视神经

阿姆贾德·阿尔古德插图

然而沿着视束，除了视交叉之外还有另一个重要的视觉信息站点：丘脑的一部分（有两个），称为外侧膝状体核（LGN）。每个半球的两个丘脑连接着大脑的许多部分，因为视神经的轴突分裂成分支，所以实际上它是第二个重要的处理站。LGN 由六层两种类型的神经细胞组成，这些神经细胞对视觉刺激进行分类。一组"M 细胞"专门处理快速移动、粗粒度的刺激；而另一组"P 细胞"则专注于移动较慢、粒度更细的刺激，以及对不同波长的光进行分类。考虑到来自视觉皮层的反馈回路的数量，LGN 也有可能增强和抑制视网膜输入的特性。因此，不仅眼睛本身在吸收和处理它从世界获取的数据时是有选择性的，LGN 也是如此，而且 LGN 也会将它的一些回路发送到大脑的其他区域。

因此，大脑——包括视网膜和 LGN，在视觉刺激真正到达视觉皮层（大脑枕叶的主要处理区域）之前，已经在分解或提取视觉刺激了。

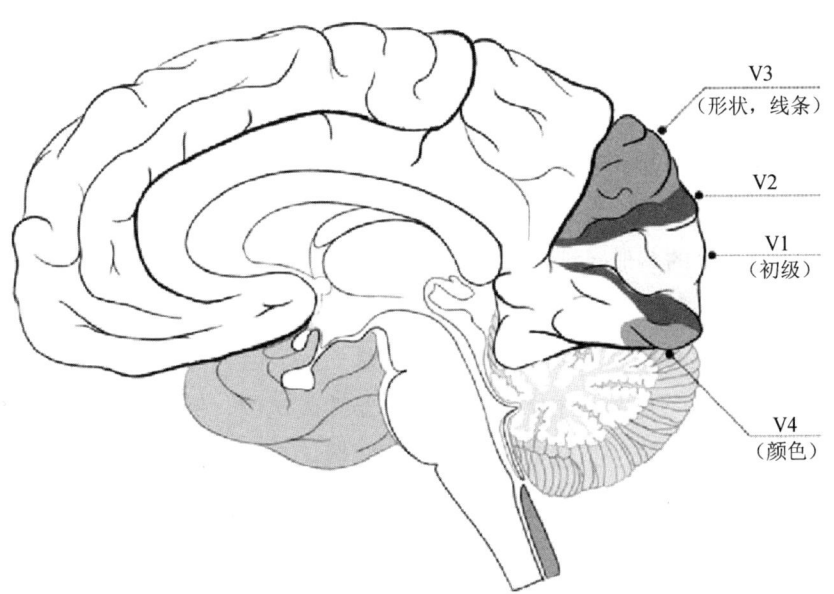

图 11.2　大脑的视觉处理区域（V1—V4）

阿姆贾德·阿尔古德插图

正是在视觉皮层中视觉数据的处理被加强了，LGN 的轴突首先到达 V1 区域。正如大卫·休伯尔（David H. Hubel）和托尔斯滕·维塞尔（Torsten N. Wiesel）在 20 世纪 50 年代末首次提出的那样，大脑两半球的视觉图像特征以高度选择性的方式组织成一列列神经细胞，这些神经细胞进一步将物体识别的细节分为线条、形状、颜色和运动。[3]因此，V1 不仅接收数据，而且按类型排列脉冲，然后将这种复杂的信息传输到相邻的区域 V2，这个区域现在连接了来自大脑两侧的路径，继续处理诸如对比度、边缘、深度和形状等信息。

但迄今为止，这里所描述的所有工作都只是视觉感知的早期阶段。在 V1 和 V2 中被组合和排序的信息比特，随后会被发送到大脑中其他相邻的、位置不同的区域，在那里进行进一步的选择性处理。例如，V3 区的神经元对运动中线条的形状和方向特别敏感（有些神经元只对单一方向的线条作出反应），而 V4 区的神经元则对颜色（一些神经元只对单一颜色作出反应）、曲线和一些有角度的线条特别敏感。区域 V5（图 11.2 中未显示，因为它位于枕叶外侧）处理与运动有关的刺激，大脑中甚至有很大一部分区域只与面部识别有关，这无疑是早期人类生存的一个重要属性。[4]一个物体的不同元素最终在大脑的不同部位被"感知"的原理被称为"功能专门化"。[5]实际上，大脑首先分析和包裹每个图像的不同元素，然后根据大脑自身的规则系统，以某种方式整合大脑不同区域的不同属性——正如格式塔心理学家所推测的那样。

包裹化（parcelization）或功能性处理并没有就此停止，因为我们所感知到的大多数图像也被称为记忆和其他联想的发挥。因此，V1—V5区域，感知图像传递到大脑的其他区域：颞叶（用于形状、颜色、物体识别）、顶叶（用于空间、运动、深度）和额叶皮质、丘脑和十几个其他区域。在我们的视觉感知中发现的这种复杂程度对其他感官也是如此，因为每个感官都有其特定的皮层区域，与它作为一个感官器官的重要性成比例。例如，触觉处理区域的定义非常明确，从手指接收信号的皮层区域比身体其他部位的处理区域大得多。

这个模型的细节充满了含义。虽然我们把世界看成是一个统一的事件，但我们的整体视觉意识，正如塞米尔·泽基所说，实际上是由一系列在空间和时间上截然不同的"微观意识"形成的——因为这些事件的处理存在时间延迟，这些不同的节点在不同的时间完成处理。例如，位置先于颜色被感知，而颜色又在形式、运动（最早80毫秒之前）和方向之前被感知。[6]这意味着我们从来没有真正处于"当下"，至少是在我们对世界的感性理解方面。

其次，这个令人难以置信的处理系统没有一个所有其他区域都向它报告的皮层区域，尽管正如我们所注意到的，这些外围区域通过可重入的神经回路重新连接到彼此和V1。事实上，这种把视觉感知描述为线性过程的说法有些误导性。丘脑不仅将LGN所记录的信息发送给大脑非V1的其他部分，而且每个感知都是通过不同皮层区域的神经元集合的"并行处理"来构建的，也就是说是沿着高度选择性的神经通路传递信息。这样一个过程使得一位神经学家描述我们在大脑中形成的感知——尽管它是完全同步的——就像"写在神经细胞之间的'线路'上"。[7]因此，如何区分感知与理解的哲学问题——这个长期存在的认识论问题——失去了很多相关性。之所以如此，是因为知觉和与知觉有关的思想实际上是同一个神经过程。

第 11 章 模糊性

这看起来像是一项复杂的神经系统工作，我们不是从单一的固定图像而是作为一个运动和感官变化的连续统一体来看待世界，这也增加了复杂性。这本身就引发了另一系列的问题，即在一个健康的大脑中究竟是什么构成了"意识"？大脑通过什么方式来记录或同步这些颜色、运动和形式的不同"微观意识"从而构建我们所处的精神世界的？如果我们现在仅仅局限于视觉，那么这种离散的视觉处理会给建筑师带来什么问题呢？

第 1 节 泽基的神经美学

自 20 世纪 60 年代末起，塞米尔·泽基就一直在研究视觉问题，他在 90 年代末提出了一些这样的问题，当时他大胆地探索了之前很少有科学家敢去的地方。他把新的扫描技术集中在视觉上，特别是艺术方面，并在这个过程中为艺术和科学研究开辟了一个新的领域，他将其命名为神经美学。他为这个领域勾勒出的前提很简单。大脑的视觉器官承担着达尔文式任务，即获取关于世界的知识以确保其生存。它通过选择遇到的对象的基本属性来做到这一点，首先忽略所有缺乏相关性的信息，然后将选定的信息与过去的经验进行比较。为了使这项艰巨的任务易于管理，它必须概括视觉事件，或者正如泽基所说，"大脑只关心获取有关物体和表面的永久性、本质性或特征性的知识，以便对它们进行分类"。[8]

144

在此基础上，泽基将艺术的目的定义为"寻找物体、表面、面孔、情境等的恒定、持久、本质和恒久的特征"。[9]从这个角度来看，视觉艺术因此成为"视觉大脑主要功能的延伸"，而艺术家在这方面的具体作用是开发"大脑平行处理知觉系统的特性"。[10]

例如，让我们以颜色感知和颜色恒常性为例。几个世纪以来，我们得到的传统解释是，一个物体似乎具有特定的颜色，因为它反射特定波长的光。一个物体呈现蓝色是因为我们看到更多的光从这个光谱范围反射。这一解释的一个问题——也是几个世纪以来人所共知的——是蓝色物体在亮度大不相同的照明条件下都呈现蓝色。如果眼睛的视网膜只是记录光的波长，物体的颜色会根据具体情况不断变化。但蓝色在最亮的晨光和最暗的夜光中都表现为蓝色。早期对这种现象的解释是大脑的"高级"区域以某种方式将他们的理解强加给了感知过程。

20世纪中叶，宝丽来（Polaroid）的发明者埃德温·兰德（Edwin Land）开始提出另一种解释。[11]通过一系列巧妙的实验，他得出结论：颜色的感知实际上是一个涉及大脑的复杂得多的过程，但方式不同于先前的想象。他证明了当光线聚焦在一个物体上时，我们评估视野中某一特定区域内的光的波长与周围环境的关系，不仅针对一个，而且针对周围视野中的所有不同波长。随着视觉皮层中V4区域的发现，我们现在确切地知道大脑的哪个区域进行这种精细的计算处理。因此，颜色远不是世界上的东西（光子没有颜色），而是我们的生物或神经系统的产物。事实上，泽基以一种非常引人注目的方式将颜色定义为"一种解释，一种视觉语言，大脑赋予反射的恒定属性"。[12]

认识到视觉皮层内的神经细胞对它们所反应的刺激具有高度的选择性，这仍然是理解视觉感知复杂本质的另一个里程碑。我们注意到，视觉皮层中的单个细胞或细胞柱可能只对线条作出反应，但有些细胞对水平线的选择性更高，而另一些则对垂直线或对角线有反应。类似地，有些只对一种颜色或放置在特定背景下的一种颜色作出响应。如果我们把这个原则扩展到艺术领域，我们就可以开始从不同的角度来看待视觉感知。例如，希腊神庙中山墙的水平线可能在视觉皮层的一个部分被处理，而山墙的对角线则在另一个部分被读取，垂直的柱子则在第三部分被处理。在大脑的任何一个部分，这些不同的处理站的结果都不会再次连接起来。

因此，一部作品是纯粹抽象的还是具象的问题就成为一个重要的问题。由一些颜色或形状组成的抽象构图可能只在V3或V4区域进行处理，而具象的场景如大脑扫描所示，涉及这些区域以及大脑皮层的其他部分，无疑会引起对先前经验的回忆或知识。由于不同的艺术——如建筑——有不同的处理手段，了解这些手段和处理的领域可能会对设计有所启示。

这样一个问题使泽基考虑了诸如皮埃·蒙德里安（Piet Mondrian）和卡齐米尔·马列维奇（Kazimir Malevich）等艺术家的作品，这些艺术家被他视为"神经学家"，因为他们对大脑如何工作有着直观的探索。[13]以1910年代末和1920年代的蒙德里安（Mondrian）为例，泽基将他对水平线和垂直线以及一些颜色的自我限制的使用解释为"把所有形式的不变元素放在画布上"，因此

第 11 章　模糊性

是一种努力"将所有形式的复杂性降低到它们的本质中,或者用神经学的术语来说,试图找出大脑中形式的本质是什么"。[14]同时,这一追求给泽基提出了一个问题,即是否确实存在一种"形式的普遍方面"在大脑中具有特定的共振,或者是否存在主要的神经形式(如正方形、圆形或特定的矩形),所有其他形态都可以从中构建。[15]事实上,泽基认为,在蒙德里安和马列维奇等艺术家的早期抽象实验中,画家们直观地根据视觉大脑的单细胞神经系统来调整他们的艺术意图。[16]换句话说,这些艺术家在寻求他们自己所描述的形式和颜色的本质时,是以他们自己的方式运作的神经学家在探究大脑是如何形成一种感知的。

正是在这样的背景下,泽基回到了罗伯特·维舍尔的观点,即将"Einfühlung"或者"移情"作为对这一现象的解释。他以一种更新的方式将其定义为"个人内部'预先存在'的形式与外部世界中被反射回来的形式之间的联系"。[17]"预先存在的"形式不是别的,正是工作大脑的形式偏好,因为它们随着其生物特征而进化。这是一个有趣的建议,也是一个充满暗示的建议,泽基似乎认为至少存在三个层次。首先,事实是,我们对每一个感知行为都有一个形式和颜色的视觉记录,这是我们在一生中获得的。这些模式与新的感知相联系,当然也影响我们看待新图像的方式。泽基甚至把这些视觉记录比作柏拉图式的思想,就像格式塔心理学家所说的"好的形式"或感性倾向一样。[18]

"预先存在的形式"的第二个含义与建筑密切相关,它涉及那些高度选择性的细胞,它们只在特定的颜色、线条或形式下活动。当然,蒙德里安在对角线问题上与西奥·范多斯堡(Theo van Doesburg)决裂了,也许是因为他意识到他所寻求的特殊效果只能通过将自己局限于水平和垂直方向来实现。[19]但建筑师通常也会这样做。早期文艺复兴时期的建筑师们,正如我们在阿尔贝蒂为圣母玛利亚教堂新建立面的夹层和庙宇故事中所看到的那样,他们打破了哥特式风格的对角线形式和三角形几何结构,强调了简单的正方形、长方形和圆形。同样地,弗兰克盖里音乐厅的弯曲和弯曲形式是否代表着一种特定的单细胞语言呢?

图 11.3 里昂·巴蒂斯塔·阿尔贝蒂,佛罗伦萨圣母玛利亚教堂
（Santa Maria Novella,佛罗伦萨,1448—1440）

由本书作者摄影

由泽基的"预先存在的形式"提出的第三个领域,是整个比例和几何领域。正如我们所看到的,特殊比率或和谐比率的想法对于阿尔贝蒂或帕拉迪奥,或者对于 18 世纪中叶的大多数建筑师来说都不是陌生的想法。同样地,泽基认为,塞尚（Cézanne）在绘画方面的伟大革命是因为他将自然还原为某些原型形式,如圆锥体、球体和立方体,并且他非常重视线条、直角和边缘的价值,认为它们是大脑视觉辨别的基本形式。[20]正如泽基自己所指出的,这些

都不是暗示艺术可以或应该被简化为这些特殊的神经系统的移情。然而，正如我们所怀疑的那样，在这一点上他的理论会遭到一些艺术史学家的抵制。[21] 然而，我们的兴趣不在于他提出的美学问题，而在于这些问题对设计的影响。

第 2 节　抽象性与模糊性

我们可以通过转向泽基的模糊性概念来进一步探讨这个主题，泽基认为这是伟大艺术的基础。这一术语的定义也与其他地方有所不同。在神经学的层面上，这个主题来自大脑组织感知的单细胞过程和功能专门化，感知是通过大脑内部的一系列"微观意识"形成的，分散在其位置上，并随着时间的推移而形成。[22] 如成像扫描所示，不同的处理部位实际上是感知部位，因此一个事件的图像不存在于一个部位，而是分离在多个不同的部位。为了执行这种分布式并行处理任务，大脑将倾向于通过搜索常量来抽象或提取每个视觉事件的本质。大脑本质上是遗传程序，不会陷入细节的泥潭，因为这只会使过程复杂化，而且因为成熟的大脑实际上有一个经验库可以借鉴。因此，一定程度的模糊性是每一种感知的特征，因为大脑基本上会做出一个"最佳猜测"，或者填补可能遗漏的细节。泽基因此认为，模糊性是感性和解释过程中所固有的：

> 我在这里的目的是要表明，大脑生理学中的不同程度的模糊性是由神经系统的需要决定的。这些不同的层次可能涉及一个或一组区域；它们可能涉及不同的皮层区域，具有不同的感知专门化；或者它们可能涉及更高的认知因素，例如学习、判断、记忆和经验。无论是单个区域活动的结果还是不同区域活动的结果，这些不同的层次都被一条隐喻性线索联系在一起，其目的是获得关于世界的知识和理解大脑接收到的众多信号。[23]

但是，艺术也处理隐喻性线索或基本意义，因此它以类似的方式经常利用这种模糊性条件。事实上，对于泽基来说，模糊性是所有伟大艺术的一个主要特征，因为艺术向大脑呈现了一些细节，大脑从中提取出更一般的表征。对于泽基来说，这种转换的关键在于他如何定义模糊性。他并不是用传统意义上的

"不确定性",而是"确定性——许多同样合理的解释的确定性,每一种解释在意识阶段都是完全独立的"。[24]因此,模糊性在这个神经学的定义中就是恒久不变的正面;它是一个神经系统的游戏,就像莎士比亚的一段对话一样吸引和挑战大脑,让大脑允许给出多种含义。在另一个地方,他将模糊性定义为"在同一张画布上同时表达的能力,不是一个而是几个真理,每一个真理都与其他真理具有同等效力"。[25]对泽基而言,模糊性的一个主要例子是扬·维米尔(Jan Vermeer)的作品,尤其是他的人物的面部表情,他们的情绪通常是无法解读的。[26]

泽基在这里触及的似乎是这样一个事实:大脑在其日常活动中扫描世界,快速构建和组织其图像,并且具有高度组织化的结构模式倾向,在容易分类或熟悉的事件上几乎不消耗认知能量。像我们经常抱怨的那样,这样的视角是乏味的。然而,在利用大脑对世界知识的生物学探索中,艺术提供了一些不同的东西。它会引发一些不太熟悉的东西,迫使大脑参与多个区域,并对它遇到的新现象进行反思。按照他的论证逻辑,大脑喜欢谜团,尽管更多的是因为它具有"多重体验"的能力,而不是模糊性本身的性质。

有人可能会说,这样一个论题并没有提供什么新的东西,正如理查德·佩恩·奈特(Richard Payne Knight)早先所说的那样("新思想的获得;新思路的形成")长期以来被视为一种心理需要。[27]然而,我们现在知道,这种心理需求实际上是建立在大脑丰富或提高其神经效率的生物学必要性的基础上的——新思路实际上是新的突触生长的形成。它也为我们提供了一个新的感性理解的基础,这就带来了新的可能性,并将关于设计的讨论提升到一个简单的美学话语的层面之上。

第3节 建筑中的模糊性

也可以说,模糊性的概念(在泽基对神经事件的特殊意义上可以进行多种解释)长期以来一直是建筑设计的重要组成部分。然而令人惊讶的是,这一概念在建筑界几乎没有得到讨论,尽管这似乎主要是一个术语问题,正如我们对早期学者的简要回顾所显示的那样。阿尔贝蒂认为建筑是一种由许多

第11章 模糊性

（物质上定义的）建筑部分组成的"身体形式"，这是一个充满了模糊性解释的隐喻，事实上，整个文艺复兴时期的"具身性"概念本身就是一个高度模糊的概念。同样，佩罗特、伯克和勒罗伊对柱廊的迷恋是对不断变化的感官体验所产生的感知丰富性或视觉模糊性的欣赏。普赖斯对如画的定义，特别是把它与清晰和规律的美区分开来的事实，是建立在对模糊性的欣赏之上的。森佩尔的"掩盖现实"和"狂欢节蜡烛的阴霾"同样是模糊性概念的缩影，而这一概念在帕拉斯马的各种著作中肯定是有所隐含和讨论的。[28]

鲁道夫·阿恩海姆是对这一概念进行广泛讨论的一位作家，正如我们在他的《建筑形式的动力学》（*The Dynamics of Architectural Form*）一书中所看到的那样。他认为米开朗基罗的皮亚之门中"矫揉造作的复杂性"是对模糊概念的赞颂，正如他对巴洛克风格的更广泛的辩护一样，反对它只是一个支离破碎的"部分图像的重复"的观点。[29]阿恩海姆还主张"有序的模糊性"，反对罗伯特·文图里的解读，因为它导致了一种"丰富的复杂性"，而不是混乱和不确定性。[30]在本书的另一部分，阿恩海姆讨论了沿着教堂的中殿走到耳堂——那里是祭坛的圣地——这种模糊的经历。在这里，中殿的路径将自身转化为一个"地方"，但并不是一个与祭坛中心无关的地方："基本布局的这种模糊性，两个相互竞争的中心的存在，使得拉丁十字架的布局成为人与神相遇的高度动态的形象。"甚至上面的圆顶这个区域的功能也是模棱两可的，既是"天空的图像"又是"人类的天篷"。[31]

151

当然，近年来模糊性概念最有力的支持者是罗伯特·文图里，尽管如此，他在其著作《建筑的复杂性和矛盾性》（1966）中只花了三页篇幅来讨论这一术语的含义。然而，他的定义接近于泽基的定义，因为他将其定义为"感知和艺术意义过程中固有的悖论"。[32]他还指出，在一些例子中，一个"包含不同层次意义的建筑会滋生歧义和紧张"。[33]有几个章节，尤其是"建筑中的'Both-And'（两个都）现象"和"双重功能元素"两章中充满了视觉模糊性的例子，但最终他对"复杂性"和"矛盾性"两个词的偏爱，使这一观点显得有些黯然失色。他对这三个词的使用也几乎完全集中在建筑作为一个物体或形式构成的纯粹视觉考虑上。人们在建筑或城市景观中可能遇到的其他类型的模糊性只是偶尔被讨论。

然而，阿恩海姆对教堂的耳堂的评论清楚地表明，建筑中的模糊性可能存在于纯粹的视觉层面之外。我们可以在很多地方找到它。让我们以弗兰克·劳埃德·赖特的"草原风格"（Prairie Style）为例，他的作品很少被认为具有模糊性。赖特的大草原房屋主要是在20世纪的前十年设计的，因此，它们的简化形式和设计意图比蒙德里安和马列维奇简洁的抽象形式早了几年。与蒙德里安的作品一样，它们的特点往往是线条，尤其是水平线，赖特曾将其称为"家庭生活线"。[34]对于赖特来说——与蒙德里安一样——它也具有形而上学的重要性。在赖特关于这一时期的主要论文《建筑事业》（"In the Cause of Architecture"，1908）中，他将水平线与简单的主题相结合——地平面和水平"墙面"的简单性、"轴向法则和秩序"的简单性、"朴实无华的简单线条"和"干净的生活形式"。[35]这种线性和平面的简单性与现在"我们居住建筑的天际线"是相对应的，也就是说，那些"被破坏性和扭曲的屋顶表面特征所折磨的"烟囱和其他"像瘦手指一样"的装饰物威胁或破坏了天空的宁静。[36]因此，赖特的艺术创新在某种程度上类似于蒙德里安，恰恰在于他将令人困惑的调色板形式主要简化为水平线和完整的墙面，偶尔还加上一个低矮的斜墙或环绕的山墙。

图11.4　弗兰克·劳埃德·赖特，"罗比之家"（Robie House, 1908—1910）
由本书作者摄影

图 11.5 弗兰克·劳埃德·赖特,"罗比之家"（Robie House,1908—1910）（详图）
由本书作者摄影

但赖特的这一意图并不意味着他对设计调色板的清理缺乏模糊性,正如泽基所说的那样。赖特在他后来的一本书中承认,在"打破"盒子的过程中,他被迫提出了一个新的、模糊的墙的概念,这一概念以打破内部与外部的关系为荣：

> 我对"墙"的感觉不再是盒子的侧面。这是一个只有在需要时才提供抵御风暴或高温的空间。但这也是为了把外面的世界带进房子里,让房子里面的东西出去。从这个意义上说,我把墙当作墙,把它变成了一个屏风的功能,这是一种打开空间的方法,随着对建筑材料控制的改进,最终可以在不影响结构稳固性的情况下自由使用整个空间。[37]

尼尔·莱文（Neil Levine）以更广泛的方式描述了赖特作品的模糊性。他将赖特的风格发展描述为"两个极端之间的高度紧张时期"[38]——在"威利茨之家"（Willits House,1902）和"罗比之家"（Robbie House,1908）之间的时期。如果说"分裂和分解""体积的相互渗透""半内半外的间隙空间"的"威利茨之家"定义了向抽象化进军的开始，对于莱文来说，"罗比之家"以一种更有力的方式将这一过程推向高潮。[39]他认为："在传统的房屋类型框架内，赖特对平面进行了解剖和分离，将图像分割开来，使其呈现出空间的自由和关系的模糊，这是典型的现代风格。"[40]莱文甚至将这一突破描述为"类似于毕加索（Picasso）和布拉克（Braque）绘画中立体主义的发明"，换言之，这是一个罕见的艺术时刻，当时的建筑——现在已沦为最原始的构成元素——重新发明了自己。[41]

图11.6　安德烈·帕拉迪奥，威尼斯雷登托尔教堂（1577—1592）
由马尔科·弗拉斯卡里摄影

赖特的内与外的模糊性在感知和概念上都利用了模糊性的概念，但即使是一种简单的视觉模糊性，如文丘里所说，也可以产生戏剧性或有趣的神经效应。建筑史上最受赞誉的模糊性的例子之一是帕拉迪奥为威尼斯雷登托尔教堂设计的立面。这座备受赞誉的杰作是一座祈祷教堂，其设计于1576年晚些时候得到了威尼斯参议院的批准。这项委托是为了将该市从一场夺走三分之一人口（超过5万人）生命的瘟疫中解脱出来。它在拉朱德卡岛的位置是在前两个被否决后被考虑的第三个地点，帕拉迪奥和他的威尼斯支持者、前君士坦丁堡领事、帕拉迪奥主要赞助人的兄弟马克·安东尼奥·巴巴罗（Marc'Antonio Barbaro），更倾向于集中化的设计。[42]参议院经过深思熟虑，最终否决了倾向于传统中殿和侧堂的集中化提议方案。尽管如此,这座教堂一直被公认为威尼斯最伟大的艺术珍品之一,是威尼斯这样一个以艺术和建筑的丰富而著称的城市中的一颗明珠。四个世纪以来,雷登托尔教堂吸引了来自世界各地的建筑师,是因为它的复杂而具挑战性的外观以及宏伟的内部空间。

图 11.7　安德烈·帕拉迪奥,圣乔治·马焦雷教堂(约 1565—1580)
《奥塔维奥·贝尔托蒂·斯卡莫齐》(*Ottavio Bertotti Scamozzi*)的图版,勒法布里希·伊德塞格尼·迪安德里亚·帕拉迪奥(Le Fabbriche e i Desegni di Andrea Palladio),第 3 卷(维琴察,弗朗西斯科·摩德纳,1731)

建筑历史学家对这项工作的赞扬几乎是一致的。第一位研究文艺复兴的主要历史学家雅各布·伯克哈特(Jacob Burkhardt)在 1862 年称赞了其滨水建筑,其"单阶立面"是文艺复兴高潮时期的顶峰。尽管他并不迷恋它的建筑真实性(他认为文艺复兴时期教堂的正面总的来说是一个"华丽的面具"),他还是欣然承认帕拉迪奥用它"创造了奇迹"。[43] 几乎一个世纪后,历史学家鲁道夫·维特考尔(Rudolph Wittkower)在《人文主义时代的建筑原理》(*Archi-*

tectural Principles in the Age of Humanism）中用了十几页来分析主立面。他也将其描述为文艺复兴时期从 15 世纪后半叶阿尔贝蒂为佛罗伦萨的圣母玛利亚教堂设计的正面开始的一系列尝试性教堂设计的"高潮"。[44]正如我们所见，阿尔贝蒂处理了中殿和侧堂的不同高度，通过引入夹层和上部寺庙正面，用一个大卷轴来调节不同的高度。一个多世纪后，帕拉迪奥似乎用一种更优雅的方式解决了这个问题，他的设计是圣乔治马焦雷教堂。在这个威尼斯展品中，他简单地将一个大（两层）神庙的三角墙覆盖在侧廊限定的小（一层）三角墙上，从而使两种形式有趣地重叠在一起。

然而，在雷登托尔教堂设计的十几年后，帕拉迪奥加强了戏剧性，建议加入不少于四个的庙宇三角墙。维特考尔对这一解决方案表示赞赏，尽管他承认散布在立面不同平面上的四个重叠山墙图案的"特殊重复"实际上可能超出了正确古典主义的界限。因此，他将这一设计描述为一种矫揉造作的作品，其灵感有多种来源，包括古典时代。[45]

维特考尔提供了 20 世纪后半叶这座教堂的标准景观。例如，詹姆斯·阿克曼（James Ackerman）认为该教堂融合了罗马神庙和浴室、拜占庭式圆顶、哥特式扶壁以及人文主义比例体系的元素。他还将雷登托尔教堂的大讲台、奢华而独立的唱诗班席、其有限的装饰以及其正面的"纯洁的白色"解释为努力符合反宗教改革的指导方针。[46]黛博拉·霍华德（Deborah Howard）强调了奥斯曼帝国的影响及其与 1568 至 1573 年间巴巴拉在君士坦丁堡的领事馆的联系。[47]列昂纳多·贝内沃罗（Leonardo Benevolo）是雷登托尔教堂的"紧凑而清晰"的构图的崇拜者，他称赞了其多山墙图案的功能作为其背后延伸的三维有机体的一个透视部分，确定了"所有测量值之间的几何比"。[48]他还为该教堂总体设计的宏伟性辩护，认为它完全适合其所在的"一大片水域"。[49]

然而，并不是所有 20 世纪的历史学家都对雷登托尔教堂具有模糊性的正面结构持如此乐观态度。斯塔尔·辛丁-拉森（Staale Sinding-Larsen）在对其山形结构的一次更为详细的分析中指出了其细部设计和整体组织上的一些不恰当之处，事实上他认为——像维特考尔一样——将其视为"两个相互渗透的神庙正面"是不正确的。[50]他将立面视为源自早期设计的折衷方案，其结果是"对其背后可能隐藏的东西的混乱陈述，如果我们考虑到帕拉迪奥对待阁楼和壁角柱的不同寻常的方式，这种混乱就会变得更加复杂"。[51]最后，在回顾他对该城市购买该地块的调查结果时,他得出了一个相当惊人的结论,即建筑立面的设计基本上是出于最后一刻的政治考量。辛丁·拉森推测,在帕拉迪奥最初的、集中的教堂设计中,建筑师将中央神庙的主题直接强加在中央空间前面的一个前厅上,当威尼斯参议院最终出于时间的紧迫性决定采用一个长方形会堂的设计方案时,帕拉迪奥被迫将圣堂向前推进,增加了中殿和侧堂。这些增加反过来迫使他附加双山墙侧翼,以整合和隐藏侧廊的屋顶和支撑中殿墙壁的结构上必要的扶壁。

图 11.8　安德烈·帕拉迪奥,雷登托尔教堂(Church of Il Redentore)
《奥塔维奥·贝尔托蒂·斯卡莫齐》的图版,勒法布里希·伊德塞格尼·迪安德里亚·帕拉迪奥,第 3 卷(维琴察,弗朗西斯科·摩德纳,1731)

但是，辛丁·拉森的富有洞察力的分析——我认为大多数建筑师都会同意——并没有削弱该构图的巨大视觉力量，因为其形式上的模糊能让我们更好地欣赏帕拉迪奥对原始神庙正面的关注能力、中殿侧堂的增加以及高出这些小教堂屋顶的墩柱。简言之，他不得不将自己的设计从一系列相互竞争的需求中编织出来，尽管——除了一年中的一天——只有从贝尔托蒂·斯卡莫齐（Bertotti Scamozzi）对这座教堂的提升中，我们才能欣赏到其设计的全部独创性，事实上他的设计包含了第五个带有阁楼臀部的三角墙。之所以有一天的例外，是因为它位于一个大泻湖上。因为只有在教堂献祭的节日那天，一座仪式性的船桥才会横跨泻湖，让参与者从合理的距离看到设计的完整正面。因此，只有在这一天，雷登托尔教堂才能充分展示泽基所说的强烈的模糊性，即艺术家"在同一张画布上同时表现出一个而不是几个真理的能力，每一个真理与其他真理具有同等效力"。[52]

第 12 章　隐喻

具身性的建筑

就像我们用身体思考建筑一样，我们通过建筑来思考我们的身体。

——马尔科·弗拉斯卡里[1]

帕拉迪奥的雷登托尔教堂提供了一个有趣的视觉案例，但建筑在本质上是一个更深刻的具身现象，而不仅仅是视觉；它涉及更多的感官和潜意识维度（空间、物质和情感），因此涉及大脑的许多其他区域。神经科学正在提醒我们，曾被我们视为对刺激的简单感官反射的巨大复杂性——这些新的神经模型，连同它们所包含的含义——今天正受到科学和艺术界的热烈欢迎。艺术史学家芭芭拉·玛丽亚·斯塔福德（Barbara Maria Stafford）最近不仅强调了大脑的"原始知觉秩序"，而且强调了"有机体觉知的内在维度"。[2]正如我们所看到的，这种生物学观点也不会遭到海因里希·沃尔夫林的反对，他认为建筑承担着挖掘这些"巨大的生命情感——以恒定和稳定的身体状况为前提的情绪"的具体任务。[3]即使在他那个时代，沃夫林并不是唯一阐述这一主题的人。他的专业劲敌奥古斯特·施马尔索（August Schmarsow），反对沃尔夫林的具有非物质论点的物质形式主义——主张建筑只是"空间的女创造者"。尽管如此，他还是在"我们身体的肌肉感觉所产生的感官经验的残余中找到了建筑的感性根源，我们皮肤的敏感性和我们身体的结构都有贡献"。[4]以莫里斯·梅洛-庞蒂的洞察力也没有将这一点表达得更好。

神经学家 V. S. 拉马钱德兰（V. S. Ramachandran）将目前这些突破的意义比作哥白尼、达尔文和弗洛伊德的智力里程碑，并坚持认为这项工作不仅将在科学中产生革命，而且对艺术、哲学——还有人文学科，想必还有建筑学——的平行文化也有决定性的影响。从另一个角度来看，他指出大脑中有 1000 亿个神经元，每个神经元都有可能形成 10000 个突触，"大脑活动的可能排列和组合的数量，换句话说就是可能的大脑状态的数量，超过了已知宇宙中基本粒子的数量"。[5]以这种方式来看，人类——或者更确切地说人类的大脑——不再那么渺小了。

而这样的模型并没有考虑到泽基所说的那些微观意识的编排、解剖学上分布的神经网络在动态和协调的节奏中脉动的同步。用盖尔吉·布兹萨基的话来说，由此推断出的"诱人的猜想"是，"感知、记忆甚至意识"的信息模型可以从对这些节律的理解中衍生出来。[6]如果说电视、电脑、手机、桥梁和高楼按照其特定的节律振荡，他问道，为什么要怀疑大脑不会这么做呢？[7]因此，在 1980 年代，让–皮埃尔·尚热（Jean-Pierre Changeux）将"神经元人"（neuronal man）投射到生物学界之外的行为，似乎不再是形而上学上无法形容的——尽管至少对尚热来说，这样的说法绝不是生物生命的机械论或因果观的同义词。[8]那么，建筑学上的含义是什么呢？

第 1 节　记忆

也许，从关于记忆的问题开始讨论这些话题比较合适。当我们想到比如沙特尔大教堂（Chartres Cathedral）或雅典帕台农神庙时，我们脑海中的画面到底是什么？是什么构成了我们自身经历的记忆库？它在大脑中的什么位置？一些有趣的答案正在出现，尽管我们不应该忘记，仅仅在半个世纪前，科学家们还在探索一种可以整齐地存储这些图片的难以捉摸的"engram"（记忆印迹），或者记忆细胞。到了 20 世纪后半叶，单个细胞或大脑的一个区域存储记忆的想法开始迅速失宠。正如几位作者所指出的，储存或致力记忆我们一生中收到的所有图像，对人脑来说是非常低效的。除了存储这些短暂图像的组织管理问题（其中绝大多数是我们无意识地感知到的），大脑还将面临难以想象的艰巨任务，即在数十亿个脑细胞中以快速的方式检索这些图像。最后，还有一个无法克服的问题，那就是没有已知的生物机制来编码或符号化图像表征，而且在我们的大脑中并没有一个侏儒或小矮人来读取这些结果。

通过20世纪70年代开始的一系列实验，许多神经学家——其中包括诺贝尔奖获得者埃里克·R. 坎德尔（Eric R. Kandel）——开始探索一种不同的方法，即将记忆与神经元联系起来，而不是与神经回路联系起来。[9]这种方法的关键是由唐纳德·赫布的理论所实现的，即所有形式的学习（总是一个记忆过程）都会导致突触的变化。坎德尔探究了这些变化的本质，并发现例如短期记忆——有时称为工作记忆——通过释放谷氨酸盐来加强突触，而长期记忆的不同现象不仅加强了与蛋白质的突触连接，而且还创造了新的突触以加强神经元间的联系。因此，正如这个新的工作模式所暗示的那样，记忆在大脑中没被发现有专门的位置，而是分散在整个大脑的神经回路中，即分布在最初参与处理事件的突触连接中。但如果是这样的话，我们的生活怎么会由一连串的感知和回忆的画面组成呢？突触交换、回路和大脑节律如何给了我们图像？

假设你刚从希腊旅行回来，在那里你参观了雅典的帕台农神庙。你对这段经历的看法是千变万化的。你会看到破碎废墟中水平、垂直和山形的线条，大理石块的大小和规模，大理石的质地和金色外壳在地中海阳光下的反射光辉，褪色和装饰性浮雕。你会看到纪念碑轮廓映衬下的蓝天，烟雾弥漫的城市远处山丘上褪色的植被和房屋，经历中午的高温在那里进行目视检查，你的小腿由于爬上卫城而微微颤动。如我们所见，所有这些刺激都会在大脑的不同区域进行处理：雅典的热在一个区域，大理石的颜色在一个区域，阳光的亮度在另一个区域，柱子的形状和檐部在其他区域。

图 12.1　雅典帕台农神庙（公元前 447—前 432）东立面视图
由本书作者摄影

现在假设在你参观帕台农神庙之前参观过古雅典广场附近的赫菲斯托斯古典神庙。在这里，你会有一个类似的感性事件：一座公元前 5 世纪的多立克神庙，关于它的记忆会带来一些新的经验。例如，赫菲斯托斯的较小规模可能会让你更好地欣赏帕台农神庙的巨大规模，而赫菲斯托斯相对完整的状况可能会让你更好地想象帕台农神庙昔日的辉煌——也就是说，在它的侧柱在 17 世纪被一个炮弹爆炸之前。因此，你对帕台农神庙的看法会因为这一早期的经历而改变。但是随着赫菲斯托斯的记忆被插入你的感知过程,在神经学的意义上到底发生了什么?

图12.2　雅典赫菲斯托斯神庙（公元前449—前415）
由本书作者摄影

已经给出的答案出人意料地少之又少。如果记忆是非表征性的,那么它们就不存在于我们大脑神经元的分子结构中,而是存在于大脑特定的放电模式中,也就是说同样分散在大脑各个部分的回路中,并处于休眠状态直到被重新激活。事实上,新扫描技术的一个更引人注目的结果是认识到感知图像通常在大脑中与想象图像相同的区域进行处理。如果几个月后你坐在起居室里回忆起帕台农神庙的画面,你几乎激活了第一次看到纪念碑时兴奋的神经回路。

神经学家乔奎因·M. 福斯特（Joaqueín M. Fuster）从这一发现中得出了关于记忆的两个重要结论：第一,所有记忆本质上都是"关联的",或者说是一种分类行为（在哈耶克之前提到的意义上）；第二,在根据先前记录的感知观察一个新的事件时,"处理和表征——从最低层到最高层——实际上是不可分割的。表征先前储存的信息的皮层细胞群和网络是相同的,当信息通过感官传递时,这些细胞群和网络将处理和整合新信息"。[10]因此,他把我们对世界的所有知识——物体、事实、概念和事件——置于"感知记忆"[11]的标题之下。

杰拉尔德·M. 埃德尔曼（Gerald M. Edelman）注意到了神经回路的高度易变性（被定义为"退化"或不同神经结构功能相似或产生相同输出的能力），对这一主题进行了细微的改动，因此，他只承认重新接通的回路的必要"相似性"。对他来说，记忆是重新范畴化的（建设性的）而不是复制性的。[12]然而，两人都强调新经验和现有记忆回路之间持续互动的动态过程。

但是在一个感知事件中，是什么让这些而且只有这些特定的回路重新激活？答案似乎在于大脑的另一个对建筑师特别重要的部分——海马体，这一点最近才变得明朗起来。正如我们稍后将看到的，大脑边缘区域的管状弯曲结构是我们空间导航和想象的主要场所之一，但它（以及周围的内嗅皮层）似乎也通过激活回路来引导存储检索。正如约瑟夫·勒杜（Joseph LeDoux）所描述的，"记忆最初是通过海马体中发生的突触变化来储存的。当某个方面的刺激重现时，海马体参与了皮层激活模式的恢复，这在最初的经验中发生。每一次恢复都会改变一点皮质突触"。[13]布扎基（Buzsáki）也把他的研究重点放在了这个区域，指出了海马内嗅系统的独特性，其"巨大的连接空间是构建任意关系的情节和事件序列的理想选择，它为信息的存储提供了时空背景"。[14]他的实验还表明，正是海马体的一组特殊的振荡或节律可以激活这个系统并使其与大脑皮层的活动相结合。因此，空间导航和记忆都位于这个区域并不是进化的偶然。

所有这些解释的有趣之处在于，尽管它们从根本上改变了我们对大脑工作方式的看法，但同时也证实了长期以来显而易见的事实。由于大脑突触结构的可塑性，我们可以假设与记忆相关的神经模式的强弱、复杂或简单，取决于经验水平或时间的流逝等变量。例如，如果帕台农神庙是你多年前的一次邂逅，而没有随后的知觉或精神强化，那么你唤起该形象的神经模式的能力可能相当微弱，甚至根本不存在。再次，由帕台农神庙所诱导的神经模式构成了一种复杂的感官体验，所有这些都是在大脑的不同部位进行处理的。即使在与视觉图像相关的突触连接被断开很久之后，穿越巴拿马运河的旅行也可能会引发另一种模式，让人想起雅典的夏季炎热。也许有一天，你可能会在博物馆里偶然发现一块五角大理石，发现它的颜色或质地非常熟悉，尽管你不记得在什么地方或什么时候见过它。这种对记忆的新理解也强调，记忆不是先前记录的事件的固定组合，而是一系列我们重新模拟的感知或广义范畴（遵循我们的感知是如何构建的)。线条、形状、颜色和身体感觉——这些都是大脑的分类模式，大脑在以后从不同角落重建帕台农神庙的图像时可能会将其缝合在一起，也可能不会。它们连同来自其他感官和来自幻想、情感和梦想的感性输入，是我们形成记忆的元素。

第2节 意识

与记忆相伴的是人类意识之谜，这在很大程度上是不远的地平线上的一大奖品。意识需要一个过程，通过这个过程我们逐渐意识到自己、这个世界，以及随着时间的推移这种关系的持续性。尽管大多数动物都有不同程度的意识和情感，但我们会计划眼前的环境并具有将其置于过去和未来的能力，这是人类所独有的。即使是高级的灵长类动物——它们的大脑尺寸和DNA与人类没有太大的区别——在大多数认知追求上与人类的差距也是天壤之别。在进化的意义上，更高层次的意识是人类历史上一个相当新的发展。

从语言学，认知的、心理学的和哲学的角度来看，自20世纪90年代末以来，已经出现了几十部以意识为主题的书籍和文章，但是从神经学的角度来看，在过去的几年里，各种模式似乎正在趋同。英国生物化学家弗朗西斯·克里克在20世纪50年代与詹姆斯·D. 沃森（James D. Watson）合作，发现了DNA的分子结构，并在20世纪80年代中期与克里斯托夫·科赫（Christof Koch）合作研究了这一问题。他们的第一篇联合论文发表于1990年，他们的研究结果（包括初步的和最近的）呈现在两本书中：克里克的《惊人的假设：对灵魂的科学探索》(*The Astonishing Hypothesis*: *The Scientific Search for the Soul*, 1993) 和科赫的《意识的探索：神经生物学方法》(*The Quest for Consciousness*: *A Neurobiological Approach*, 2004)。[15]克里克所说的"惊人的假设"其实就是"大脑行为的所有方面都源自神经元的活动"。[16]在这个明显机械化的场景中，除了这些神经活动之外没有单独的"我"或"自我"。

克里克和科赫的理论本质上是一种局部的理论，从某种意义上说，他们把自己局限于视觉知觉或视觉意识（更大的大脑意识系统的一部分），他们的目标是确定"意识的神经相关物"或"一组最小的神经事件和机制，共同构成一个特定的意识规范"。[17]他们的基本论点是：意识是一个离散的事件，包括许多重要的皮质节点的活动以及同步的特殊神经元群的并行放电——他们最初认为是在 40 赫兹的范围内。在他们的模型中，视觉皮层对刺激的感知处理也会进入侧叶和顶叶，以便对形状、颜色、对象化、空间、深度和运动等特征进行额外的处理。这些信息在这里被过滤了，因为只有一小部分的感觉数据会再次向前传递，并在前额叶皮层的一个或多个区域聚集。因此，在他们看来，意识是"执行摘要"的生物学版本。它的目的是"根据我们自己或我们祖先（体现在我们的基因中）过去的经验，对视觉场景产生最好的当前解释，并使其在足够长的时间内对于在大脑中思考、计划和执行自愿性运动输出（一种或另一种）可用"。[18]

这个模型的关键（在这个模型中"大脑皮层的前部"实质上是"在看后面"）是丘脑和脑干的一种或多种神经递质的参与，促进丘脑和皮层之间传递多个系列的丘脑—皮质回路或信息循环。[19]他们的模型的另一个特点是：视觉皮层的工作、相关运动活动甚至我们的思想，都不能立即被意识所触及，只有当意识爆发时"它们在内在言语和意象中的感官反映和再表征"才是直接可知的。[20]对他们来说，意识是一个全有或全无的事件，因为达到某个神经活动的阈值时它会突然产生，并且它不会随着感知而不断进化。它与注意力也不完全相同，克里克和科赫甚至把知觉意识描述为"一系列静态快照，它们上面'画'着运动"，类似于电影。[21]

杰拉尔德·埃德尔曼的意识模型可以追溯到 20 世纪 80 年代中期，它在许多方面与克里克和科赫没有什么不同，但从根本上讲它与库尔特·戈尔茨坦早期的神经学理论不同，强调了这些局部区域的整体或整体整合以呈现意识。1972 年，埃德尔曼因对人类免疫系统的研究而获得诺贝尔奖，但自 20 世纪 70 年代末以来，他一直致力于从严格的达尔文主义角度揭开大脑的奥秘。他在这方面的关键著作《神经达尔文主义》（*Neural Darwinism*，1987）是全面阐述他的"神经元群选择理论"（TNGS）的理论研究三部曲中的第一部。[22]他在 1990 年代和 2000 年代出版了一系列书籍，这些书既普及了他的理论，又考虑了它们的许多含义。[23]

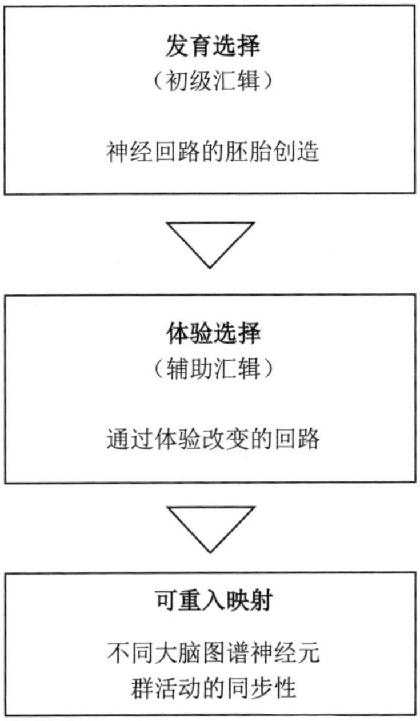

第 12 章 隐喻

发育选择
（初级汇辑）

神经回路的胚胎创造

体验选择
（辅助汇辑）

通过体验改变的回路

可重入映射

不同大脑图谱神经元
群活动的同步性

图 12.3 杰拉尔德·埃德尔曼的"神经元群选择理论"

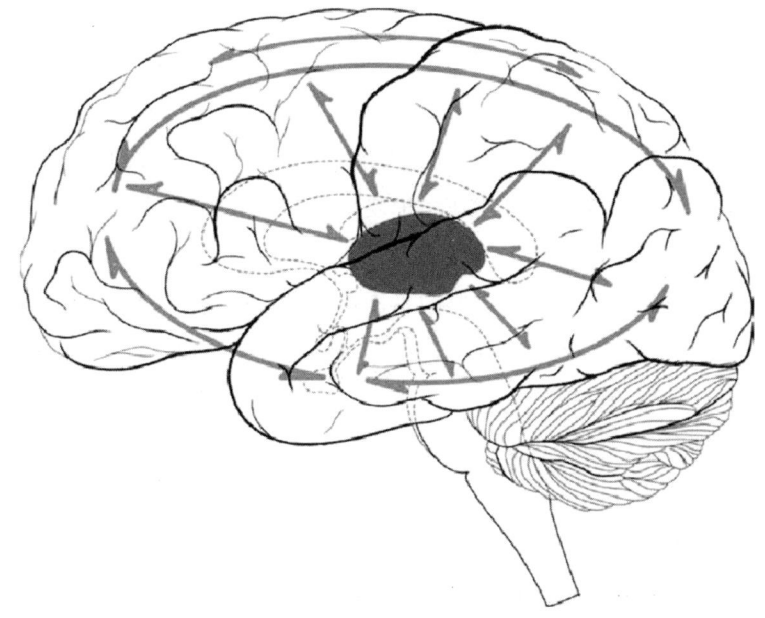

图 12.4 丘脑皮质环（由杰拉尔德·埃德尔曼命名）

阿姆贾德·阿尔古德插图

埃德尔曼模型的两个方面特别值得注意。第一，他区分了初级意识（我们与其他动物共有的一种属性）和高阶意识，后者包括知觉分类、语义能力（概念化）、记忆（自我感）和特别容易改变的适应性价值体系。第二，正如这个术语所暗示的，他的模型完全是生物学的，但不是克里克和科赫的机械论意义上的。对埃德尔曼来说，大脑是一个高度动态的系统，在出生时并没有经过广泛的编程，并且随着时间的推移，它通过与世界的选择性互动而不断涌现。因此，在生物学意义上它需要高度的变异性。

有了这些前提，他的模型就分为三个阶段展开。[24]在生命的开始阶段——主要是在子宫中，人类经历了一个"发育选择"阶段，在此阶段形成了神经回路的主要机能。在这里，人类基因组自身构成了一套基本的回路，尽管只有很少的特定指令。出生后，通过"经验选择"，二级机能开始形成。个人和环境在这里经历了启动适应和修改现有突触结构的过程，这个过程被称为可塑性。在这一阶段，共同行动的神经元倾向于形成群组或映射，以回应类似的刺激。我们可以把这个过程看作是进化过程——不是经过亿万年的进化，而是一辈子的过程，因为每个人都有非常不同的经历，因此建立了非常不同的神经网络图。

所有动物都有这种感知分类的过程，但在生物发展的第三个阶段，人类与其他物质在很大程度上是有区别的，埃德尔曼称之为"重入映射"。他认为，在我们进化史上的某个时刻，空间上离散的功能群——例如那些处理感官感知、情感和语言的功能群，开始在一个复杂的并行处理过程中与局部和远程回路同步或连接起来。埃德尔曼确定了连接大脑许多部分的几个地形系统或环路，但对于意识的出现来说最重要的是连接丘脑和皮层的环路，每个半球的两个丘脑将皮层及其感觉运动区与海马体、基底神经节、脑干、小脑和其他系统结合起来。

在这种情况下，意识只是一种"记忆中的当下"，或者是一种有意识的觉知。大脑在这里相互同步它的活动，并在这些活动中加入了伴随着大脑自身神经活动的额外回路现象。可以用另一种方式来表述这一点：意识存在于大脑的各个部分，通过可重入的或可逆的映射相互交流。从神经学的角度来说，这不是一件小事，而是一个强烈的突触事件，涉及数百万个回路在极短的时间内同时启动。生物价值系统（达尔文选择系统中的制约因素）有助于调节这种活动。

意识，以及克里克和科赫的模型，对埃德尔曼来说是转瞬即逝的，存在于不同的层次上。我们在睡眠中失去了"自我"，也失去了无数需要意识的日常任务。因此，意识，或者更具体地说更高层次的意识，必须包含"强大而快速的可重入交互作用"，以及"不断变化和充分分化"的神经元群。[25]更高层次的意识还要求增加神经上的好奇心并积极参与世界。同样，意识是一个复杂的并行处理系统，它既不受大脑的任何一个区域控制，也不位于大脑的任何一个区域，而是驻留于分散在大脑中的神经回路中。它具有感官的、情感的、理性的和生化的协调（通过神经元和血液中的化学物质传递），在这个意义上，意识通过每一个新的思想或任意的焦点不断地自我重建。事实上，对埃德尔曼来说，很难把意识看作是以大脑为中心的东西，因为大脑当然包含在一个更大的神经相互联系的解剖系统中。如果我们想用埃默生式的术语来描述这个高度进化的复杂生物力量，那么身体同时也被嵌入了一个更大的生态系统中，从中提取了大部分的基本刺激。似乎只有人类的大脑，凭借其通过情感、理性、记忆和语言来重建自己的"小世界"的能力而与众不同。

在塞米尔·泽基和安德烈亚斯·巴特尔（Andreas Bartels）提出的第三种意识模型中，我们发现了这两种模型存在细微的差异。[26]这两位科学家通过在功能专门化方面的工作，以及证明视觉的个别处理部位（V3、V4、V5等）确实是知觉部位，认为意识是由一系列在时间和空间上截然不同的层次构成的。在一个层次上，感知的微观意识分散在时间和空间节点之间，例如颜色、形状和运动在这些节点上被处理。当单个属性被绑定在一起或随着时间整合到一个感知中时，就会出现一系列的宏观意识（时间上是离散的，因为一种颜色与另一种颜色结合在一起，例如在它与运动结合之前）。统一意识的现象只在这个层次过程的最后形成，也就是说当个体——注意滞后时间——意识到他正在经历一种感知时。

这些关于意识和记忆的联想、分类或再范畴化的模型，大多支持了最近神经学研究的另一个关键观点，即大脑在其非线性操作中并不是由人类逻辑的力量来运行，正如滥用了的计算机类比所错误地暗示的那样。推理或逻辑思维的能力是一种非常晚的进化现象，而大脑像所有生物有机体一样，在更长的时间里磨炼了它的神经操作，特别是在它产生和分类其神经模式领域的精细化方面。这些新模型对设计师或建筑师也有其影响。

第3节 创造力

2006年，在美国西北大学的一个实验室里，由三所大学的神经学家组成的研究小组，在约翰·库尼奥斯（John Kounios）和马克·荣格比曼（Mark Jung-Beeman）领导下进行了两个实验，他们试图窥探"尤里卡！"或者"啊哈"的时刻，即似乎是凭空而来的一个难题的解决方案——也就是说，一个创造性突破的时刻。实验者首先测量被试的脑电图（EEGs），然后是功能磁共振成像扫描仪（fMRIs），然后给他们的被试一系列需要语义关联的单词问题；接着他们通过扫描来跟踪神经活动的轨迹。大脑中最早涉及的区域之一是前扣带皮层（ACC），它被认为是大脑的执行中心之一，通过抑制无关的想法或第二次知觉活动来集中注意力。另一个活跃的区域是左颞叶的语言处理区〔韦尼克区（Wernicke's area）见图13.2〕，它开始了与语义问题的实际竞争过程。有时它会不声不响地解决问，但有时它会挣扎并陷入僵局。"尤里卡！"时刻发生在当僵局突然被打破的时候，经历"伽马能带振荡活动突然爆发"的区域不在此处，而是在大脑的另一侧，在右前颞上回，就在右耳的上方。[27]一个单词问题的解决不是在左半球的语言区域，而是在右半球的语言区域，这一事实本身就很重要，但是研究人员的推测也是如此，即前扣带皮层意识到语言区域无法解决问题，会将问题转移到大脑右半球，在那里"更粗糙"的语义编码（大脑产生更大的联想模式或识别"跨越现有知识的新联系"的能力）允许更具创造性的解决方案。[28]

这些特殊实验的不同寻常之处，并不在于神经科学家们已经开始关注人类大脑中一些更为深奥的区域（这些特别的科学家们在这一领域工作了多年），事实上，我们开始获得了关于人类大脑中实际发生之事的可证实的知识——几千年来人们一直在思考和理论化的问题。多亏了科技的奇迹，我们现在拥有了高分辨率的、几乎实时的三维图像，很明显我们学到了很多东西。例如，如果你仔细阅读肯尼斯·M.海尔曼（Kenneth M. Heilman）的《创造力与大脑》（*Creativity and the Brain*，2005），你会发现半个世纪以来关于创造力的原因的大量推测，其中包括（生理学方面的）大脑不对称、左（右）撇子倾向（handedness）以及连接两个半球的轴突数量、（在心理方面）抑郁和追求新奇，等等。在20世纪60年代，人们普遍认为智商与创造力直接相关，尽管这一假设很快就开始瓦解。事实上，在20世纪70年代对建筑师所做的一项研究中，人们发现创造力所需的最低智商约为120（几乎所有建筑师都满足），但超过这个门槛，智商的提高与创造力之间就没有关联了。[29] 显然还需要更多的东西。

埃德尔曼的神经元群体选择理论提出了更多的建议。如果我们的神经回路有一半是在出生后形成的，那么我们构建这些回路的次数越多——我们对人、世界和它的结构的体验越多，我们思考、讨论、阅读、实践就越多，把自己融入我们活动领域的细微差别中——我们的心理处理和联想网络将变得更加丰富和有效。朱哈娜·帕拉斯玛（Juhana Pallasmaa）很好地表达了这一观点，他指出，设计并不是解决问题的一种独特练习，但"我相信，各种创造性的工作，与工作的具体对象一样，都是在自我理解和生活经验上下功夫"。[30]

这也在一定程度上解释了一种普遍的看法，即建筑师们通常要花很长的时间，一般到四十多岁才开始接近他们创作能力的顶峰——即托马斯·爱迪生（Thomas Edison）所说的天才是99%的汗水付出。从这个意义上说，正如史蒂文·平克（Steven Pinker）所说的，天才是怪人——也就是说，他们通过掌握各自领域的细微差别而付出了应有的代价，从而为新的联想模式奠定了神经学基础。[31] 但事实上，模式本身是不够的，可以说"跳出框框思考"和探索新领域也很重要。格雷戈里·伯恩斯（Gregory Berns）在最近出版的一本关于创造力和神经科学的书中提出了这一点，他指出，要想创造性地思考，"必须开发出新的神经通路，并打破经验独立分类的循环"。[32] 海尔曼在借鉴他的脑电图研究的同时，也支持了这样一个论点：

> 通过使用代表某一领域知识的网络来帮助组织一个完全不同的领域——尽管这些领域可能有一些共同的属性，一种隐喻式的创造性——可以实现更大程度的创造力。许多不同的网络结构可能存在于大脑的关联皮质中。这就提出了这样一种可能性，即这种隐喻的创造性可能涉及招募具有本质上不同架构的网络，以摆脱通常用于特定领域思考的现有（已学

习）内部模型的限制。³³

海尔曼接着将有创造力的个体描述为具有"更平坦的联想层次结构"的人，他的意思是，在创作过程中，他们从大脑空间分布更为广泛的区域中吸收输入，正如他在脑电图研究中所述。海尔曼"通过隐喻创造"的论断被上面提到的"尤里卡！"实验加强了，由于右半球的前颞上回也参与了文学主题的探索和对隐喻的解释。³⁴它似乎能够吸引到更遥远和更具创造性的联系。

在备受尊敬的神经学家 V. S. 拉马钱德兰的手上，创造性与隐喻的联系似乎不断出现在科学文献中，这一点既令人好奇又迷人。他在大脑研究中探索的一个神经学问题是通感现象（synesthesia），即一些人在听到特定的音乐音调或在页面上看到数字时会体验到颜色的感觉或其他一些感官交叉。他指出，我们的日常语言中也充满了通感隐喻，比如"sharp"（强烈的）与特定奶酪或"dry"（干的）与特定葡萄酒的联系。神经学家通常将这种跨模态现象归因于这样一个事实：我们大脑中天生就有过多的连接，而在这些拥有如此丰富感官的少数个体中，"修剪"基因是有缺陷的，这导致了大脑各区域之间的交叉激活。³⁵

但是，拉马钱德兰也报道了关于这一现象的另外两件奇怪的事情。其一，通感学（synesthetics）中似乎有一个概念层次结构——例如，一个人可能将数字的形状（其形式）与颜色联系在一起，而另一个人则可能将一周中的某一天与一种颜色联系起来（从而暗示了有序性的抽象概念）。第二个事实是，通感"在艺术家、诗人、小说家中"比在非艺术人群中更普遍。"艺术家、诗人和小说家都有一个共同点，"他接着以一种有趣的方式争辩道，"是他们形成隐喻的技巧，把大脑中看似不相关的概念联系起来，就像麦克白（Macbeth）在谈论生命时说的：'熄灭吧，熄灭吧，瞬间的灯火'。"³⁶

V. S. 拉马钱德兰由此推测，创造力是"超连接"（Hyperconnectivity）的产物，它使一个人更倾向于隐喻，从而将看似无关的事情联系起来。它不像某种较低层次的感觉通感那样局限于大脑中一个或两个偶然连接在一起的感官区域，而是一个更彻底的装置。"因此，其他高级概念也可能出现在大脑映射上，而那些有着过度联系的艺术人士，能够使这些联系比那些没有天赋的人更加流畅和轻松。"³⁷V. S. 拉马钱德兰还继续定位了这种特殊天赋的来源——"TPO"交界处的角回（颞叶、顶叶和枕叶的交界处）。神经科学家甚至根据一些早期的测试推测，这个区域专门处理每个半球的特定类型的隐喻，也就是说，左角回处理跨模态隐喻（"loud shirt"，响亮的衬衫），而右侧角回处理空间隐喻。[38]

马尔科·弗拉斯卡里（Marco Frascari）是卡洛·斯卡帕（Carlo Scarpa）的学生和前合伙人，他确信这位威尼斯建筑师完全是通过一个通感过程来工作的——在同一页草图上，不同的颜色和不同的媒介绘制出不同的风格。弗拉斯卡里认为，正是通过这些"交织在一起的感官感知束"，斯卡帕能够调整自己的多感官观念——比如说，蜡笔的红色从同样的印度红变成了砖的红色："建筑图纸后来变成了隐喻，不是字面意义上的，事实上它们就是一个隐喻（metaphorein），从一种形态到另一种形态，从一种情感到另一种情感的感觉信息的传递"。[39]弗拉斯卡里还认为，这种"将一种感官所接收到的信息与另一种意义上的感知相结合，是建筑思维的本质"。[40]

第 4 节　具身隐喻

通过考虑隐喻的本质，我们可以追求创造性的双重主题——粗语义编码（Coarse semantic coding）和大脑感官、情感和概念区域的高度关联。鲁道夫·阿恩海姆已经在这方面为我们提供了一条重要线索，他认为最有效的建筑隐喻实际上是"感官符号"，而最有力的隐喻则是那些具身或根植于"最基本的感知"的隐喻，例如透过窗户的晨光。正如我们前面提到的，原因是"它们指的是所有其他人所依赖的人类基本经验"。[41]

心理学家史蒂文·平克有一个巧妙的解释，说明了为什么"人们形成的概念能在世界的相关结构中找到群组"，以及为什么这些概念往往属于一般的概念范畴——如空间和力。[42]他指出，人脑的进化并不是为了掌握科学或象棋的细微差别，但因为我们的直系祖先对"石头、棍子和洞穴"有很多想法，只有掌握了这些"力量模拟器"，我们才能够控制我们周围的环境并战胜捕食者。因此，对知觉物质进行调节的神经回路后来才被用于其他活动：

这些回路可以作为一个支架，其插槽中充满了符号以表示更抽象的问题，如状态、财产、想法和欲望。这些回路将保持其计算能力，继续认定实体在某个时间处于某个状态、从一个状态转移到另一个状态，并克服具有相反价态的实体。当新的抽象领域有一个逻辑结构来反映运动中的物体时，旧的回路可以做有用的推断工作。它们通过使用隐喻（一种残留的认知器官）来揭示它们作为空间和力量模拟器的祖先。[43]

平克的论点得到了乔治·莱考夫（George Lakoff）和马克·约翰逊（Mark Johnson）在25年前的经典研究——《我们赖以生存的隐喻》（*Metaphors We Live By*）的支持。这本书于1980年首次出版，其初衷是"唤醒全世界的读者，让他们认识到日常隐喻思维中那些美丽的、有时令人不安但又深刻的现实"。[44] 然而，他们的谦虚很快被他们的发现所超越，作者们逐渐意识到，几乎所有的日常语言及其概念都是隐喻性的，尽管我们通常并不知道。他们把隐喻整齐地组织成不同的类别，比如"时间就是金钱"隐喻和"理论（和论据）就是建筑"隐喻。首先，我们会说：

> 那个爆胎花了我一个小时
> 你需要规划你的时间
> 他靠借来的时间生活
> 感谢您（抽出）的时间。[45]

在众多的建筑隐喻中，我们说：

> 这是你理论的基础吗？
> 我们需要用确凿的论据来支撑这一理论
> 他们推翻了他的最新理论。[46]

作者们的主要观点是，隐喻不仅仅是语言的繁荣；它们是我们概念化世界或思考世界的基本雏形。它们是大脑将抽象带回经验或感知基础的方式（同时使用动作和建筑隐喻）。当然，当莎士比亚提出生活只不过是"一派喧嚷癫狂，终究毫无意义"（一个用了听觉、情感和语义形象的综合隐喻）时，他正躺在其独特创作的一朵象征性的云彩上。

第 12 章 隐喻

1987 年，马克·约翰逊在他的《心灵中的身体》（*The Body in the Mind*）一书中提出了这一前提，他在书中指出，大脑和想象力不仅受到我们身体经验模式的制约，而且"隐喻也是我们在范畴之间投射结构以建立新的连接和组织的核心手段"。[47]这一主题随后由莱考夫和约翰逊在其 1999 年出版的雄心勃勃的研究——《肉体中的哲学》（*Philosophy in the Flesh*）中发展起来，使他们早期的思想与当代神经学研究相一致。语言学、哲学和神经科学的这种愉快地结合在几个方面被证明是有启发性的。首先，他们意识到，如果我们的概念化本质上是隐喻性的，那么它在很大程度上是无意识地进行的（95%左右）。[48]其次，他们假设隐喻范畴很可能在我们的神经网络图中根深蒂固，有时会是在很小的时候。莱考夫和约翰逊引用了克里斯托弗·约翰逊（Christopher Johnson）的研究，使用了"情感即温暖"的比喻，例如我们在说"她是一个温暖的人"或"她像冰一样冷"时所使用的隐喻。他们认为，这些隐喻来自一个孩子被父母亲切地抱着而感受到的温暖。

> 在大脑的两个独立的部分同时发生神经元的激活：一个是负责情绪的部分，另一个是负责温度的部分。正如神经科学中的一句俗话所说，"一起激活的神经元是连接在一起的"。大脑区域之间的适当神经连接被征用起来。这些身体上的连接构成了情感是温暖的隐喻。[49]

尽管这一声明本身就具有启发性，但莱考夫和约翰逊把这件事向前推进了一步。他们推测，我们的大部分思维都是通过他们所称的"具身概念"来进行的，也就是说，"实际上是我们大脑感觉运动系统的一部分，或者利用了它的神经结构。因此，大部分概念推理都是感觉运动推理"。[50]他们认为这篇论文的含意对西方哲学至关重要："首先，我们将提出，人类的概念不仅是外部现实的反映，而且它们是由我们的身体和大脑塑造的，尤其是我们的感觉运动系统。"[51]

20 世纪 90 年代，随着神经科学的进步，莱考夫和约翰逊并不是唯一调整各自领域（语言学和哲学）方向的人。在同一个十年里，精神病学家阿诺德·H. 莫德尔（Arnold H. Modell）注意到了埃德尔曼的选择理论，在他后来的研究——《想象和有意义的大脑》（*Imagination and the Meaningful Brain*，

2003）中，他还借鉴了莱考夫和约翰逊的研究成果。[52]事实上，这两种理论的互补性使得莫德尔在他后来的著作中提出了这样一个前提："如果我们将埃德尔曼的选择主义原则与莱考夫和约翰逊的无意识隐喻过程结合起来，隐喻就成为物质经验的选择性解释者。"[53]他的意思是，隐喻过程嵌入了我们的概念化过程中，因为它实际上来自我们物质存在的核心。引用他自己的话："我认为，来自我们身体内部的感觉和来自外部世界的感觉一样，都受到同样的隐喻转换的影响。"[54]例如，平衡感是一种来自我们身体内部的感觉，正因为如此，它也是我们投射到世界中的结构隐喻，无论是埃菲尔铁塔（Eiffel Tower）还是抽象绘画。莫德尔还引用了泽基关于颜色恒常性的讨论，接着指出，肉体隐喻——也许是出于身体连续性的原因——在一个不断变化的世界中，提供了一种必要的自我"恒常幻觉"。[55]这样的争论以一种奇怪的方式让人想起罗伯特·维舍尔的移情（Einfühlung）概念。

所有这些都让我们回到埃德尔曼的意识模型，他也将创造力问题与隐喻的概念联系了起来。[56]我们注意到，他的神经达尔文主义理论建立在这样一个假设上，即选择系统必须依赖生物多样性的产生，而且产生这种结果的神经系统必须有大量的变异。然而，用他的术语来说，大脑皮层和丘脑之间可能存在的连接的数量是一个"超级天文数字"（hyperastronomical）。那么大脑实际上是如何运作的，甚至是如何将其分类为无限可能的连接呢？他的答案与泽基关于视觉皮层的思考相似，是大脑通过在其神经事件中预先考虑大量的特异性来达到这一目的，从而再次通过模式识别来增加其概念范围。至少有一种神经学的方法可以达到这种效率，那就是通过使用隐喻及其更广泛的范畴。正如他所指出的，我们听到人们把艺术活动描述为如孩子般幼稚，但即使在孩子长大成人并获得了数学逻辑的抽象能力之后，隐喻"仍然是成年人生活中想象力和创造力的主要来源"。[57]他继续说：

> 连接不同实体的隐喻能力来源于可重入退化系统的联想特性。隐喻具有非常丰富的暗示力，但与明喻等其他比喻不同，隐喻既不能被证明，也不能被反驳。然而，它们是思想的一个强有力的起点，必须通过逻辑等其他手段加以提炼。它们的性质当然与选择性大脑的模式形成的运作相一致。[58]

我们总结一下这一部分，隐喻似乎是大脑构建的创造性模式的基础。因此，可以理解的是，隐喻联想一直是艺术的一个基本组成部分，尤其是建筑的造型艺术和感性艺术。

第 5 节　建筑与隐喻

到目前为止，我们一直在从两个方面讨论隐喻这个词。一方面，隐喻似乎是我们对大脑的思维过程进行分类和概念化的神经过程所固有的，这是一种神经捷径或模式制作规则，通过它，1000 亿个神经元进入某种工作状态。隐喻，在这个词的意义上体现在它们是基于我们的神经活动的。另一方面，隐喻正如它的希腊词源所示，是一种非常具体的艺术创作工具，一种强有力的思想并置或"转移"。但这两种隐喻的意义究竟有什么共同之处，尤其是在建筑方面？来自神经科学的答案实际上相当令人惊讶。

正如我们在前面几章中所看到的，隐喻一直是建筑概念化的一个重要部分，可能是因为第一个类似子宫的小屋是用阴道形的入口构思出来的。[59]当阿尔贝蒂说建筑是一种"身体的形式"时，他并不是用身体来比喻建筑，而是在谈论生活的一个直接隐喻事实，一个对诸如比例之类的事情具有重要意义的隐喻事实。同样地，当维特鲁维乌斯（Vitruvius）用三个建筑秩序表征人体的形式时——爱奥尼亚女性和多立克男性及其所生的科林多孩子——他所说的对他来说一定是一个明显的建筑事实，但其中一个也反映了更高的"宇宙秩序"。[60]英德拉·卡吉斯·麦克尤恩（Indra Kagis McEwen）提醒人们注意这样一个事实：当维特鲁维乌斯在一篇序言中宣传他打算"描写整个建筑的主体"时，他也是第一个将"body"（拉丁语"corpus"）一词与文学作品联系起来的拉丁语作者。[61]

显然，建筑在其所有的前古典主义和古典主义的表现形式都是基于这种隐喻思维的。例如，约翰·奥尼恩斯就曾将伯里克利时代的柱廊解释为一队战士的"力量、雄伟和纪律严明"的隐喻，他们认为这些战士是祖国的捍卫者，将古典主义和文艺复兴时期的建筑意义主要解释为对隐喻的解释：

但我所关注的隐喻更为广泛——一个双重的隐喻——因为它涉及三个术语：身体就像一座建筑，而建筑反过来又像世界。这个比喻以一种更为全局性的相似性回归：整个世界本身被理解为一种身体。[63]

建筑的人体隐喻一直延续到文艺复兴时期和巴洛克时期，但在17世纪末，从克劳德·佩罗特的理性主义精神开始情况发生了变化。佩罗特的态度——尤其是他对"古人"或任何权威的惊人排斥——是启蒙运动即将到来的信号，或者更恰当地说是理性时代的信号。尽管在18世纪的最后几年里，从事建筑设计的建筑师们表现出了对寓言的热爱，但至少在革命后的法国，让-尼古拉斯-路易斯·杜兰德（Jean-Nicolas-Louis Durand）的反隐喻功能主义占据了主导地位。杜兰德的第一个理论行动——并非无足轻重——是抛弃维特鲁维乌斯式的神话和马克·安托万·劳吉尔的"乡村小屋"。[64]

当然，这是阿尔贝托·佩雷斯–戈梅斯（Alberto Pérez-Gómez）的著名著作《建筑与现代科学的危机》（Architecture and the Crisis of Modern Science，1983）的主题。他的观点是，西方建筑思想在1800年左右经历了一次彻底的转变，理性科学在建筑讨论中占据了上风，这一转变导致了古典传统神话诗意内容的急速消亡。事实上，工业时代的建筑被迫在艺术和科学之间作出选择，随着后者（科学）的实证主义观点的逐渐上升，这个行业开始了一个井然有序的进程，其中"现实的诗意内容"越来越"隐藏在一层厚厚的正式解释之下"。[65]对佩雷斯–戈梅斯来说，这场建筑危机在1960年代和1970年代的结构主义和后结构理论中达到顶峰，在这些理论中，设计方法、城市类型学和语言形式主义——在其高度概念化中都是完全理性的——仓促地走上了这条道路。

佩雷斯–戈梅斯的书写于25年前，他提供了许多有价值的见解，即使他有时忽略了干预冲突的复杂性。例如，他轻描淡写了19世纪关于如何用旧艺术来调和新的"牛顿世界观"的激烈辩论，正如森佩尔关于"着装"（幕墙）和"掩盖现实"的隐喻论题所揭示的那样。[66]佩雷斯–戈梅斯的论战基调再次表明了一种反技术偏见，这似乎是不公平的，因为使用铁和玻璃作为建筑材料的迅速增加并不是隐喻丧失的原因，而是同样的工业和理性主义精神的结果。即使是奥托·瓦格纳（Otto Wagner）在20世纪初试图将技术与森佩尔象征性的"着装"协调起来，如今也可以被解释为试图挽救一些古典建筑隐喻遗迹的最后努力。⁶⁷维也纳邮政储蓄银行顶上放着带着天使的花环（这个花环是森佩尔对艺术起源的隐喻）证明了这位建筑师的艺术的/理性主义的冲突——当然是在弗洛伊德时代。

尽管如此，佩雷斯-戈梅斯的论文仍然很有见地，尤其是从写作的背景来看。它出现在后现代主义流行的第一次狂潮中，也就是这场运动对符号学问题的痴迷完全显现出来的时候。然而，可以说20世纪70年代末的这场运动被认为是对20世纪现代主义的语义沉默或隐喻性沉默的回应。至少，这是该运动最具影响力的领袖查尔斯·詹克斯（Charles Jencks）的观点。他广受欢迎的著作《后现代建筑的语言》（*The Language of Post-Modern Architecture*，1977）确实将隐喻作为其主题。在詹克斯看来，这条需要被杀掉的、带有瘟疫的、吃孩子的龙，正是现代主义沉闷的"工厂隐喻"或"机器隐喻"，正如密斯·范德罗（Mies van der Rohe）和其他国际风格建筑师的冷冰冰的词汇中所发现的那样。⁶⁸对于詹克斯来说，会屠龙的圣乔治长矛无异于复合隐喻或多价建筑，其作者在纽约环球航空公司的航站楼、悉尼歌剧院和洛杉矶塞萨尔·佩利（Cesar Pelli）的"蓝鲸"中看到了这些隐喻的缩影。

詹克斯实际上成功地展示了一个与佩雷斯-戈麦斯著作中的时间安排密切相关的东西，那就是建筑隐喻可以出现在各种层面，而且并不是所有的隐喻都特别深刻。例如，在文学领域，现象学家保罗·里考尔（Paul Ricoeur）就定义了隐喻的范围——"重新描述"现实的力量——从单个单词到解释学的"话语策略"。⁶⁹在建筑学中，这一切都可以转化为从墙上的一束阳光到哥特式大教堂的精神超越。然而，詹克斯并没有在这里冒险，他将建筑客体运用到几乎所有的建筑隐喻的例子中。例如，将环球航空公司航站楼的形状视为飞行的隐喻，在被阿恩海姆谴责为"浅薄"和"肤浅"的层面上进行了定义。⁷⁰相比之下，提升安东尼奥·高迪（Antonio Gaudi）的在巴塞罗那的"巴特洛之家"（Casa Battlo in Barcelona）及其屋顶上形形色色的"展开四肢的睡怪"中的物质寓言和政治寓言（正如詹克斯在书的最后几页所做的那样），就是把隐喻的概念提升到古典希腊戏剧的表现水平上。⁷¹事实上，这样詹克斯就触及了一些重要的事情。

也许开始考虑建筑隐喻的时候，就是最好先排除阿恩海姆〔继阿尔弗雷德·洛伦泽（Alfred Lorenzer）之后〕所说的"有意且有意识地应用象征主义".⁷²并不是说建筑师不能像其他艺术家那样从事语义指称或在高度抽象的思维层面上操作，但我们应该认识到很少有建筑物的使用者以这种方式感知世界。事实上，目前大部分的脑部扫描显示，概念化的绝大多数优势——回想梅洛-庞蒂的见解——是从感性和情感上驱动的。我们与建筑世界的基本接触，是从我们更基本的身体反应中形成的，这些反应总是先于我们的合理化倾向，而且往往是潜意识的。

图12.5 安东尼奥·高迪，"巴特洛之家"的屋顶，巴塞罗那（1904—1906）
由罗米娜·卡纳（Romina Canna）摄影

一个有趣的实验可能会对这一点有所启示。2004 年，为了寻找"美的神经相关物"，塞米尔·泽基和川端喜树（Hideaki Kawabata）对 10 名被试进行了一项实验。[73] 每个被试检查了 300 幅油画，在将它们分为"丑陋""中性"和"美丽"之后，在功能磁共振成像扫描仪中他们会看到相同的图像。结果既出乎意料，又令人惊讶。这些被认为是美丽的作品，正如预期的那样，在眼眶额叶皮质产生了最高级的活动，这个区域与大脑的情感边缘中心密切相关，并被认为与浪漫爱情等情感状态有关。被认为是丑陋的那些作品出乎意料地激活了运动皮层，就好像被试想要采取逃避行动。建筑学翻译是明确的。好的建筑使我们在情感上充满幸福感和满足感，而糟糕的建筑使我们想要逃跑。当与 2008 年进行的另一项功能磁共振成像（fMRI）实验一起考虑时，这样的结果假设了意义的另一个维度，即在前额和顶叶皮质作出的决定可以在我们意识到之前 10 秒就发生。[74] 换言之，我们对建筑物和其他事物的判断可能在我们思考它们的"更高"含义之前很久就发生了。

因此，我们必须在别处寻找隐喻的力量，它不在我们语言矫饰的概念倾向中。彼得·祖姆索尔（Peter Zumthor）在他的《思考建筑》（*Thinking Architecture*）一书中提出了一个有用的观察，"当我思考建筑时，脑海中会浮现出影像"。[75] 这听起来很简单，但它说明了每一位建筑师或设计师在其专业经验中所认可的东西，这也加强了本章中许多作者对隐喻的看法，即大脑很少用抽象的概念或词语来思考，尤其是在创造性思维的时候。对于大脑的所有神经复杂性来说，建筑师的隐喻活动主要是一个图像制作的过程：从经验中重新模拟熟悉的或联想的神经模式，有时会带来一些新的东西。此外，图像总是由感性驱动的，也就是说，它们本质上是物质的和有质地的，而不是抽象的或语义的。说建筑是一种语言——正如许多早期后现代主义者所倾向的那样——几乎是违反直觉的，因为语言的概念，即使是隐喻性的倾向也无法解释——正如朱哈尼·帕拉斯玛（Juhani Pallasmaa）所指出的那样——一首诗的情感力量，或者如何将词串在一起组成一首诗。[76] 史蒂芬·霍尔在评论建筑思维时也提出了类似的论点，认为它"比其他艺术形式更充分地体现了我们感官感知的直接性"。[77] 霍尔在他的文章中接着对色彩、光影、空间、时间、水、声音、触觉、比例和尺度等原型建筑经验表示敬意。在神经学上，人们似乎确实对这些现象有特别的反应。即使是放置在路易斯·卡恩（Louis Kahn）的埃克塞特图书馆中的钢琴无声和弦,也会引起声音从坚硬的柚木和混凝土上倾斜的听觉体验。

在另一个对后现代主义符号学转向的早期挑战中,维托里奥·格雷戈蒂(Vittorio Gregotti)20世纪80年代初发表在《卡萨贝拉》(*Casabella*)上的一系列社论中,对建筑学公认的语言类比提出了批评。他关心的问题是"什么构成了建筑质量的本质",以及如何将这种品质传达给这个领域外的其他人——对此,他用"mimesis"(模仿)的概念来回答这个问题。[78]他引用这个术语不是出于模仿的意义(不幸的是它如今通常被翻译成这个意思),而是埃里希·奥尔巴赫(Erich Auerbach)的著作中的意义,他将其视为对世界文学重构中想象力的有力运用。[79]几个月后,格雷戈蒂将"mimesis"的概念与建筑细节问题联系起来,认为建筑也可以被视为一种模仿的或表征的文本。[80]他提出了阿尔贝蒂的物质观念,即装饰是一种"表现形式",而不是简单的装饰。

自从格雷戈蒂的评论发表以来,模仿的概念在一些建筑界圈内很流行。弗拉斯卡里很快就接受了这一主题,并呼吁人们注意18世纪威尼斯人安东尼奥·席内拉·康蒂(Antonio Schinella Conti)对模仿的定义,对他来说这也是一种对细节的练习。席内拉将模仿定义为"除了以这样一种方式进行表征,它将使感官和精神印象与事物本身相似"。[81]如果这种"解剖学理解"暗示了与当前某些神经学争论的密切关系,那么弗拉斯卡里(Frascari)的总结就使隐喻联系更加明确:

> 建筑物是文本,可以在其建筑学可能性中被阅读出来,从而揭示人类思想的想象本质。这一过程是基于对细节的理解:一种解剖过程,通过对建筑各部分的理解,通过推理,挑出建筑物主体的意义。这样的推理是瞬间的;当一个大脑感知到一个建筑文本时,它会辨别出各个部分,并对其进行解释。因此,表达细节是由大脑赋予的。这是一个解释学的过程,它解放了建筑材料中所体现的象征意象。[82]

几年后,佩雷斯-戈梅斯指出了模仿的原始概念与希腊戏剧中的宣泄行为之间的关系。他认为,对于前苏格拉底时代的希腊人来说,模仿(mimesis)"与其说是模仿,不如说是通过动作、音乐和谐和说话节奏来表达情感和体验的表现"。[83]从这样的角度来看,佩雷斯-戈梅斯呼吁把建筑"表达为一种基于回忆的叙述性'隐喻'投射"。[84]

约瑟夫·雷克沃特的著作《舞蹈的柱子》(*The Dancing Column*) 可能被看作是一部厚达 400 页的关于模仿和创造 (poiesis) 概念的注释（两者都包含了制造事物的技术），他不仅强调了这两个术语的希腊传统，而且还呼吁当代对模仿的解释，特别是基于"技术的技能和发明"以及"前理性的移情"，即"模仿者和被模仿者在对话和游戏中而非在霸权和统治中的相互依存"。[85]隐喻对他来说是达到这种体验深度的主要手段之一。

最后，达利博尔·维塞利（Dalibor Vesely）也曾呼吁建筑的模仿性质实际上在其原始意义上是"一种特殊的创造形式"。[86]维塞利认为，这方面的抑制因素是现代工具论，他的"主要特征是混淆了感觉和理智的区别，天真地相信视觉能够直接看到可理解的现实，而不需要任何与感性现实的调解"。[87]对他来说，一些将感官带回具身建筑的方法是隐喻、类比和比例。

我之所以要引起人们对模仿的关注，是因为这个概念从其最初的意义上说是对世界的一种风格重构，在很多方面都是建筑创意的完美隐喻——也就是说，如果我们把大脑（如神经科学所揭示的那样）看作是一个有节奏和整体的神经活动过程，它不仅充满了感官和情感色彩，而且还通过隐喻模式构建而成。在梅林·唐纳德（Merlin Donald）引人入胜的《现代心智的起源》(*Origins of the Modern Mind*) 一书中，他称赞模仿是人类进化的第一步：是我们灵长类祖先的生活与现代人类仪式化和象征性文化之间的桥梁。尽管如此，唐纳德仍然将模仿冲动定位为"艺术的中心"，特别是因为它具有超模态的能力，能够参与所有的情感和感官。[88]所有这些都表明，大脑及其内部的节奏通常不是通过逻辑或抽象推理与世界接触的。这对于建筑体验来说尤其如此，因为它的主要效果更为原始。

187

第13章 触觉

感官的构造

眼睛的构造是分离的和控制的,而触觉的构造则是结合和统一的。

——朱哈尼·帕拉斯兰[1]

我们的感知是发自内心的。理性起次要作用。

——彼得·祖姆索尔[2]

如果我们追溯过去500年建筑理论的发展历程,从阿尔贝蒂时代开始我们会看到一个一致的过程,即不断增加抽象和合理化。但在今天,神经科学家提醒我们,与头骨内周缘相邻的八分之一英寸厚的"灰质"只是一个更大的神经和内脏生物学操作的一小部分,它由内部和外部从底层驱动的,也就是说是由感知—情感活动以及本身自发的接触规则所驱动的。这种旧的——但同时又是新的——认识对设计师来说有着一个非常重要的教训。建筑师可能喜欢合理化设计变量,但人们在很大程度上是通过感官来感知建筑的。此外,在这样做的过程中,他们只是在不同程度上使用了那些"更高"的认知能力。

"Hapticity"是一个传统上被认为是描述触觉的术语,但近年来这个定义一直在扩大。让·皮亚杰把儿童早期的空间知觉称为儿童触觉发展阶段,将

"触觉—动觉印象"转化为"视觉类的空间图像"。[3]与他同时代的詹姆斯·J. 吉布森（James J. Gibson）强调触觉是一个系统，它能产生"关于三维立体物的信息"。[4]朱哈尼·帕拉斯玛和其他人提出这一术语来对抗我们的视觉偏见性建筑文化，并作为一种整体手段来增强"物质性、接近性和亲密性"。[5]我想用这个词作为建筑情感和多感官体验的同义词，其中包括视觉维度。神经科学如今显示出，这样的优势有着坚实的生物学基础。

当然，神经生物学家从不同的角度来研究这个问题。据我所知，塞米尔·泽基并没有使用"触觉"（hapticity）这个词，但他把"抽象性"和恒常性一起称为视觉的两个"最高"法则之一。他将视觉抽象定义为"感知对象的特殊性服从于一般性的过程，因此[在视觉大脑中]所表现的东西适用于许多细节"。[6]他接着指出，这种来自现实世界的抽象形式的感知捷径同时也有着高昂的代价。如果我们主要是感官动物，这种还原形式的抽象永远不够。因此他认为，艺术（大概还有建筑）是我们"下载"概念化到细节中或者用物质性来投资我们的创造世界的方式。[7]

许多建筑师似乎也得出了类似的结论。当彼得·祖姆索尔将建筑视为一种非凡的发自内心的体验时，他指的是建筑是一种"从真实事物出发并回归真实事物"的触觉过程。在他广受赞誉的瓦尔斯浴场中，他注意到他的设计是在对三种感官元素进行冥想之前进行的——即"山、岩石、水"。[8]史蒂文·霍尔从现象学的角度来考虑这一问题，他还谈到要为建筑找到某种"前理论"的基础，一个"弥合智力与视觉、声音和触觉之间、思想的最高愿望和身体的内脏和情感欲望之间巨大的鸿沟"。[9]这些都不是要否认理性的解释或其他审美追求的重要性，而只是强调在语言外衣的文化条件层下生活和呼吸的生物有机体的感官现实。

第1节 情绪化的大脑

情绪现象是一个开始考虑感知问题的好去处，它在最早的爬行动物的大脑中已经是一个组成部分了。心理学家约瑟夫·勒杜（Joseph LeDoux）将情绪定义为"大脑决定或计算刺激值的过程"。[10]这个定义中的"值"一词充满了进化的色彩。它提出了一种基因调节机制，大脑通过这种机制可以迅速评估威胁（危险动物）或回报（进食的可能性），并作出相应的反应。因此，情绪是基因编码的、化学的和神经的活动，用来维持我们的体内平衡，在某些情况下对我们的生存至关重要。例如，笑声会将类吗啡的化学物质释放到我们的血液中，这种化学物质被称为内啡肽，它会淹没我们大脑皮层的靶区，诱发神经活动，从而达到一种高度愉悦的状态，以其自身的方式参与到当下。[11]

神经学家安东尼奥·达马西奥（Antonio Damasio）强调了这样一个事实，即情绪会导致我们身体的稳态发生变化，也会导致涉及思维的大脑结构发生变化。实际上，它们是反映"有机体内部状态"的"多维映射"。[12]他还区分了情绪（emotions）和感觉（feelings）。如果情绪是情感状态的最初表达并且其他人可以观察到，那么感觉就仅仅是大脑对一种被唤起的肉体状态的解释性（即大脑）反应。更明确地说，感觉是"身体以某种方式存在的想法"，即一种发生在"大脑的身体映射"中的实际感知。[13]

达马西奥和他的同事也是第一批通过正电子发射断层扫描或PET扫描来研究情绪和感觉的神经活动的人之一。情绪先于感觉，它们在脑干核（爬行动物大脑的一部分）、杏仁核、下丘脑、基底前脑和前额叶皮层等部位被触发。没有一个部位本身会触发情绪，不同的情绪产生于一系列神经模式中几个区域的协调活动。感觉涉及这些相同的区域，但也包括体感皮层、扣带皮质和脑岛。[14]

体感皮层是我们身体意识的家园，因此与感觉密切相关，我们将在下面讨论。但是，脑岛也是一个有趣的区域，因为它是每个半球深处的颞叶折叠，与脑缘系统相邻。它不仅关注感受，而且监测感官体验。事实上，达马西奥的一个发现是，用于触觉的外周神经并非终止于体感皮层（触觉在其中被处理），而是终止于脑岛，这再次强调了感觉和感官之间的密切关系。[15]

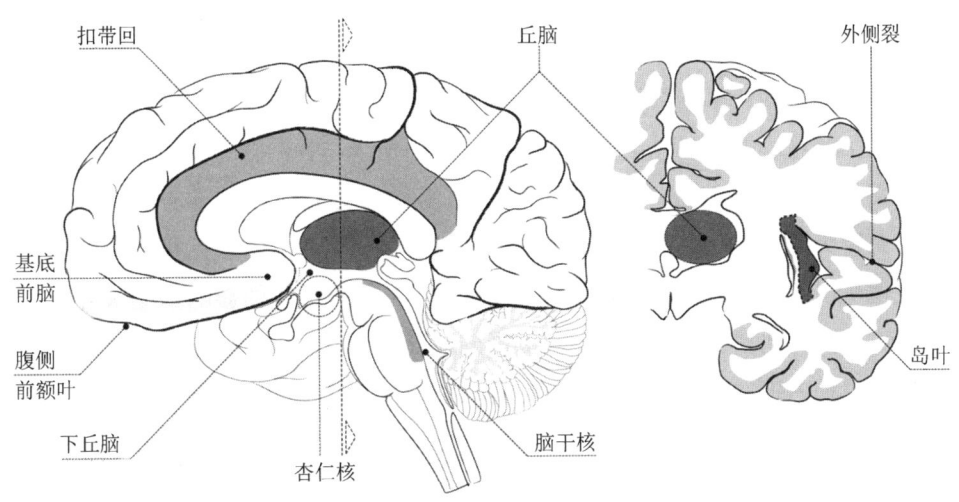

图 13.1 大脑纵切面显示情绪和感觉被激活的区域，横切面显示脑岛的位置
由阿姆贾德·阿尔古德插图

苏珊·格林菲尔德（Susan Greenfield）认为情绪是一种原始的本我，即一种作为返祖性的冲突，情绪从脑干向上涌起，只会在边缘区和皮层受到抑制。[16]神经学家经常强调情绪的积极方面，强调情绪在组织大脑活动和维持人体稳态平衡中的生物学作用。不同的情绪也有不同的神经图谱。正如黛安·阿克曼（Diane Ackerman）所说，快乐的人在左前额叶皮层表现出更多的"精神光芒"，而杏仁核的活动很少，而悲伤的人则会激活杏仁核和右前额叶皮层。[17]众所周知，快乐的感觉也会刺激一些更高级的皮层过程（同时使其他的过程失去活力），而悲伤已经被证明会抑制更大的生物领域的运作，因此它们对我们的整体健康有负面的影响。

如果仅仅是因为设计师主要致力于建造我们的生活栖息地的话，那么建筑师对情感幸福的重要性怎么估计也不为过。到目前为止，关于建筑环境的变量如何影响我们的情感生活的研究还很少，但是在不久的将来——正如约翰·埃伯哈德（John Eberhard）最近提出的那样——一座设计良好的建筑或城市可能会引导我们的生物有机体走向更高的功能和谐感，而我们早已知道，一座没有活力的建筑或一个被毁坏的城市区域会导致功能失衡。[18]达马西奥还提出了这样一种可能性，即我们对情感的理解"能够激发在物质和文化环境中创造条件，从而减轻痛苦并提高幸福感"。[19]在过去的40年里，这种可能性在建筑界几乎没有被表达过。

另一位长期从事情绪研究的科学家是贾亚克·潘克塞普（Jaak Panksepp），他强调了情绪影响的另一个非常重要的方面：情绪与我们行为的关系。他将传统意义上的情绪定义为"在动物之间激烈的行为交流的动态流动中，特别是在控制行为的活力和模式方面有影响的心理神经过程"。[20]但潘克塞普的重点一直是他所说的"初级过程的情绪化感觉"，而非基于感官的影响。他认为，我们与大多数其他动物共享的情感感知深刻地影响了我们的情感意识。他进一步确定了七种内生性，或者说是所有哺乳动物的核心情感本能：寻求、欲望、关心、恐慌、愤怒、恐惧和表演。[21]其中两种——寻求和表演——对艺术创作和欣赏的各个领域都至关重要。

长期以来，寻求（以及由此产生的好奇心、期待和兴趣）一直被视为人性的基石。埃德蒙·伯克（Edmund Burke）把好奇心及其对新奇的追求称为"我们在人类心智中发现的最简单的情感"，并坚持认为"某种程度的新奇必然是作用于心智的工具的材料之一"，否则生活就会习惯于进入"厌恶和厌倦"[22]的状态，正如我们所看到的，乌维代尔·普莱斯（Uvedale Price）发现他自己的好奇心被大自然的"部分和不确定的隐藏"所滋养，而理查德·佩恩·奈特（Richard Payne Knight）则认为新奇是所有审美享受的中心，因为它使人们"获得新的思想，形成新的思路"。[23]最近，神经学家肯尼斯·海尔曼将新奇称为"创造力的主要标准"，并将其与视觉艺术中的图像处理和转换联系起来。[24]

对潘克塞普来说，寻求有着至关重要的生物学基础。首先，它的特点是"具有持续的、积极的、探索性的好奇心，充满活力的前进动力——接近和接触世界——包括探索有趣的事物和事件的角落和缝隙"。[25]这样做不是出于一时兴起或盲目的冲动，而是为了提高"通过认知映射、预期和习惯结构的出现来提高行为的未来效率"。[26]其结果是，它和它所引发的化学物质一起，唤起了"对环境参与的活力感觉"，特别是在我们大脑的边缘和脑干区域。[27]寻求再一次驱动了所有的学习，因此这是大脑提高其神经效率的主要途径之一。艺术创新可能会在博物馆里变成一种礼貌的或娱乐的消遣方式，但从生物学的角度看，它似乎和愤怒或恐惧一样是人类的本能。

长期以来，表演一直被视为艺术背后的驱动本能之一，从生物学意义上讲，这种荒谬的本能提供了一些积极的好处。在年轻人中，它有助于培养社交所需的大脑回路，从而为友好竞争提供了一个结构化的系统。它通常需要体育锻炼，因此也有助于肌肉和内脏的发育。对于成年人来说，表演与幸福的情绪和那些令人满意的内啡肽的释放有关，但也许表演最重要的生物学益处是它促进了"神经元生长和情绪的内稳态"。[28]

在过去的十年里，这一艺术表演的主题在音乐的神经学研究中得到了特别的重视，亚瑟·叔本华将音乐等同于人类最深处的存在和情感源泉。从历史上看，音乐的起源可以追溯到诸如模仿自然的声音和节奏、部落狩猎、战争、收割以及吟唱和舞蹈的仪式化的社会纽带。神经科学家们开始探索音乐与大脑健康和发展的神经节律的关系。例如，道格拉斯·F. 瓦特（Douglas F. Watt）的意识情感模型强调"内稳态、情感和认知的无缝整合"，同时认为音乐表演尤其概括了"更高层次的认知过程如何吸收主要的情感以增强和强化情感生活的复杂性"。[29]因此，他将音乐视为大脑向内转向并以自身进化和情感复杂性为生的过程。潘克塞普和甘瑟·贝尔纳茨基（Günther Bernatzky）再次强调，音乐确实是"情感的语言"，因此是我们生理健康的一个基本组成部分："我们最重要的假设是，我们对音乐的热爱最终反映了我们哺乳动物大脑传递和接收基本情感声音的祖先能力，那些基本情感声音能够激发情感，而情感是进化适应的内在指标。"[30]

罗伯特·扎托尔（Robert Zatorre）和他的同事们最近在蒙特利尔进行的许多认知和扫描实验，以及哈佛大学戈特弗里德·施劳格（Gottfried Schlaug）的工作，使人们对音乐表演的重要性有了更多的了解。在一个著名的实验中，扎托尔的团队使用正电子发射断层扫描（PET）来观察那些在音乐中经历"脊椎颤抖"的个体的大脑。他们还发现了一个复杂的大脑活动网络，激活了脑干、杏仁核、左腹侧纹状体、右眶额叶皮质和腹侧内侧前额叶皮质。大脑区域的复杂性强调了这样一个事实：音乐表演不是由一些偶然的本能驱动的简单的情感练习，而是一种"将音乐与生物学相关联起来的运动，与生存相关的刺激通过共同的大脑回路与快乐和奖励有关"。[31]它也"支持了这样一个普遍观点，即感知和处理音乐的能力并不是我们认知能力的一个新的附加因素，但是它已经存在了足够长的时间，从我们神经发育的早期阶段就可以表达出来"。[32]

194

施劳格的成像扫描显示，音乐表演不仅增加了大脑皮层听觉、运动和视觉空间区域的神经回路数量，而且还导致连接两个半球的大脑皮层扩大，这强化了早期的高度联系。[33]我们现在也知道音乐艺术与其他感知一样，参与或帮助大脑中与注意力、精力、预期、记忆、运动规划和感觉整合有关的其他区域。[34]其他研究表明，听音乐有助于中风患者的认知恢复，并且它能减轻抑郁，增加大脑血管的直径，使身体产生较少的低密度脂蛋白或坏胆固醇。[35]扎托尔记录了小脑作为视觉和听觉节律的相互计时装置的作用。[36]例如，钢琴家可以激活额叶、体感和运动皮质、丘脑、基底神经节和小脑等区域。

扎托尔的最后一个发现——从音乐节奏到形式的视觉世界的转移——更加证明了戈特弗里德·森佩尔将建筑与舞蹈和音乐一起描述为一种"宇宙"艺术的观点，也就是说，早期人类对大自然在现实世界中闪耀的创造法则特别"感兴趣——空间和时间运动的有节奏的序列，如花环、一串珍珠、卷轴、圆舞、伴奏的节奏音调、桨的拍打，等等"。[37]半个多世纪后，沃尔夫冈·科勒描述了音乐的发音〔渐强音（*rescendo*）、渐弱音（*diminuendo*）、渐速音（*accelerando*）、徐缓音（*ritardando*）〕与"内在生命"的内在形式相似，其度量标准再次跨越了所有艺术边界。[38]正如我们所见，梅林·唐纳德将节奏视为一种原始的模仿技能，与人类学习和表达的所有形式有关。[39]

另一个与情绪有关的问题是20世纪80年代意大利一组科学家的宣称，即在额叶和顶叶皮层都有一组神经元，它们有能力反射他人的行为和情绪行为。[40]尽管在神经学界仍有争议，但这些"镜像神经元"在罗伯特·维舍尔的"移情"这一古老术语的催生下，产生了一个跨学科的研究领域，这些领域正在研究语言发展、学习和自闭症。拉马钱德兰更大胆地推测，它们的出现——人类模仿其他人复杂技能的能力——可能导致了大约五万年前文化的"爆炸性进化"。[41]它们会变得与建筑学相关，如果我们接受沃尔夫林的论点的话——即建筑的情感效应在很大程度上是观相学的（physiognomic）。[42]

第2节 空间性

在过去的几十年里，另一系列有趣的神经学发现是：我们至少用了三组高度分化的神经元来协调我们在空间中的行为，从而使我们能够在空间中导航。约翰·奥基夫（John O'Keefe）和林恩·纳德尔（Lynn Nadel）在20世纪70年代早期对老鼠的研究为这一观点奠定了基础，因为他们在海马体中发现了"位置细胞"。[43]关于深度和运动等特征的空间感知发生在大脑皮层的枕叶、顶叶和颞叶，但当这些信息传递到海马体时，后者似乎创造出空间映射或"位置场"来详细描述这种体验。这些场是非人类中心的，也就是说，它们似乎只与环境的空间几何有关。当我们穿过一个区域时，一组组的位置单元（其中有数百万个）在场中非常特定的点上激活，而不是在其他点激活。如果环境被改变，空间场也会被重新映射，这就说明它们至少部分地依赖于地标。位置细胞的激活告诉我们身处地图上的"这里"，即使我们可能没有注意到所处的环境，它们也会激活。

正如我们在20世纪80年代所了解到的，位置细胞由邻近海马旁区的"头部方向细胞"所辅助，当头部及其视锥指向特定方向时，无论其位置如何，这些细胞都会被激活。[44]它们有效地充当了激活相邻位置细胞的指南针。2005年，一组挪威科学家在内嗅皮层发现了另一组空间敏感的细胞，他们称之为"网格细胞"。大脑在进入任何环境时，都通过硬连线（无意识地）在一个空间场内（无意识地）放置一个定向的地形图或三角网格，当我们穿过每一个顶点时，特定的神经元就会激活。这个网格细胞与位置细胞的功能相似性增加了海马体关于空间的一些感知信息的可能性，这些信息是对应于特定环境的，实际上是在内嗅皮层的"上游"计算的，"通过算法将自我运动信息整合到一个在所有语境中都有效的度量和定向表征中"。[45]与位置细胞一样，网格细胞创建的地图锚定在外部地标上，但也可以在没有地标的情况下持续存在，这表明"网格单元可能是基于路径整合的通用空间环境地图的一部分"。[46]

显然，在狩猎采集的世界里不"迷路"的能力是我们进化成功的一个关键，但是这样一个精心设计的内置导航系统（顺便肯定了康德的空间的"纯粹形式"）对建筑到底意味着什么？答案还不完全清楚，尽管它肯定表明了考虑我们建筑环境的空间方面的重要性。一个荷兰科学家团队在2004年所做的一项研究中，20名被试在一个虚拟博物馆中穿梭，科学家们发现在路径学习过程中，大脑的海马旁区对地标的相关性作出了反应，而且这种反应是在高度选择性的基础上进行的，即"大脑自动区分物体与导航相关和不相关的位置"，并且与参与者对它们的注意力无关。[47]同样的大脑区域也被证明参与了物体—地点的关联，并记录了场景的细节和布局。[48]

在另一项研究中，有经验的出租车司机在虚拟的伦敦街道上进行核磁共振成像测试，雨果·斯皮尔斯和埃莉诺·马奎尔（Eleanor Maguire）发现，海马旁区的这种活动是与前额皮质和顶叶皮质的活动相结合的。在旅程开始时，海马旁区在规划路线时最为活跃，但随着驾驶员接近目标以及前额叶皮层的活动增强，海马旁区的活动就变得不那么活跃了。这些科学家认为，通常处理未来目标的前额叶皮层整合了"来自长期记忆的关于熟悉环境中地点之间欧几里得距离的信息"，而顶叶皮层似乎"通过对有关自我中心方向信息的编码来帮助导航"。[49]有趣的是，出租车司机的海马旁区比普通人大，这与音乐家改变大脑结构的方式相似。这对设计师的海马旁区有什么影响呢？

鉴于目前对大脑这一区域（海马体是阿尔茨海默病的一个中心）的大量研究，我们可以预期在不远的将来会有一个相对全面的人类空间导航模型。有了我们如何构建或感知空间、如何测量空间、如何在不迷失方向的情况下轻松地穿过空间的知识，我们应该能够向建筑师提出一些非常具体的问题或实验。在某种程度上，这项研究已经开始了。一些研究关注了我们如何形成建筑物的图像，如何在虚拟城市中步行。[50]圣地亚哥州立大学的一个由建筑师和科学家组成的跨学科小组试图将这些发现应用到疗养院和医院环境的设计中，以及将其与凯文·林奇（Kevin Lynch）的拓扑理论联系起来。[51]这样的研究无疑将在未来继续进行下去。

第 3 节　感官的构造

我们已经看到了非常精细的神经过程，比如简单的视觉图像感知就发生在大脑的几十个不同区域中。其他所谓的感官也是如此。例如，声音的感知在许多方面与视觉相似。空气中的振动首先通过鼓膜与功能不对称的耳朵接触，然后通过中耳的机械装置将感觉传递到耳蜗。在这里声音处理的第一阶段开始了，声音穿过基底膜，与每个耳蜗中的 16000 个感觉受体或毛细胞产生共鸣。

这些神经将信息传递给听觉神经，在经过包括丘脑在内的大量中间站之后，将信号发送到初级听觉皮层。这位于沿着颞叶（耳朵上方几厘米）折叠成的侧裂，将颞叶与顶叶和额叶分开。

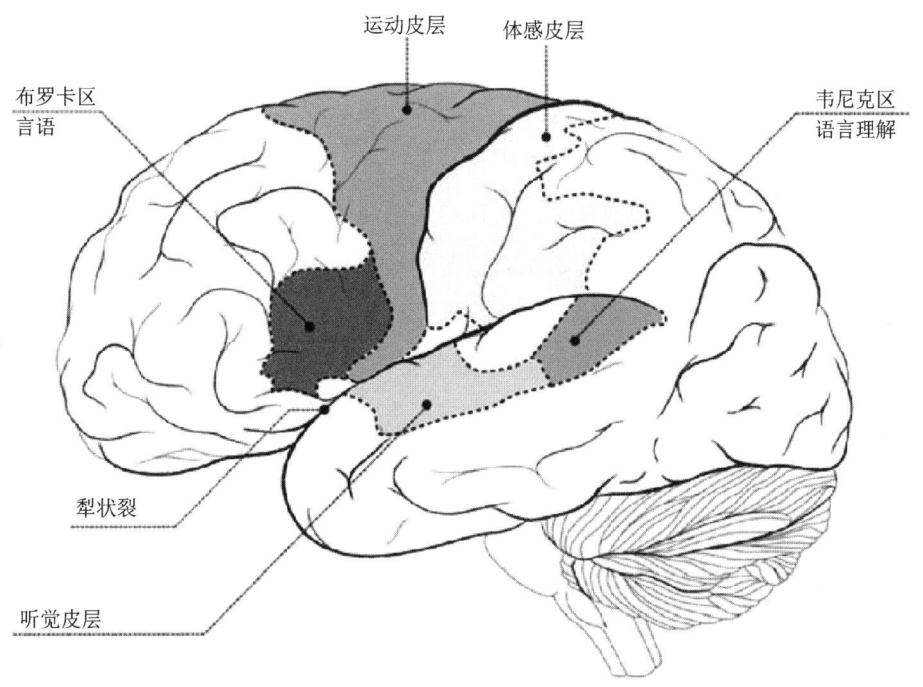

图13.2　大脑中涉及听觉、言语（布罗卡区）、语言理解（韦尼克区）和感觉运动活动的区域

阿姆贾德·阿尔古德插图

然而，与视觉一样，听觉皮层只是一个更大的解释或感知过程的开始。在寻求知觉恒定性的过程中，大脑皮层必须分解声音的编码元素，将其与背景分离，分析多种因素，并将信号发送到听觉皮层的子区域，在这些区域中神经元对声音的特定强度或频率特别敏感。同时，它将信号传回耳蜗，以注意到某些声音或为其他声音保持休眠。由于明显的进化原因，听觉皮层特别热衷于定位声音的"什么"和"哪里"，这当然是与其他感官相协调的。在人脑中，它也非常容易分辨语音和音乐的细微差别。音乐感知发生在两个半球的听觉皮层，并由听觉皮层和运动皮层之间的连接所辅助，这是人类独有的。语言的感知和理解是在左半球颞叶的上部进行的，被称为韦尼克区。它与左额叶的布罗卡区相连，后者控制着语言。后者反过来连接到运动皮层，激活语言的物理运动。扫描图像表明，谈话在一个连续的循环中涉及所有这些领域。

听觉感知的另一个特征和视觉感知一样，即想象的声音与感知到的声音具有相同的神经回路。例如，安静地自言自语会激活与人交谈相同的神经回路，除了运动皮层和初级听觉皮层之外。类似地，想象奏鸣曲的曲调将激活听觉皮层的第二个区域，就像在音乐厅里听到音乐一样，当然在音乐厅会有更丰富的物质体验。此外，通过扫描技术，现在越来越清楚的是，不同的感官也共享高阶的大脑网络，或者说感知的超模态，这种超模态将感官输入从一种感官输入到另一种感官，并独立于任何一种感官进行操作。换句话说，正如理查德·诺伊特拉（Richard Neutra）在半个多世纪前指出的那样，对中世纪大教堂的空间理解不仅来自视觉，还来自我们的脚在石头路面上的冲击力以及远处咳嗽的回响。听觉、视觉和触觉线索结合在每一个建筑体验中，或者正如诺伊特拉所指出的，建筑是"全方位的"。[52]

感知的多感官本质在构成体感皮层的复杂感官中非常明显。"somatic"（体感）一词来自希腊语"soma"，意思是身体。体感皮层在顶叶前缘横贯头顶，在它的正前方、额叶的后部是运动皮层，负责协调自主运动。与视觉和听觉皮层一样，体感皮层也可以分成专门的受体神经元区域，这些区域的大小与身体的神经线路成比例。传统上，人们谈论五种感官（生理学家通常谈论超过20种），但将自身的体感活动视为一种丰富的相互关联的感觉系统的复合体，而非所有的感官系统都位于体感皮层中，这一认识要有用得多。这些感官系统包括稳态和内脏系统、肌肉骨骼系统、本体感觉、前庭系统和其他涉及触觉的感官系统。

当然，体内平衡系统和内脏系统通过跟踪身体内包括躯干器官的工作以及饥饿、口渴、性、睡眠、体温、疲劳和疼痛等所有变化，持续监测和维持我们的内部环境。它们通过神经和化学信息（后者由血液携带）来调整或纠正系统平衡的异常或威胁。这些活动的中心是下丘脑，它位于丘脑下方，与大脑底部的垂体密切合作（见图10.3）。下丘脑控制着大多数的躯体操作，并产生自己的肽（催产素和加压素），这些肽可以影响垂体、杏仁核、海马体、嗅觉系统和脑干以及上皮层的工作。它还通过调节褪黑激素的分泌来控制人体生物钟——24小时节律或昼夜节律。其他与情绪行为有关的激素如乙酰胆碱、多巴胺和血清素等也通过下丘脑产生。正如我们所见，多巴胺在研究中受到广泛关注，因为它与快乐和恐惧有关，而血清素通常影响情绪的上下波动。事实上，人脑是一个控制或调节神经活动的丰富的化学物质汤，而且，随着这些化学物质受到的关注，研究人员很可能很快就会对它们与建筑环境的相互作用发表一些看法。

如果说肌肉骨骼系统连同骨骼、肌肉、软骨、肌腱和韧带提供了我们在世界上站立和移动的结构，那么本体感觉就是我们在空间中定位和移动身体的感觉。它通过肌肉、肌腱和关节深处的一系列特殊的神经受体产生，这些受体的轴突进入脊髓和大脑。本体感觉，特别是当与运动有关时被称为动觉，后者也强调肌肉记忆和手眼协调。与这两个系统密切相关的是前庭系统，它是靠近听觉感觉复合体的一个显著的感觉器官，进行广泛的协调活动。它与眼睛和耳朵相连，眼睛和耳朵的神经元对前庭刺激作出反应；它接收来自手和手指以及脚底的重要输入；它激活面部和下颌肌肉；它影响心率和血压、肌肉张力、四肢的位置、呼吸，甚至免疫反应。所有这些都只是为了让我们能够垂直站立，以有节奏的平衡感在空间中移动。

肌肉骨骼系统、本体感觉系统和前庭系统有其特定的生物节律，对建筑围墙非常敏感。两个世纪前，当约翰·沃尔夫冈·冯·歌德（Johann Wolfgang von Goete）注意到舞蹈所引起的快感时，他就提到了它们的重要性，并声称"我们应该能够在蒙着眼睛的人身上唤起类似的感觉"。[53]当然，沃尔夫林一再强调我们与建筑的身体关系，正如他所声称的："我们之所以能欣赏到圆柱的高贵宁静"，是因为我们理解万有引力，即"当我们不再有力量抵抗身体向下的拉力时，我们就会崩溃"。[54]他相信所有的审美体验都来自对自己的认识，他坚持认为这些原则构成了"我们器官幸福感出现的唯一条件"。[55]斯蒂尔·拉斯穆森（Steer Rasmussen）用了整整一章的篇幅讲述了"建筑中的节奏"，他承认其"刺激效果"有"神秘之处"，他将其等同于音乐。[56]理查德·诺伊特拉在讨论我们在建筑环境中所感受到的重力时，他很有感触：这些力"在我们的身体里，在我们用来平衡自己的所有肌肉中，不断地被记录下来并被细微地感觉到"。他接着说:"尽管它们在大多数情况下是没有被意识到的,但会产生舒适或不适的感觉,这要视情况而定。"[57]帕拉斯玛用一种简洁的方式总结了这一点:"身体知道并记得建筑的意义来自古老的反应和身体与感官记忆的反应。"[58]

这些肌肉骨骼系统、本体感觉系统和前庭系统在与我们的触觉相结合时再次呈现出额外的复杂性。我们的皮肤不仅是我们最古老、最大的调节器官,而且对身体的舒适和维持生命至关重要。因为触觉是人类胚胎中最早发育的感官,有人把触觉称为"感官之母",当然,它的功能早在眼睛达到视觉能力之前就已经发挥了作用。[59]约翰·戈特弗里德·赫尔德(Johann Gottfried Herder)指出:"视觉只显示形状,而仅仅触觉就可以揭示身体。"从中我们对这个世界有了基本的理解:"一个我们从未通过触摸而认识到的身体,或者我们不能通过它与其他物体的相似性来建立的物质性。"他接着说:"将永远像土星环或木星环一样,对我们来说,仅仅是一种现象,一种外观。"[60]

皮肤及其触觉是我们与世界最亲密交流的场所,在任何年龄段,都是我们情感幸福的本质。婴儿和成人都需要被触摸,而我们通常需要握住和触摸一个物体才能理解它。我们之所以能做到这一点,是因为我们的触觉感官具有不可思议的辨别力以及评估重量、压力、质地、温度、硬度和柔软度的能力。生理学上,除了对温度和疼痛有反应的神经外,还有五种不同类型的神经参与触觉。第一种是从我们身体中长出来的毛发,它附着在神经的底部。另外两个靠近皮肤表面的神经是迈斯纳和默克尔受体,它们可以精确定位刺激的位置。两个更深的神经感受器位于真皮中,能够检测振动、大小、方向和皮肤张力的变化率。这些神经连接到一个外周神经束,将信号传送到脊髓,然后脊髓将刺激物向上移动到脑干、丘脑和体感皮层。大脑皮层本身在功能上被划分为多个区域,最大的区域(与受体密度成比例)分布在面部和手部。再次,具体的分析是从初级躯体感觉皮层发送到附近更专门的处理它们的区域。所有这些神经活动发生的时间和甩开一只苍蝇所需的时间一样短。

在纯粹的触觉上,我们正如许多作家所讨论的那样以多种方式体验建筑。当我们走过铺有瓷砖的地板或花园里的砾石时,我们的脚会体验到所接触的材料的质地和相对特性——在某些情况下,这种体验非常深刻。在寒冷的天气里

第13章 触觉

站在靠近窗户的地方，我们会失去体温，感到寒冷。节日里的炉火（毫无疑问会唤起我们根深蒂固的部落记忆）不仅能提高我们的热舒适感，还能提高我们的社交和情感精神。相反，荧光灯的光谱范围可能会干扰眼睛的神经细胞，而这些神经细胞还没有进化到适应这些特定光谱的光。我们知道玻璃和金属等材料的凉爽触感，以及木材的相对温暖（两者都是热传递的产物）。相对于我们的脚和腿来说，爬楼梯可能是奢侈的，也可能是繁重的；扶手对于抓握的手来说可能是舒适的或笨拙的。所有这些都是基本的神经反应，强化了皮肤只是大脑神经系统的延伸这一观念，正如诺伊特拉所说，它的感知也伴随着我们是否喜欢一座建筑的判断。

建筑师有时也会提到触觉建筑，这从神经学的角度来看是一个有趣的说法。例如，在最近一项关于空间工作记忆的功能磁共振成像研究中，一组意大利研究人员测试了视觉和触觉线索的空间表征。当然，这两种刺激首先在各自的大脑区域进行处理。触觉刺激激活体感皮层以及岛叶、额叶和顶叶皮质。视觉开始于枕叶，同时也涉及其他许多区域。然而，除了这些感觉网络之外，研究人员还发现了一个更大的超模态或多感官网络，对于每一个视觉或触觉感知，它同时涉及两个感官回路。[61] 换言之，触觉刺激视觉皮层与视觉意象相关的区域，反之亦然。我们"感受"我们的视觉图像，因为我们从出生的第一天起就获得了一个触觉记忆库，而这种对世界的第一手知识在很大程度上有助于我们的视觉体验和对诸如我们所建环境等事物的理解。

对触觉及其各种感觉方式的更全面的理解也有其他含义。首先也是最重要的是它赋予建筑材料和构成建筑的相关感官元素以重要性：其中包括光和影、颜色、纹理、重复、对比、连贯性、透明度、温度、声音、气味和位置。好的建筑师总是会利用这些效果，很少有人会否认自然光给建筑环境带来的强大力量，比如说，它可以给建筑环境带来超越其物理舒适性的强大力量。对材料和光的敏感使用似乎有其自身的回报，在这方面很有意思的是，当代艺术家奥拉夫·埃利亚松（Olafur Eliasson）和菲利普·拉姆（Philippe Rahm）都被现象学和神经科学的发现所吸引，他们都非常强调这些元素。同样的教训也存在于建筑师身上，他们的材料领域和机会要广泛得多。

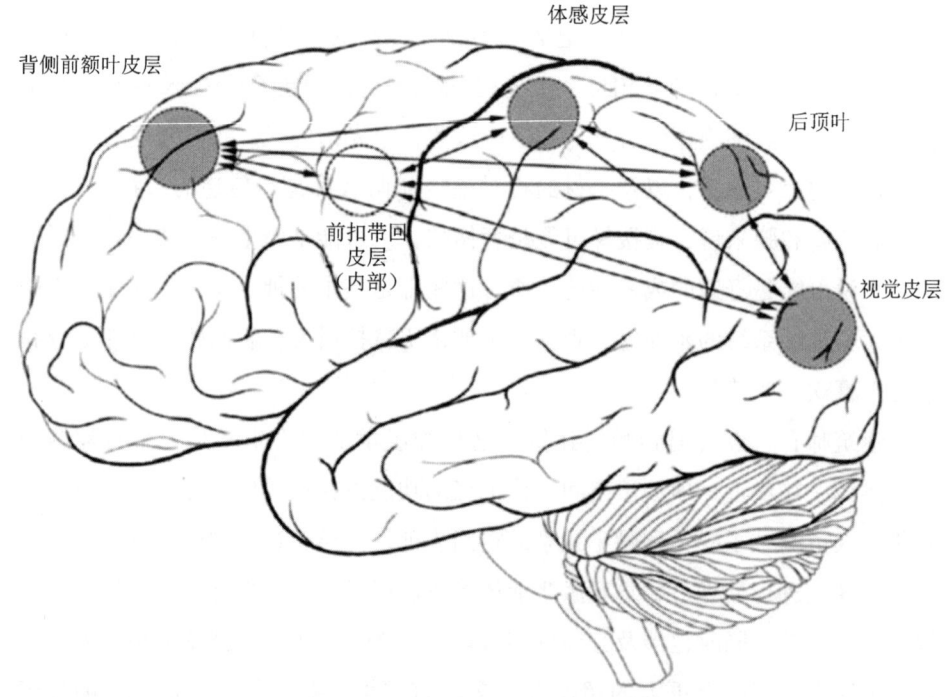

图 13.3　在视觉或触觉刺激的空间处理过程中激活的超模态网络
阿姆贾德·阿尔古德插图

同样有趣的是关于我们的触觉感官的其他含义,如规模、比例、几何与设计的相关性。作为一个神经美学家,泽基第一个站出来讨论这个问题。他提出了这样一个问题:实际上是否存在"形式的普遍方面,人们可以通过它来定义所有形式的实体,当那些形式组合在一起时可以构成任何形式的实体"。[62] 对于生理学家来说,这个问题可能会转向是否存在特定的脑细胞组成神经处理的"积木",即建筑师传统上认为的尺度和比例是建筑材料形式的基本表达。克里斯托弗·亚历山大(Christopher Alexander)是近年来为数不多的建筑理论家之一,关注其思想的演变是很有趣的。他最初是一名数学家,在 20 世纪 60 年代末和 70 年代从设计方法论转向"模式语言"的发展,这使他对设计的社会学和人类学标准有了新的重视。然而,在这些观念变化的背后是他早期对认知研究的兴趣——这种兴趣随着他最近的多卷研究《秩序的本质》(*The Nature of Order*, 2002)而全面展开,其中规模、强大的中心、良好的形状、梯度、粗糙度和有序连接等问题成为他的中心关注点。[63]因此，他的人类学模式在很大程度上转变成了一种生物学的模式，一种建立在建筑经验的感知或神经学维度上的模型。在这方面支持他的是由斯蒂芬·R. 凯勒特（Stephen R. Kellert）和朱迪思·H. 赫鲁根（Judith H. Heerwagen）领导的众多科学家和建筑师的最新研究成果。[64]爱德华·威尔逊（Edward O. Wilson）于1984年首次提出"生物亲和力"一词，它被定义为我们"关注生命和类生命过程的固有倾向"。[65]最近将生物亲和力转变为建筑思维是一个有趣的现象，因为今天的神经科学似乎不仅证实了我们对生命形式的"先天"偏好，而且还为它提供了一个更为宏大的生物学基础。除了令人钦佩的建筑"绿化"之外，它还提出了规模、照明、景观、避难所、秩序和复杂性等问题，以及史蒂文·霍尔所称的"再断言人体是经验的源泉"。[66]

所有这些都不是在暗示一个公式化的设计体系，或者试图缩小技术创新或设计发明的领域。事实上情况恰恰相反，因为正如科学现在所证明的那样，大脑既需要新奇的环境，也需要高度变化的环境。但是，如果我们接受大脑对生活的模糊性和隐喻性的倾向，以及这些现象的感官情感基础，那么建筑师还有一个广阔的表现领域——近年来，被高尚的抽象和卑鄙的形式主义所忽视的价值观。

在这一点上，我们可能只做了一点皮毛，这本书的目标当然不是要暗示神经科学将提供任何明确的灵丹妙药或被接受的时尚理论。更全面、更真实地认识自己是这一科学领域的主要价值，随着我们对如何与世界互动的更好的生物学理解的获得，我们将不可避免地调整观点并建立自己的理论。神经科学和更广泛的认知研究领域再次提醒我们的是，我们仍然是生物，我们不仅充满了渴望，而且还充满了残余的生物需求。如果文化是建立在这一遗产基础上的社会大厦，那么它就必须尊重我们存在的原始本性。

在这项研究的前半部分所讨论的那些作家不仅仅是来自过去的声音，而且是那些以自己的方式思考了大脑是如何工作，以及作为设计师承认自己身体状况的神经复杂性的重要性的人。阿尔贝蒂、诺伊特拉或祖姆托尔等人所洞察的一条红线是，他们设计的基础不在于某种高度投机的系统，而在于我们的自然自我，或者更具体地说，在于我们作为设计师从自己身体和大脑的工作中所提取的类比。在这方面，我们有着非凡意义的新的丰富资源，凭此，我们到达了此时此刻。

结　语

建筑师的大脑

　　今天，我们的世界主要是通过电子屏幕来传达的，它见证了一个瞬息万变、充满稳定的世界。

　　　　　　　　　　　　　　　　　　——拉斐尔·莫内奥（Rafael Moneo）[1]

　　本研究的目的是探索建筑思维的一些创造性方面，这些方面在最近的神经科学研究中得到了突出的体现。然而，从今天对神经可塑性的理解来看，这个问题还有另一个方面。如前所述，可塑性是大脑在学习过程中改变其神经线路的能力。考虑到大脑神经回路有多达50%是在出生后形成的，这确实是一种巨大的能力。大脑的可塑性意味着通过正确的努力和正确的影响，我们可以在一定程度上使自己变得更聪明，我们可以增强我们的创造力，而且大脑作为一个活的器官，随着时间的推移其神经系统会发生变化。这种转变是在一生中发生的，但更重要的是，在几代人的过程中环境和文化的影响也发挥了作用。很明显，本书的一个观点是，文艺复兴时期的建筑师或19世纪建筑师的大脑结构与21世纪建筑师的大脑是完全不同的，不管是好是坏。

　　艺术家沃伦·内迪奇（Warren Neidich）提出了一个关于大脑能力的术语，即"视觉和认知工效学"（ergonomics）。他将其定义为"一种默契的过程，通过这种过程，我们感知的审美转换，以及我们随后对物理世界及其变化的性质的认知，影响了一组特定刺激的感知和认知方式"。[2]他更大的神经学观点是，如果某种类型的感知信号（例如，数字图像而不是自然图像）在其激活过程中产生了特定神经回路的强化，如果这些回路在每一次激活中都变得更强大或更有效，那么这些"放大的映射"将在大脑处理记忆和思维方面比其他映射更具优势。[3]这种优势在年轻人的大脑中尤为明显，它们在环境影响方面具有最大的灵活性或可塑性，因此在青年时期形成了代际差异。

内迪奇接着认为，如果我们考虑到我们的文化在过去几代人中视觉形象的演变，那么这样的神经优势是有潜在问题的——即从霍克海默（Horkheimer）和阿多诺对我们"文化产业"具有先见之明的苍白的广播标语和黑白电视广告，到当今虚拟世界和iPhone世界中极具诱惑力或"交感的"图像（强化图像）。[4]这些更新的和越来越复杂的图像，由我们的商品沙皇精心制作以产生激发和诱惑，它们"一次又一次地重复出现，超过了自然产生的有机对应物，将对神经元和为它们编码的神经网络产生选择性的优势"。[5]最后，内迪希总结到，它们具有强大的潜力，不仅可以"塑造每一代人的大脑"，而且能"提供一种公式，通过这个公式，商品文化越来越容易渗透到人类神经系统的物质和机械的欲望中"。[6]

内迪奇的评论是在过去几十年里出现的关于计算机及其对教育的影响的更广泛的讨论中发表的，这场辩论现在对建筑带来了严重的影响。早在1990年，教育理论家简·希利（Jane Healy）就以她的挑衅性著作《濒危的心灵：为什么我们的孩子不思考》（*Endangered Minds: Why Our Children Don't Think*）打消了年轻的数字时代的教育期望。她在书中指出，人脑有"两种互补的信息处理方法"：连续和同步。如果说第一种是左脑技能，它使我们能够分析数学方程或语言语法，那么后者就是艺术家和其他创造性个体所青睐的右脑模式，其工作方式与前者不同：

> 这种思维被比作"涟漪"效应，在这种效应中，A引发了与其他联想和想法的广泛联系网络，这些联系通常以图像表征。这种联系可能是学得很好的，也可能是自发的和独特的，正如以下过程：先是感觉到，接着"看到"，然后阐明一个隐喻。[7]

希利继续指出，人类良好的思维融合了两个领域："大脑的两个部分，不仅仅是线性的、分析—语言的左半球对它有贡献。更直观、更直觉的右半球可能提供了很多灵感，而左半球则扮演着守时和现实主义者的角色。"[8]

最近，马克·鲍尔林（Mark Bauerlein）的《最愚蠢的一代》（The Dumbly Generation, 2008）不仅记录了我们的网络知识青年不断下降的阅读成绩，而且还记录了这样一个事实，即这种数字媒体的性质——眼睛在滚动的互联网页面上进行快速和零星的扫描——实际上抑制或破坏了学生阅读较传统印刷页的能力。根据前太阳微系统（Sun Microsystems）工程师雅各布·尼尔森（Jakob Nielson）的一项研究得出的结论之一是，网络从根本上说是"一个消费者的栖息地，而不是一个教育的栖息地"。[9] 玛吉·杰克逊（Maggie Jackson）在《分心》（Distracted, 2008）一书中描绘了我们网络中心时代教育的另一幅惨淡写照，这充分说明了互联网对注意力的削弱作用：

当我们培养分散注意力的生活时，我们正在失去创造和保存智慧的能力，并滑向一个无知的时代，这是一个在丰富的信息和连通性中诞生的自相矛盾的时代。我们的工具运输着我们，我们的发明令人印象深刻，但我们的洞察力和共同愿景却萎缩了。[10]

另一位互联网评论家是尼古拉斯·卡尔（Nicholas Carr），他为《大西洋月刊》（The Atlantic）撰写了一篇吸引眼球的文章《谷歌让我们变傻了吗?》（"Is Google Making Us Stupid?"），他表示，如果谷歌试图完善搜索引擎，让我们摆脱对世界上任何事实都了如指掌的单调乏味，那么不利的一面是，我们已经成为信息片段的"解码者"，而不是有机会将这些信息放在语境中的读者。在引用认知专家玛丽安·沃尔夫（Maryanne Wolf）的工作时，他认为我们本质上是在放弃将深度阅读与深层思考联系起来的能力。[11] 这种识字能力的丧失也与神经系统的事实相一致，即人类没有阅读基因。这种后天习得的技能，类似于学习第二语言或发展出非凡的小提琴熟练程度，必须在很小的时候掌握，那时大脑语言和言语区域之间的裂口（外侧裂）最容易形成神经通路。如果在这几年里它们不到位，大脑的结构就会改变，这项技能就会受损或效率降低。

在过去的几年里,我们越来越依赖数字设备的另一个方面已经被广泛讨论过,那就是我们对个人和物理环境越来越不感兴趣。希利再次成为早期的吹哨人,他认为"视觉刺激"本身如电子媒体所呈现出来的,并不是非语言或创造性推理的神经通路:"身体运动,触觉、感觉、操纵和建立对物质世界中关系的感觉觉知的能力才是它的主要基础"。[12]丹尼尔·H. 平克(Daniel H. Pink)在其著作《全新的心智》(*A Whole New Mind*,2005)中,围绕着他的信念构建了一个广泛的论据,即逻辑和分析的左脑技能——从前进入精英阶层、中产阶级社会的守门人——正在被对设计师或合成思考者的右脑才能的需求所取代,他们是"越界者、发明家和隐喻制造者"。[13]前计算机程序员史蒂夫·塔尔博特(Steve Talbott)冷静地叙述了关于计算机如何使我们与社会和个人自我保持距离,计算机的逻辑——"虽然这可能是必要的和有价值的,但却把所有这些有血有肉的担忧都吸进了一个奇妙有效的计算漩涡中"。他担心我们的智力和道德会随着我们对计算设备的逻辑思维的屈从而下降,他建议"我们应该有某种恶作剧和欺骗的精神,一种改造与内在自动性相对立的、创造性的内在'装置'的意愿,它现在与我们生活中的外部机械产生了如此强烈的共鸣"。[14]塔尔博特的忧虑使人想起多年前哲学家休伯特·德雷福斯(Hubert Dreyfus)对计算机的影响所表达的担忧:

> 人们已经开始认为自己是能够适应无实体机器的死板计算的对象,是必须将人类的生命形式分析为无意义的事实的机器,而不是由感官运动技能组织起来的领域。我们面临的风险不是超级智能计算机的出现,而是亚智能人类的出现。[15]

神经生理学家鲁道夫·R. 伊利纳斯(Rodolfo R. Linás)也曾以同样令人不安的措辞参与到这些问题的讨论中来。他对数字世界接管我们生活的程度感到焦虑,这种焦虑可从两个方面展开。首先是不可避免的全球思想同质化和各地消费社会的平庸的相似,他担心这最终会重新定义自我的概念。其次,他担心有一天我们可能不再渴望与物质世界进行感性的互动。"请记住,"他说,"对我们来说,唯一存在的现实已经是一个虚拟的现实——我们天生就是梦幻机器!因此,虚拟现实只能靠自身发展,风险在于我们很容易就会造成我们自己的毁灭。"[16]

第1节　计算机与建筑

我之所以这样做是因为我考虑到计算机及其在建筑中的应用。与包括上述大多数批评者在内所有人一样，我最欣赏数字时代的非凡好处。电子连接、纳米技术、无线技术、全球化、最新研究成果的即时共享——都带来了无与伦比的智力收益，并大大加快了几乎每一个知识领域的进步。今天的世界与几十年前大不相同，在很大程度上是一个更美好的世界。

事实证明，计算机对建筑师也有很大的好处：不仅使他们摆脱了以前在规范和施工图等方面的沉闷，而且使更多的工作能在较短的时间内完成。此外，下一代建筑信息建模或"BIM"系统的出现，以及集成建筑交付的承诺（将建筑师、工程师、业主、建筑商作为一个无缝的团队）的出现，当然会在不久的将来巩固这一转变。相信数字时代的这些更有效的工具在某些方面也会带来全球质量标准的普遍提高，这并不过分乐观，因为我们今天已经看到参与特定项目的设计师和工程师团队分布在两个或三个大洲，这并不少见。

但是，正如我们所知，计算机也是一种设计和建模工具，因此它应该被视作与其他设计工具一样。无论是积极的还是消极的，它究竟给设计过程带来了什么？它的极限是什么？现在刚从学校毕业的学生可能没有意识到建筑学的电脑化已经以一种严肃的方式存在了将近20年。对于你们中那些教育和设计训练完全集中在计算机上的人来说，你也应该知道，你本质上是第一代这样的人。没有一个建筑师在你之前接受过同样的训练。

计算机作为一种编制施工文件的工具，最早出现在20世纪80年代初的一些公司中，但它的广泛使用，特别是其超越基本计算机辅助设计（CAD）系统的发展，真正开始于20世纪90年代。弗兰克·奥·盖里（Frank O. Gehry）的办公室是第一批以这种方式进行试验的公司之一。1989年，该办公室考虑如何为1992年巴塞罗那奥运会的鱼雕塑绘制施工图，设计师们决定修改与航空设计相关的软件。盖里本人从未与之合作过，作为一个受过传统训练的设计师，他更喜欢用草图、纸板和埃尔默胶水来思考。尽管如此，经过修改的软件让他有了自由思考诸如沃尔特迪斯尼音乐厅（始建于1989年）和毕尔巴鄂的

结　语

古根海姆博物馆（始建于1991年）等设计的机会，这些设计显然都取得了巨大的成功。其他新的软件很快就被用来标注和细化复杂曲面，这反过来又为设计探索开辟了新的领域。因此，到了20世纪90年代中期，世界各地的建筑师都在探索涉及非线性、分形、复杂性理论和场理论的设计策略。这个行业本身至少在标志性的层面上已经巩固了这些成果，比如伊藤东彦（Toyo Ito）的仙台媒体中心（1995—2001）、联合国工作室（UN Studio）的梅赛德斯—奔驰博物馆（Mercedes-Benz Museum，2001—2006）和OMA①的CCTV总部（设计于2002年）。所有这些形式上的创新都是由于在短短几年内开发出的新一代计算机应用程序而成为可能的。

建筑学的计算机化也有许多声势浩大的拥护者，其中最能表达的也许是威廉·J. 米切尔（William J. Mitchell）。在他的《星际迷航》激发的电子–托皮亚（e-topia）中："城市生活，吉姆——但不是我们所知道的那样"（1999）。他阐述了计算机如何能够并将彻底改变城市生活，在其"瘦且绿色"的可能性中，包括一些特征，如非物质化（减少对物质建设的需要）、遣散（通过电信通讯降低燃料消耗）和大规模定制（非标准化设计）等。为了说明最后一点，米切尔认为，像盖里的古根海姆博物馆展示出的"令人惊讶的新的空间和物质诗歌"，吸引了"更微妙和复杂的理性"——也就是说吸引了除了少数"顽固不化的老密斯风格的追随者"之外的所有人。[17] 最近，在他的《我++》（Me++）一书中，米切尔发起了一个更广泛的运动以代表他的信念，即在这个千年，本体论的条件已经演变成一个赛博格城市（cyborgnicity）：

> 所以我不是维特鲁维亚人——封闭在一个完美的圆圈里，我从个人的角度看待世界坐标，同时提供所有事物的度量。正如建筑现象学家所说，我也不是一个自主的、自足的、在生物学上体现出来的主体，会遭遇、客观化并对眼前的环境做出反应。我在一个相互递归的过程中构建，也被构建，不断地使用流动的、可渗透的边界和不断分支的网络。我是一个在空间上扩展的赛博格（半机器人）。[18]

---

① 大都市建筑办公室（Office for Metropolitan Architecture，OMA）。OMA是从事建筑、城市规划和文化分析的领先国际合伙企业，其建筑和总体规划遍布世界各地（https://www.architectmagazine.com/firms/office-for-metropolitan-architecture-oma）。——译者注

米切尔毫无疑问会反对德雷福斯的上述评论，这些评论批判性地针对了各种创建人工智能计算机模型的努力。后一个目标首次提出是在20世纪50年代，当时一组与兰德公司和卡内基梅隆大学有关的计算机科学家发起了一个项目，旨在制造一台能够与人脑思维能力相匹配的计算机。在十年内，这个想法在几十个博士项目和政府研究实验室中如雨后春笋般涌现出来，直到现在这些项目也经常失败。然而，事实证明计算机及其软件在解决复杂的可量化问题（从飞机设计、天气预报到非线性分析的所有问题）方面具有非凡的能力，而在模仿人类联想思维方面，它在最基本的层面上被证明是完全不够的。

早期建造人工智能的努力通常失败的原因很简单。大脑的神经回路不是一个形式规则的二元系统，不是二加二；把计算机比作人脑是错的不能再错了。大脑的电路是非线性的（非因果的），其潜在路径是冗余的，其系统组织比任何软件算法都要复杂得多。这是一个有机的系统，经过数百万年的补充覆盖或生物改良，遵循一个几何过程的神经效率，会把达西·汤普森（Darcy Thompson）引向一个奇迹的境界。比十年前更甚的是，当今世界上最有成就的神经科学家以越来越强烈的钦佩之情看待大脑复杂的联想能力。正如一位科学家所说，"如果大脑简单到让我们足以理解它，那我们就太简单而无法理解它。"[19]

让我再次强调，软件应用程序现在已经成为设计专业的重要组成部分，因此，掌握它们应该是建筑教育的一个重要目标。但是，设计专业的学生是否应该仅仅通过使用计算机来进行培训呢？我认为很少有人会对这种情况提出异议，但我们的建筑课程的方向却暗示着另一种情况。现在许多学校都有进入另一个领域的研究生课程，但除了计算机之外几乎没有设计培训。与此同时，人文学科等非专业课程的数量多年来一直在下降。因此，我的担忧有三个方面：

（1）计算机作为设计的第一工具，往往对表现手法和设计原创性产生均衡的影响。

（2）计算机倾向于使设计思维非物质化，并导致与人类感官体验世界相去甚远的抽象化。

（3）计算机设计往往未充分利用人脑的固有能力进行创造性思维。

而受过传统训练的年长建筑师，由于他们的经验，能够克服这些问题，我认为从未受过这种训练的年轻建筑师不太可能做到这一点。

第 2 节　平层效应

　　浏览任何一所建筑学院的年终回顾，如果你已经足够年长，能够记住一二十年前的演讲，你会注意到一些事情。第一，很少有高年级的学生在设计展示上投入任何手工才能。第二，草图、学习模型或成品模型正在迅速消失。第三，由于计算机实验室打印机的局限性，几乎所有的演示文稿都打印在光面纸上，在宽度和质量上都是标准化的。第四，也是最严重的，所有的演示文稿都非常相似：无论是在图形技术上还是在表现气氛上，甚至更糟的是建筑设计的相似之处。这也不仅仅是一个地方性的问题，因为我们研究生课程的亚裔申请人与北美、南美或欧洲的申请人没有什么不同，这一点也不奇怪，因为所有申请者都是在同一台笔记本电脑上用同一个软件制作演示文稿的。当我们有史以来最聪明的一代学生进入建筑学专业时，所有这些平层效应就发生了。

　　毫无疑问，有些人会对这些说法提出异议。有人会说，模型已经被三维计算机图形所取代，但从创造性的角度来看，特别是当后者经常以极小的比例出现在计算机屏幕上时，这两个模型是否具有同样的信息量？计算机模拟是真的增强了学生的空间思维能力，还是一种不费吹灰之力就能完成的抽象的截面操作，一种形式主义的练习，同时也会减损其他设计关注点——例如材料的性质或一个好的平面图的工艺？当郁郁葱葱的自然之地被还原成绿色，而几乎每个鸟瞰视角下都会出现同样的气态云，那么最新软件程序增强现实主义的意义何在？谁会否认，这种照片的真实性同时导致了方法、形式和材料的同质化——下拉菜单和有限的设计调色板带来的不愉快的副产品。让－尼古拉斯－路易斯－杜兰德（Jean-Nicolas-Louis Durand）的形式主义类型学似乎已经被技术超越了十倍，但我们仍然是少数类型的奴隶。所有这些都不是要否定计算机作为一种工具（像其他工具，如铅笔）必须在教育过程的早期掌握。但是，把它在设计工作室里的使用推迟一两个学期不是更好吗？当它被使用时，它不应该与更传统的设计工具一起使用吗？

　　设计被降低到几个"交际性"图片的水平上，这是一个更严重的问题。可以肯定的是，每一代建筑专业的学生都有自己喜欢的导师，但目前似乎正在发生一些其他的事情。现在，被仿制的建筑似乎已经减少到了极少数的建筑师的作品上，而他们作品的在线图片——正如马歇尔·麦克卢汉（Marshall McLuhan）所欣赏的——似乎正在推动着表现形式和设计思维。也许这只是访问量最大的在线"点击量"的便捷性，但形式、材料和结构的逐渐同质化，坦率地说有点不可思议。我们可以在这里唤起让·鲍德里亚（Jean Baudrillard）关于超现实的概念，我们的社会对于模拟已经过度迷恋了——如果内迪希之前没有明确指出这一点的话。[20]作为一个职业，我们似乎已经完全专注于图像，并在这个过程中把所有的社会、理论和建设利益都撇开了。一些优秀的学生可能会升到这个水平以上，但令人惊讶的是有大量的学生并没有。

第 3 节 抽象

设计中的非物质化和抽象化问题与这种超现实并非毫无关联。为什么绝大多数学生的电脑设计都使用玻璃作为主要的外膜？我认为原因不在于建筑物对自然光的健康欣赏，也不在于玻璃技术及其美学可能性的巨大进步，而在于工具本身的局限性。计算机是选择菜单项和捕捉线条的绝佳媒介，但是在学生们日常工作的缩小比例下，这些线条似乎注定要成为黑暗屏幕上的无刻度线。但是，首先为什么我们要不必要地缩小设计思维呢？阿尔卑斯温泉的花岗岩或酒庄的碎石墙的概念菜单在哪里？计算机辅助设计系统（CAD）的抽象化以一种不足为奇的方式导致了一些建筑师的地下追随者，他们故意为了设计目的而避开数字系统，即那些仅仅通过连贯的设计哲学、好的材料、工艺和个人探索来接近建筑的人。彼得·祖姆索尔（Peter Zumthor）回应了当今的潮流，他指出设计："是从建筑材料的物理、客观感出发的。以一种具体的方式体验建筑，意味着要触摸、看到、听到和闻到它。发现并有意识地运用这些品质——这些都是我们教学的主题。"[21]拉斐尔·莫尼奥（Rafael Moneo）甚至还谈到用"持久"的东西进行设计，这在我们的计算机时代几乎是一个任性的想法。[22]

如果说这些方法真的在少数客户或公司董事会中起到一定的影响，那是因为它们与数字世界的短暂形式相去甚远，而关键在于它们的感性吸引力。没有什么奇异的疗法可以弥补这种矿物质的不足；获得丰富的物质动机只需要时间和适当的训练。长期以来,旅游和素描一直是建筑培训的主要内容,它仍然是从材料和结构的意义上感受建筑的真谛。历史、理论和人文学科的传统基础也可以使人的思维更深入。如果神经学研究能说明这个问题,那么它表明需要一个离散的、高度多样化的环境——在文化上、物质上和表现上的。当面对习惯化(一次又一次地复制相同的刺激或物质)时,大脑就会关闭。单调的环境正如许多计算机化项目所暗示的那样,会降低人类的处境。

第4节 大脑的未充分利用

人们对大脑的普遍理解是,分析、逻辑和语言技能集中在左侧,而创造性、情感和空间活动集中在右侧,这当然是一种简化。如我们所见,语言和言语的主要区域一般位于左侧颞叶和额叶,而大部分情绪、空间思维和概括的处理发生在右半球。然而,这是一个复杂的问题。

扫描技术所展示的是,我们的运动和思维过程的神经映射往往同时涉及大脑的许多区域,而且很少集中在一侧或另一侧。例如,长期以来人们一直认为,具有语言和推理能力的大脑左半部分是更重要的一部分,尽管阿尔伯特·爱因斯坦有一句名言,他总是用图像而不是用文字来进行数学思维。因此,科学家们多年来一直在争论数学直觉是否依赖于分析能力或视觉空间能力。这样的争论现在得到了回答。最近,一项功能磁共振(fMRI)研究表明,精确的算术推理发生在与语言技能相关的左颞叶,而处理诸如泛化和概念化等事情的近似算术思维发生在大脑两侧视觉空间区域顶叶。[23]另一项使用正电子发射断层扫描(PET)的研究表明,归纳推理主要激活左脑区域(额叶、颞叶和边缘区),而演绎推理(从更大的原理中得出推论)则涉及右半球的额叶、颞叶和边缘区域。[24]因此,这些扫描图像表明,归纳和演绎——在古典意义上是两种相反的哲学流派——实际上是两种不同的神经过程。

安东尼奥·达马西奥通过自己的实验,曾说人类通过对自身身体的修改来表征世界的定义"自我"的关键能力,位于"大脑的体感复合体尤其是右半球"。[25]他的团队还表明了复杂的映射与断层扫描的情感体验有关,一项涉及"快乐"感觉的特殊研究表明,右半球的活动明显多于左半球。[26]同样,我们人类独特的保持节奏的能力——如音乐——发生在右侧。我们之前也看到，在创造性洞察时突然爆发的小区域位于右半球颞上回，也就是说，这是一个在左脑无法解决问题后变得活跃的区域。[27] 科学家对这一现象的解释——右脑"粗语义编码"的能力——意义重大，因为另一项最近的研究表明，虽然语言问题通常局限于大脑左半球，但右侧的"粗语义编码"在理解笑话这样的高级语言任务中会迅速发挥作用![28] 显然，大脑的区域分析无法完成这项任务。

因此，可以非常肯定地说，大脑的左半球倾向于关注分析、语言和细节，而右脑则通过直觉、情感、自发性和想象力的力量寻求综合。这并不是一个戏剧性的突破，因为我们早就知道人们都有天赋，例如会计师与雕塑家有着不同的"看待事物"的方式。如果少数建筑师能够平衡地开发这两种技能，那么大多数建筑师都倾向于拥有其中一种或另一种优势。正如我们早就知道的，最好的建筑合作伙伴关系——比如阿德勒（Adler）和沙利文（Sullivan）——融合了不同才能的人。

建筑教育也应该如此。一个全面的教育应该促进大脑各个区域的发展，原因显而易见。其中最重要的一点是，它将使那些有某种倾向的人找到自己独特的声音，发展自己的特殊能力。但在这里可以说，我们把计算机作为设计工具的重点放错了地方。用计算机辅助设计程序编写立面图与用铅笔绘制草图不同。在电脑屏幕上进行空间游戏的练习与撕开硬纸板并粘在一起学习模型是两码事。一方面，后一种活动更慢，更具思考性；另一方面，它们几乎肯定会涉及大脑的其他区域。用蜡笔画画是一种触觉，这主要是右脑的体验；点击鼠标则是一种截然不同的体验。如果建筑师在纸上素描时轻轻地摇摆或哼唱，那么除了快速的急促动作之外，很少有人会操作鼠标。这是否说明了"人类节律"的价值以及大脑的哪些部分参与其中？

拉马钱德兰讲述了一个有着不可思议的绘画技巧的七岁自闭症儿童的故事。他把她的才能归因于这样一个事实：当她大脑的其他区域被关闭时，大脑可以将"她所有的注意力都集中在一个仍在运作的模块上，那就是她的右顶叶"。[29] 随着年龄的增长和左侧语言能力的发展，这一观点的真实性得到了儿童艺术天赋迅速下降这一事实的支持。拉马钱德兰还引用了早期痴呆患者的神经学案例，随着他们的额叶和颞叶的退化，他们开始在右侧顶叶仍然完好无损的情况下创作出美丽的绘画作品。奥利弗·萨克斯（Oliver Sacks）注意到威廉

结 语

姆斯综合征（Williams Syndrome）儿童的音乐能力异常。威廉姆斯综合征是一种独特的智力迟钝形式，结合了智力优势和严重缺陷。在这里，发育不足的枕叶和顶叶的神经元的缺乏被超大的颞叶的丰富神经网络所抵消，特别是听觉皮层的颞平面，这对语言和音乐都是至关重要的。[30] 因此，看起来——这是一个非常重要的一点——大脑的各个部分沉迷于零和游戏。俗话说"要么使用它，要么失去它"，或者，就建筑师而言，要么开发大脑的创造性思维的全部能力，否则永远注定要在有限的神经回路和较少的联想模式下工作。这已不再是教育理论或心理臆测，而是一个生物学事实。

如果我们想继续坚持说建筑是一个创造性的过程，我们就必须承担起培养创造性建筑师的责任。正如本书试图展示的那样，关于大脑的大量信息如今已经曝光了，我们应该利用它，即使包括本章在内的大部分信息都是临时性的。我们现在对大脑的工作方式有了更好的认识，理解了大脑利用其所有专门领域和潜在优势来培养创造力是多么重要。如果"粗语义编码"和"超连通性"现在被认为是创造性思维的两个关键，那么我们应该能够找到一种方法来提取而不是抑制这两种能力。就在几年前，建筑教育的各个方面在认识人脑的复杂性以及设计培训开发这些资源的必要性方面已经做得相当好了。当然，事情已经变了。

要再次强调的是，计算机现在已经成为建筑师教育的重要组成部分，因为它是一种无价的生产组织工具，以其自身的方式可以为设计过程带来很多好处。同时，它的使用不应排斥其他工具，如果它确实贬抑了我们对材料或设计的思考方式的话，也就是说，如果它以其独特的方式对我们创造性思维的联想力起到"摩擦系数"的作用的话。有些人会对这一点提出异议，但我相信现在支持这一论点的神经学证据正在积累。如果我们要在教育意义上犯错误，现在我宁愿站在皮埃尔·德·梅隆（Pierre de Meuron）的一边，他最近评论道：

> 电脑是一个重要的工具——没有人能离开它——但对我来说，它只是一个工具，它不能取代思考。它会让你失去联系而且孤独，这就是为什么我们总是说，"把它从电脑里拿出来，打印出来，用纸、用物理量和模型来理解和预测这件事最终会是什么：一些物理的、真实的、给人看的东西"。[31]

尾 注

导 言

1. Semir Zeki, *Inner Vision: An Exploration of Art and the Brain* (Oxford: Oxford University Press, 1999).

2. John Onians, *Neuroarthistory: From Aristotle and Pliny to Baxandall and Zeki* (New Haven: Yale University Press, 2007). 奥尼恩斯承诺近期会有更大的两卷问世。

3. 这项合作的成果之一是一部互动电影《神经拓扑图》(*Neurotopographics*), 2008年1月在伦敦 "Gimpel Fils" 画廊展出。在这方面还将有更多的工作要做。

4. "神经美学协会" (the Association of Neuroesthetics) 的新闻稿, www.association-of-neurophestics.org。

5. 摘自建筑学神经科学学院 (Academy of Neuroscience for Architecture) 的使命宣言, 见其网站 http://www.anfarch.org。

第 1 章

1. Leon Battista Alberti, *On the Art of Building in Ten Books*, trans. Joseph Ryk-

wert, Neil Leach, and Robert Tavernor (Cambridge, MA: MIT Press, 1988), p. 5. 关于维特鲁维乌斯的拉丁文含义的广泛讨论，见：Indra Kagis McEwen, *Vitruvius: Writing the Body of Architecture* (Cambridge, MA: MIT Press, 2003)。

2. 关于阿尔贝蒂的生活和工作，见：Franco Borsi, *Leon Battista Alberti: The Complete Works*, trans. Rudolf G. Carpanini (New York: Electa, 1986); Joan Gadol, *Leon Battista Alberti: Universal Man of the Early Renaissance* (Chicago: University of Chicago Press, 1969)。另见：Liane Lefaivre, *Leon Battista Alberti's Hypnerotomachia Poliphili: Re-cognizing the Architectural Body in the Early Italian Renaissance* (Cambridge, MA: MIT Press, 1997)。

3. Leon Battista Alberti, *On Painting and On Sculpture*, ed. and trans. Cecil Grayson (London: Phaidon, 1972), p. 95.

4. Ibid., p. 33.

5. Ibid.

6. Ibid., p. 39.

7. Ibid., p. 55.

8. Ibid., p. 103.

9. Ibid., p. 79.

10. Ibid., p. 95.

11. Vitruvius, *Ten Books on Architecture*, trans. Ingrid D. Rowland, Commentary and Illustrations by Thomas Noble Howe (Cambridge: Cambridge University Press, 1999), Bk 3: 1.2.

12. Alberti, *On the Art of Building*, Bk. 9: 5, p. 301.

13. Ibid., Bk. 3: 12, p. 81.

14. Ibid., Bk. 6: 12, p. 180; Bk. 3: 7, p. 71; Bk. 3: 12, p. 81.

15. Ibid., Bk. 3: 12; pp. 79, 219.

16. Ibid., Bk. 5: 17, p. 146; Bk. 9: 3, p. 296.

17. Ibid., Prol., p. 5.

18. Ibid., Bk. 1: 1, p. 7.

19. Ibid., Bk. 1: 9, p. 23.

20. Ibid., Bk. 6: 5, p. 163.

21. Vitruvius, *Ten Books on Architecture*, Bk. 3: 1. 1

22. Alberti, *On the Art of Building*, Bk. 6: 2, p. 156.

23. De naturadeorum, trans. by H. Rackham (Cambridge, MA: Harvard University Press, 1979). 1: 28. 79.

24. Alberti, *On the Art of Building*, Bk. 6: 2, p. 156.

25. Ibid., Bk. 6: 4, p. 158.

26. Ibid., Bk. 6: 6, p. 164.

27. Ibid., Bk. 6: 13, p. 183.

28. Ibid., Bk. 8: 9, p. 287.

29. Ibid., Bk. 7: 1, p. 191.

30. Ibid., Bk. 7: 16, p. 240.

31. 这是托马斯·诺布尔·豪（Thomas Noble Howe）的评论摘要。参见 Vitruvius's *Ten Books on Architecture*, p. 211。

32. Alberti, *On the Art of Building*, Bk. 9: 5, p. 302.

33. Ibid.

34. Cicero, *Orator*, trans. H. M. Hubbell (Cambridge, MA: Harvard University Press, 1971), 24: 81.

35. Alberti, *On the Art of Building*, Bk. 9: 5, p. 303.

36. Vitruvius, *Ten Books on Architecture*, Bk. 1: 2. 4, p. 25.

37. Cicero, *De natura*, 2: 27. 69.

38. Alberti, *On the Art of Building*, Bk. 9: 8, p. 312.

39. Vitruvius, *Ten Books on Architecture*, Bk. 3: 3. 13, p. 50.

40. Ibid., Bk. 3: 3. 13, 3. 5. 4, 4: 4. 2 – 3, among other places.

41. *Filarete's Treatise on Architecture: Being the Treatise by Antonio di Piero Averlino, Known as Filarete*, trans. John R. Spencer, 2 vols (New Haven: Yale University Press, 1965), Bk. 1, Folio 6r, p. 12.

42. Ibid., Bk. 7, Folio 49r, p. 85.

43. Ibid., Bk. 2, Folio 7v – 8r, pp. 15 – 16.

44. Ibid., Bk. 2, Folio, 8r, p. 16.

45. Ibid., Bk. 8, Folio 56v, p. 97; Bk. 8, 55r, p. 94.

46. Ibid., Bk. 1, 2v, p. 6.

47. 有关这三份手稿的讨论，请参见：Richard J. Betts, "On the Chronology of Francesco di Giorgio's Treatises: New Evidence from an Unpublished Manuscript," *The Journal of the Society of Architectural Historians* (March 1977), vol. 36 no. 1, pp. 3 – 14。另见：Joseph Rykwert's discussion of Francesco di Giorgio in *The Dancing Column: On Order in Architecture* (Cambridge, MA: MIT Press, 1996)。

48. Ibid., p. 8. 引自 Spencer Codex 和 Betts 译本。

49. 有关他多面思想的传记，请参见马丁·坎普（Martin Kemp）的著作，特别是 *Leonardo da Vinci: The Marvellous Works of Nature and Man* (Oxford: Oxford University Press, 2006) 和 *Leonardo da Vinci: Experience, Experiment and Design* (Princeton: Princeton University Press, 2006)。

50. 参见：Erwin Panofsky, *The Codex Huygens and Leonardo da Vinci's Art Theory: The Pierpont Morgan Library Codex M. A. 1139* (Westwood, CT: Greenwood Press, 1940)。另见：Carlo Pedretti's discussion of the codex in *The Literary Works of Leonardo da Vinci*, vol. 1, Carlo Pedretti 的评论, (Berkeley: University of California Press, 1977), pp. 48 – 75。

51. 参见：Panofsky 文本中的板 5 或 Pedretti 文本中的板 8。

52. Kemp, *Experience*, p. 87.

53. Ibid., p. 104.

54. 参见 Pedretti *The Literary Works*, p. 54。

55. Kemp, *Experience*, p. 124.

56. LucaPacioli, *De Divina Proportione*. 翻译引自：Rudolf Wittkower, *Architectural Principles in the Age of Humanism* (London: Academy Editions, 1973), p. 15。

57. Kemp, *The Marvellous Works*, p. 185.

58. Ibid., pp. 207, 240.

59. 米开朗基罗（Michelangelo）写给无名枢机主教的信，1550 年 12 月，第 358 号，参见：*The Letters of Michelangelo*, trans. E. H. Ramsden, 1537 – 1563 (Stanford: Stanford University Press, 1963), p. 129。这封信的收件人是枢机主教里多尔福·皮奥·达卡皮（Cardinal Ridolfo Pio da Carpi）或枢机主教马塞洛·

塞尔维尼（Cardinal Marcello Cervini）。甚至信的日期也不确定，应该是在 1550 年或 1560 年。

60. Palladio, *The Four Books of Architecture*, trans. Isaac Ware (New York：Dover, 1965；orig. 1738), p. 1.

第 2 章

1. Claude Perrault, *Les Dix livres d'architecture de Vitruve*, 1684 edn. (Paris：Pierre Mardaga, 1984), p. 79n. 16.

2. 关于克劳德·佩罗特的生活和思想，参见：Wolfgang Herrmann's classic study, *The Theory of Claude Perrault* (London：A. Zwemmer, 1973)。

3. René Descartes, *Rules for the Direction of the Mind* (1628), in *The Philosophical Writings of Descartes*, trans. John Cottingham, Robert Stoothoff, and Dugald Murdoch (Cambridge：Cambridge University Press, 1985), 1：13.

4. 关于卢浮宫的建造历史，参见：Robert W. Berger, *The Palace of the Sun：The Louvre of Louis XIV* (University Park：Pennsylvania State University, 1993)。

5. Claude Perrault, *Les Dix livres*, p. 79n. 16.

6. 关于此次争论，参见：Hippolyte Rigault, *Histoire de la Querelle des Anciens et des Modernes* (Paris：Hachette, 1856)。

7. 布朗德尔英语理论的最佳探讨请参见赫尔曼（Herrmann）的《克劳德·佩罗特理论》(*Theory of Claude Perrault*)。

8. Claude Perrault, *Voyage à Bordeaux* (Paris：Renouard, 1909).

9. Vitruvius *On Architecture*, trans. Frank Granger (Cambridge, MA：Harvard University Press, 1970), Bk 3：3. 8, pp. 174 – 175.

10. Claude Perrault, *Ordonnance for the Five Kinds of Columns after the Method of the Ancients*, trans. Indra Kagis McEwen (Santa Monica：Getty Publication Programs, 1993).

11. Vitruvius *On Architecture*, Bk. 4：1. 8, p. 207.

12. Perrault, *Ordonnance*, p. 49.

13. Ibid., p. 51.

14. 关于劳吉尔，参见：Wolfgang Herrmann, *Laugier and Eighteenth Century French Theory* (London: Zwemmer, 1962)。

15. Marc-AntoineLaugier, *Essay on Architecture*, trans. Wolfgang Herrmann (London: Hennessey & Ingalls, 1977), p. 2.

16. Ibid., p. 4.

17. Jean-Jacques Rousseau, "Has the Restoration of the Sciences and Arts Tended to Purify Morals?" (1750), in *The First and Second Discourse*, trans. Roger D. Masters and Judith R. Masters (New York: St. Martin's Press, 1964).

18. Laugier, *Essay on Architecture*, p. 16.

19. Julien-David Le Roy, *The Ruins of the Most Beautiful Monuments of Greece* (1770 edition), trans. David Britt (Los Angeles: Getty Publication Programs, 2004). 罗宾·米德尔顿（Robin Middleton）的介绍为希腊罗马辩论和勒罗伊思想提供了一个很好的开端。

20. Julien-David Le Roy, *Les Ruines des plus beaux monuments de la Grece* (Paris: Guerin & Delatour, 1758), Part 2, p. ii (omitted in 1770 edn.). J. J. Winckelmann, *Reflections on the Imitation of Greek Works in Painting and Sculpture*, trans. Elfriede Heyer and Roger C. Norton (La Salle, IL: Open Court, 1987).

21. Julien-David Le Roy, *Les Ruines*, Part 2, p. vi.

22. Julien-David Le Roy, *Histoire de la disposition et des formes differentes que les chrétiens ont données à leur temples, depuis le Règne de Constantin la Grand jusqu'à nous* (Paris: Desaind & Saillant, 1764), p. 50. 大卫·布里特（David Britt）译，这段话在勒罗伊的《废墟》(*The Ruins*) 第369页重复。

23. Ibid., p. 55; trans. Britt, p. 370.

24. Ibid., p. 59; trans. Britt, p. 372.

25. Ibid., p. 63; trans. Britt, p. 373.

26. Le Roy, (1770edn.), *The Ruins*, pp. 367–386.

第 3 章

1. Edmund Burke, *A Philosophical Inquiry into the Origin of Our Ideas of the Sublime and Beautiful*, in *The Works of Edmund Burke* (London: G. Bell & Sons, 1913), 1: 158.

2. John Locke, *An Essay Concerning Human Understanding*, ed. Alexander Campbell Fraser (New York: Dover, 1959), 1: 121 – 124.

3. "On the Association of Ideas," Ibid., pp. 527 – 535.

4. Allan Ramsay, "A Dialogue on Taste" (1755), in *The Investigator* (London: 1762), p. 33.

5. David Hume, "On the Standard of Taste," in *Four Dissertations* (Bristol: Thoemmes Press, 1995), pp. 208 – 209.

6. Ibid., pp. 214 – 215.

7. Edmund Burke, *A Philosophical Inquiry*, pp. 85, 53.

8. Joseph Addison, the *Spectator* (London: George Routledge & Sons, n. d.), p. 412.

9. Burke, *A Philosophical Inquiry*, p. 74.

10. Ibid., p. 100.

11. Ibid., pp. 103 – 105.

12. Ibid., p. 108.

13. Ibid.

14. Ibid., p. 121.

15. Ibid., p. 153.

16. Ibid.

17. 有关这一运动的简史,请参阅: *Modern Architectural Theory: A Historical Survey*, 1673 – 1968 (New York: Cambridge University Press, 2005), pp. 51 – 63。

18. William Gilpin, *An Essay on Prints: Containing Remarks on the Principles of Picturesque Beauty* (London, 1768), pp. 1 – 2.

19. Joshua Reynolds, *Discourses on Art*, ed. Robert R. Wark (New Haven: Yale University Press, 1959), 13th discourse, p. 240.

20. Uvedale Price, *Essays on the Picturesque as Compared with the Sublime and the Beautiful; and, on the Use of Studying Pictures for the Purpose of Improving Real Landscape* (London: Mawman, 1810; orig. 1794), 1: 22.

21. Ibid., 1. 87 – 88.

22. Richard Payne Knight, *An Analytical Inquiry into the Principles of Taste*, 2nd edn. (London: Mews-Gate and J. White, 1805), p. 196.

23. Ibid., p. 54.

24. Ibid., p. 99.

25. Ibid., p. 146.

26. Ibid., p. 196.

27. Ibid., p. 83.

28. Ibid., pp. 426 – 427.

29. Ibid., p. 469.

30. Robert Fleming, *Robert Adam and His Circle in Edinburgh and Rome* (London: John Murray, 1962), p. 303.

31. Preface, *The Works in Architecture of Robert and James Adam, Esquires* (1773 – 78), ed. Robert Oresko (London: Academy Editions, 1975), pp. 45 – 6n.

32. Uvedale Price, "An Essay on Architecture and Buildings as connected with Scenery" (1798), in *Essays on the Picturesque*, 2: 212.

33. Ibid., p. 260.

34. Knight, *An Analytical Inquiry*, p. 160, 223.

35. Ibid., p. 215.

36. Ibid., pp. 220 – 221.

37. Ibid., p. 225.

38. Ibid., p. 172.

第 4 章

1. 康德思想的经典研究是 Ernst Cassirer, *Kant's Life and Thought*, trans. James Haden (New Haven: Yale University Press, 1981; orig. 1918)。

2. *Critique of Pure Reason*, trans. Norman Kemp Smith (New York: St. Martin's Press, 1965), p. 22.

3. Immanuel Kant, *Critique of Judgement*, trans. J. H. Bernard (New York: Hafner Press, 1951), p. 34.

4. 对这个术语的讨论, John H. Zammito, *The Genesis of Kant's Critique of Judgment* (Chicago: University of Chicago Press, 1992), pp. 89 – 105, 266 – 267。

5. Stephan Körner, *Kant* (New Haven: Yale University Press, 1955), p. 181.

6. Cassirer, *Kant's Life and Thought*, p. 287.

7. Kant, *Critique of Judgement*, p. 61.

8. Cassirer, *Kant's Life and Thought*, p. 312.

9. Kant, *Critique of Judgement*, p. 73.

10. Ibid., p. 37.

11. Ibid., p. 175.

12. Ibid., p. 180.

13. August Schlegel, *August Schlegels Vorlesungen über schöne Litteratur und Kunst*, Part One, 1801 – 1802 (Heilbronn, 1884; reprint Nendeln: Krause, 1968), p. 160.

14. Ibid., p. 165.

15. Ibid., p. 168.

16. Cicero, *De oratore*, 3.180.

17. August Schlegel, *August Schlegels Vorlesungen über schöne Litteratur und Kunst*, p. 179.

18. Friedrich Wilhelm Joseph Schelling, *The Philosophy of Art*, ed. and trans. Douglas W. Stott (Minneapolis: University Press, 1989), p. 166.

19. Ibid., p. 168.

20. Ibid., p. 173.

21. Ibid., p. 165.

22. Arthur Schopenhauer, *On the Fourfold Root of the Principle of Sufficient Reason: A Philosophical Essay*, trans. E. F. J. Payne (La Salle, IL: Open Court, 1974), p. 77.

23. Ibid., p. 78

24. Ibid., p. 79.

25. Arthur Schopenhauer, *The World as Will and Representation*, trans. E. F. J. Payne (New York: Dover Publications, 1969), §43, p. 214.

26. Ibid., pp. 214-215. "因此，建筑的美当然在于每一个部分的明显适当性，不是出于人的外在目的（在某种程度上，世界属于实用建筑），而是直接关系到整体的稳定性。每一部分的位置、大小和形状，都必须与这种稳定性有必要的关系，如果去掉某一部分，那么整个系统就必然崩溃。"

27. Ibid., p. 214.

28. Ibid.

29. Ibid., p. 215.

第5章

1. 关于辛克尔生活和事业的概述，Bary Bergdoll, *Karl Friedrich Schinkel: An Architecture for Prussia* (New York: Rizzoli, 1994)。

2. Goerd Peschken (ed.), *Das architektonische Lehrbuch* (Berlin: Deutscher Kunstverlag, 1979), p. 22. 佩施肯（Peschken）把这些评论看作是辛克尔撰写一本关于建筑学的著作的首次尝试，并把它的日期定在1804年或以后几年。

3. Ibid.

4. Ibid., p. 28. 辛克尔的评论是针对阿诺伊斯·夏特（Aloys Hirt）的 *Die Baukunst nach den Grundsätzen der Alten* (1809) 所做的。

5. Ibid., p. 148.

6. Ibid. , p. 58.

7. Ibid. , p. 49.

8. Ibid. , p. 45.

9. Ibid. , p. 59.

10. Ibid. , p. 150.

11. 关于博蒂彻的生活和思想的英文介绍，见：Mitchell Schwarzer, "Ontology and Representation in Karl Bötticher's Theory of Tectonics," *Journal of the Society of Architectural Historians* (September 1993), vol. 52, no. 3, pp. 267 – 280。另见：Kenneth Frampton's treatment of Bötticher in *Studies in Tectonic Culture*：*The Poetics of Construction in Nineteenth and Twentieth Century Architecture* (Cambridge, MA：MIT Press, 1995), pp. 81 – 84。

12. KarlBötticher, "Entwickelung der Formen der hellenischen Tektonik," *Allgemeine Bauzeitung* (1840), vol. 5, p. 316.

13. Ibid. , p. 317.

14. Ibid. , p. 328.

15. Karl Bötticher, *Die Tektonik der Hellenen* (Potsdam：Ferdinand Riegel, 1852), vol. 1, p. xiv.

16. Ibid. , pp. xiv – xv.

17. Ibid. , p. 28.

18. 关于森佩尔的生活和实践，见我的：*Gottfried Semper*：*Architect of the Nineteenth Century* (New Haven：Yale University Press, 1996)。

19. Gottfried Semper, 《致爱德华·维尤（Eduard Vieweg）的信》, 1843 年 9 月 23 日, Semper Archiv, ETH-Hönggerberg。

20. 是沃尔夫冈·赫尔曼发现了森佩尔借书日期，参见他的："Semper and the Archaeologist Bötticher," *Gottfried Semper*：*In Search of Architecture* (Cambridge, MA：MIT Press, 1984), pp. 249 – 252。

21. 引自：Herrmann, "Semper and the Archaeologist Bötticher," p. 141. 在已出版的文本中，森佩尔的评论显然被编辑删除了。

22. Harry Francis Mallgrave, "Gottfried Semper, London Lecture of Autumn 1854：'On Architectural Symbols'," *Res 9*：*Anthropology and Aesthetics* (Spring

1985), p. 61.

23. Ibid., p. 63.

24. Gottfried Semper, *Style in the Technical and Tectonic Arts; or, Practical Aesthetics*, trans. Harry Francis Mallgrave and Michael Robinson (Los Angeles: Getty Publications, 2004), p. 342.

25. Ibid.

26. Ibid., p. 343.

27. Ibid., p. 728.

28. Ibid., p. 646.

29. Ibid., p. 783.

30. Ibid., p. 646.

31. Ibid., p. 732.

32. Gottfried Semper, the manuscript "The Attributes of Formal Beauty" (c. 1856/1859), in Herrmann, *Gottfried Semper*, p. 219.

33. Semper, *Style*, p. 249.

34. Ibid., pp. 438 – 9n. 85.

35. 请参见我在第三卷的讨论: Mallgrave, *Gottfried Semper*, pp. 302 – 308。

36. Gottfried Semper, "On Architectural Styles" (1869), in *The Four Elements of Architecture and Other Writings*, trans. Harry Francis Mallgrave and Wolfgang Herrmann (New York: Cambridge University Press, 1989), p. 284.

37. 关于森佩尔对芝加哥影响的讨论, 见: Roula Geraniotis's informative essay, "German Architectural Theory and Practice in Chicago, 1850 – 1900," *Winterthur Portfolio* (1986) *vol.* 21, no. 4 pp. 293 – 306。另见我的: *Modern Architectural Theory: A Historical Survey*, 1673 – 1968 (New York: Cambridge University Press, 2005), pp. 164 – 166, 195 – 220。

第 6 章

1. Heinrich Wölfflin, "Prolegomena to a Psychology of Architecture," in Robert

Vischer, Conrad Fiedler, Heinrich Wölfflin, Adolf Göller, Adolf Hildebrand, and August Schmarsow, *Empathy, Form, and Space: Problems in German Aesthetics* 1873 – 1893, trans. Harry Francis Mallgrave and Eleftherios Ikonomou (Santa Monica: Getty Publication Programs, 1994), p. 149.

2. Friedrich Theodor Vischer, *Aesthetik; oder, Wissenschaft des Schönen*, ed. Robert Vischer, 2nd edn. (Munich: Meyer & Jessen, 1922—1923), vol. 3, sec. 559.

3. Friedrich Theodor Vischer, "Kritikmeiner Äesthetik," in *Kritische Gänge* (Stuttgart: Cotta, 1866), 5: 143. 维舍尔后来也受到了赫尔曼·罗兹的《微观世界》(*Microcosmos*, 1856—1854) 的影响。

4. 同上，引自第二版的 (Munich: Meyer & Jessen, 1922—1923), 4: 316 – 322。

5. Karl Albert Scherner, *Das Leben des Traums* (Berlin: Heinrich Schindler, 1861), p. 207.

6. Robert Vischer, "On the Optical Sense of Form: A Contribution to Aesthetics," in Vischer, et al. *Empathy, Form, and Space*, p. 92. 该文本最初出版时的名称是: *Über das optische Formgefuhl: Ein Beitrag zur Aesthetik* (Leipzig: Hermann Credner, 1873)。

7. Ibid., p. 95

8. Ibid., p. 105.

9. Ibid., p. 104.

10. Ibid., p. 117.

11. Robert Vischer, "Derästhetische Akt und die reine Form," in *Drei Schriften zum ästhetischen Formproblem* (Halle: Max Niemeyer, 1927), p. 52.

12. Robert Vischer, "On the Optical Sense of Form: A Contribution to Aesthetics," in Vischer, et al., *Empathy, Form, and Space*, p. 99.

13. 关于它对恩德尔和范德维尔德的影响，请参见我的: *Modern Architectural Theory: A Historical Survey*, 1673 – 1968 (New York: Cambridge University Press, 2005), pp. 211 – 213。

14. HeinrichWolfflin, "Prolegomena to a Psychology of Architecture," in Vis-

cher et al., *Empathy, Form, and Space*, p. 149. 这篇文章最初发表在: *Prolegomena zu einer Psychologie der Architektur* (Munich: Kgl. Hof-& Univeresitäts-Buchdruckerei, 1886)。

15. Ibid., p. 151.

16. Ibid., p. 159.

17. Ibid., p. 152.

18. Ibid., p. 179.

19. Ibid., p. 182.

20. 见 Heinrich Wölfflin, *Renaissance and Baroque*, trans. Kathrin Simon (Ithaca: Cornell University Press, 1966)。重点参见: "The Causes of the Change in Style" (pp. 71–88) 一节。

21. Adolf Göller, "What is the Cause of Perpetual Style Change?" in Vischer et al., *Empathy, Form, and Space*, p. 198. "Was ist die Ursache der immerwährenden Stilveränderung in der Architektur?" 这篇文章出现在戈勒 (Göller) 的著作: *Zur Aesthetik der Architektur: Vorträge und Studien* (Stuttgart: Konrad Wittwer, 1887), pp. 1–48。

22. Ibid., p. 195.

23. Ibid., p. 202.

24. Adolf Göller, "Wieentsteht die Schönheit der Maassverhältnisse und das Stilgefühl?" in *Zur Aesthetik der Architektur*, p. 54.

25. Adolf Göller, *Die Entstehung der architektonischen Stilformen: Eine Geschichte der Baukunst nach dem Werden und Wandern der Formgedanken* (Stuttgart: Konrad Wittwer, 1888), p. 448.

26. Cornelius Gurlitt, "Göller'sästhetische Lehre," *Deutsche Bauzeitung* (December 17, 1887), vol. 21, pp. 602–604, 606–607.

第 7 章

1. KurtKoffka, "On the Structure of the Unconscious," in *The Unconscious: A*

Symposium (New York: Alfred A. Knopf, 1928), p. 65.

2. Adolf Zeising, *Neue Lehre von den Proportionen des menschlichen Körpers* (1854), *Aesthetische Forschungen* (1855); Eduard Hanslick, *The Beautiful in Music: A Contribution to the Revisal of Musical Aesthetics* (1854, trans. into Eng. 1891); Conrad Fiedler, *Über die Beurtheilung von Werken der bildenden Kunst* (1876), "Bemerkungen über Wesen und Geschichte der Baukunst" (1878); Robert Zimmermann, *Aesthetik* (1958 – 1965); Gustav Fechner, *Elemente der Psychophysik* (1860); Hermann Lotze, *Microkosmos* (1857 – 1864), *Geschichte der Aesthetik in Deutschland* (1868).

3. 赫尔姆霍兹的书由亚历山大·埃利斯 (Alexander J. Ellis) 翻译成英语, 见: *On the Sensations of Tone as a Physiological Basis for the Theory of Music* (New York: Dover, 1954)。

4. 见: Wilhelm Wundt, *Principles of Physiological Psychology*, trans. Edward Bradford Titchener (1904), "Classics in the History of Psychology," 是一个由克里斯托弗·格林 (Christopher D. Green) 开发的互联网资源, 约克大学, 多伦多, 安大略省, 简介, 第2页。

5. 参见埃莱夫塞里奥斯·伊科诺莫 (Eleftherios Ikonomou) 关于斯顿普夫的讨论, 以及奥古斯特·施马索 (August Schmarsow) 的后期理论: *Empathy, Form, and Space: Problems in German Aesthetics 1873 – 1893*, trans. Harry Francis Mallgrave and Eleftherios Ikonomou (Santa Monica: Getty Publication Programs, 1994), p. 60。

6. "格式塔"一词最早由克里斯蒂安·冯·埃伦费尔斯 (Christian von Ehrenfels) 在1890年写的一篇论文中推广。关于格式塔理论知识背景的综合论述, 见: Mitchell G. Ash, *Gestalt Psychology in German Culture, 1890 – 1967: Holism and the Quest for Objectivity* (New York: Cambridge University Press, 1995)。

7. Max Wertheimer, "Experimentelle Studien über das Sehen von Bewegung," *Zeitschrift für Psychologie* (1912), 61, pp. 161 – 265.

8. KurtKoffka, *Principles of Gestalt Psychology* (New York: Harcourt, Brace and Company: 1935), p. 53.

9. Ibid., p. 110.

尾 注

10. Wolfgang Köhler, *Gestalt Psychology: An Introduction to New Concepts in Modern Psychology* (New York: Liveright Publishing Corporation, 1947; orig. 1929), p. 139.

11. Erich M. von Hornbostel, "The Unity of the Senses," trans. Elizabeth Koffka and Warren Vinton, in *Psyche* (1927), vol. 7, no. 28, p. 87.

12. Kurt Goldstein, *The Organism: A Holistic Approach to Biology Derived from Pathological Data in Man* (New York: Zone Books: 2000; orig. 1934), p. 214.

13. Koffka, *Principles of Gestalt Psychology*, p. 67.

14. Köhler, *Gestalt Psychology*, p. 103.

15. Wolfgang Köhler, *Dynamics in Psychology* (New York: Washington Square Press, 1965), pp. 61 – 62.

16. Koffka, "On the Structure of the Unconscious," p. 58.

17. Ibid., p. 65.

18. Koffka, *Principles of Gestalt Psychology*, p. 51.

19. 例如, 见: George Lakoff and Mark Johnson, *Philosophy in the Flesh: The Embodied Mind and its Challenge to Western Thought* (New York: Basic Books, 1999), p. 13。

20. Wolfgang Köhler, *Die physischen Gestalten in Ruhe und im stationären Zustand* (Braunschweig, 1920), p. 193. Cited from Koffka, *Principles of Gestalt Psychology*, p. 62.

21. Köhler, *Gestalt Psychology*, 61.

22. Wolfgang Köhler, "The New Psychology and Physics" (1930), in Wolfgang Köhler, *The Selected Papers of Wolfgang Köhler* ed. Mary Henle (New York: Liveright, 1971), p. 240.

23. Wolfgang Köhler, "An OldPseudoproblem" (1929), in Köhler, *The Selected Papers*, p. 138.

24. Köhler, *Dynamics in Psychology*, p. 115.

25. Goldstein, *The Organism*, p. 307. 关于对同构的评论, 见 p. 301。

26. R. B. Tootel, M. S. Silverman, E. Switkes, and R. L. De Valois, "Deoxyglucose Analysis of Retinoptic Organization in Primate Cortex," *Science* (1982),

vol. 218, pp. 902 – 904.

27. RudolfArnheim, *Art and Visual Perception*: *A Psychology of the Creative Eye* (Berkeley: University of California Press, 1974, orig. 1954), p. 445.

28. Ibid., p. 450.

29. Ibid.

30. Ibid., p. 454.

31. RudolfArnheim, *Visual Thinking* (Berkeley: University of California Press, 1969), p. 13.

32. Ibid., 19.

33. Ibid., p. 27, 37.

34. Ibid., p. 233.

35. Merlin Donald, *Origins of the Modern Mind*: *Three Stages in the Evolution of Culture* and Cognition (Cambridge, MA: Harvard University Press, 1991), p. 167.

36. 特别是, 阿恩海姆借鉴了西奥多·利普斯的 *Raumaesthetik und geometrisch-optische Täuschungen* (Leipzig: J. A. Barth, 1893 – 1897)。

37. RudolfArnheim, *The Dynamics of Architectural Form* (Berkeley: University of California Press, 1977), p. 2.

38. Ibid., p. 163.

39. Ibid., p. 179.

40. Ibid., pp. 183 – 188.

41. Ibid., p. 116.

42. Ibid., p. 120.

43. Ibid.

44. Ibid., p. 208.

45. Ibid.

46. Ibid., p. 209.

47. Ibid., p. 212.

48. Ibid., pp. 212 – 213.

第 8 章

1. Richard Neutra, *Survival through Design* (London: Oxford University Press, 1954), p. 4

2. 关于哈耶克的生活和思想,见: Alan Ebenstein, *Friedrich Hayek: A Biography* (New York: Palgrave, 2001)。

3. Friedrich Hayek, *The Sensory Order: An Inquiry into the Foundations of Theoretical Psychology* (Chicago: University of Chicago Press, 1976; orig. 1952), 8.46.

4. Ibid., 2.48.

5. Ibid., 1.21.

6. Friedrich Hayek, in Walter Weimer and David Palermo (eds), *Cognition and Symbolic Processes*, vol. 2 (Hillsdale, NJ: Lawrence Erlbaum associates, 1982), pp. 287 – 8; 引自: Ebenstein, *Friedrich Hayek*, p. 150。

7. Hayek, *The Sensory Order*, 5.8.

8. Ibid., 5.17.

9. Ibid., 5.42.

10. Ibid., 5.41.

11. Ibid., 6.37.

12. Ibid., 6.47

13. Ibid., 2.3.

14. Ibid., 2.9, 2.11.

15. Ibid., 3.74.

16. Ibid., 7.15.

17. D. O. Hebb, *The Organization of Behavior: A Neuropsychological Theory* (New York: John Wiley & Sons, 1949).

18. Hayek, *The Sensory Order*, Preface, p. v. iii.

19. Hebb, *The Organization of Behavior*, p. 19.

20. Ibid., p. 58.

21. Ibid., p. 60.

22. Ibid., p. 62.

23. Ibid., p. 144.

24. Ibid., p. 166.

25. Neutra, *Survival through Design*, p. 3.

26. Ibid., p. 117.

27. Ibid., p. 245.

28. 关于诺伊特拉的生活和工作,见 Thomas S. Hines, *Richard Neutra and the Search for Modern Architecture*（New York：Oxford University Press, 1982）。

29. Neutra, *Survival through Design*, p. 118.

30. Ibid., p. 123.

31. Ibid., p. 137.

32. Ibid., p. 132.

33. Ibid., p. 142.

34. Ibid., p. 83.

35. Ibid., p. 229.

36. Ibid., pp. 59 – 60.

37. Ibid., pp. 129 – 130.

38. Ibid. p. 352.

39. 它的出现时间与阿莫斯 H. 霍利（Amos H. Hawley）的《人类生态学：群落结构理论》（*Human Ecology：A Theory of Community Structure*, 1950）大致吻合,这也许更像是一种巧合。这两本书都证明了有价值的研究是如何从一代人到下一代人中失传的。

第 9 章

1. Maurice Merleau-Ponty, *The Visible and the Invisible*, ed. Claude Lefort, trans. Alphonso Lingis（Evanston：Northwestern University Press, 1968）, p. 248.

2. Maurice Merleau-Ponty, *The Structure of Behavior*, trans. Alden L. Fisher (Boston: Beacon Press, 1963; orig. 1942), p. 136.

3. Ibid., p. 156.

4. Maurice Merleau-Ponty, *Phenomenology of Perception*, trans. Colin Smith (London: Routledge & Kegan Paul, 1962; orig. 1945), p. 441.

5. Ibid., p. 326.

6. Ibid., p. 9.

7. Ibid., pp. 48 – 49.

8. Ibid., p. 61.

9. Ibid., p. 139.

10. Ibid., p. 106.

11. Ibid., p. 98.

12. Ibid., p. 136.

13. Ibid., p. 217.

14. Ibid., p. 258.

15. Ibid., p. 235.

16. Ibid., p. 456. 引自：*Pilote de guerre*, pp. 171 – 176。

17. 例如，这是阿尔方斯·德韦尔亨斯（Alphonse De Waelhens）的《结构与构成》（*Le Structure du comportement*）法语第二版的"前言"标题。

18. Merleau-Ponty, *The Visible and the Invisible*, p. 133.

19. Ibid., p. 138.

20. Ibid., p. 123.

21. Ibid., p. 248.

22. Ibid., pp. 248 – 249.

23. Ibid., p. 152.

24. Steen Eiler Rasmussen, *Experiencing Architecture* (Cambridge, MA: MIT Press, 1964; orig. 1959), Preface.

25. Ibid., p. 36.

26. Ibid., p. 37.

27. Ibid., 48.

28. Ibid., p. 33.

29. Ibid., p. 187.

30. Ibid., p. 17.

31. Ibid., p. 59.

32. Ibid., p. 70.

33. Christian Norberg-Schulz, *Intentions in Architecture* (Cambridge, MA: MIT Press, 1965; orig. 1963), p. 7.

34. Christian Norberg-Schulz, *Genius Loci: Towards a Phenomenology of Architecture* (New York: Rizzoli, 1980), p. 5.

35. JosephRykwert, *On Adam's House in Paradise: The Idea of the Primitive Hut in Architectural History* (Cambridge, MA: MIT Press, 1972).

36. 关于他早期的作品,见:"Meaning and Building"(1960)和"A Sitting Position-A Question of Method"(1965),这两篇文章都编辑在赖克威(Rykwert)的《技巧的必要性》(*The Necessity of Artifice*, New York: Rizzoli, 1982)中。另见: Joseph Rykwert, *The Dancing Column: On Order in Architecture* (Cambridge, MA: MIT Press, 1996)。

37. Dalibor Vesely, *Architecture in the Age of Divided Representation: The Question of Creativity in the Shadow of Production* (Cambridge, MA: MIT Press, 2004).

38. Kenneth Frampton, "On Reading Heidegger," *Oppositions* 4 (October 1974).

39. Ibid., n. p.

40. Kenneth Frampton, "Towards a Critical Regionalism: Six Points for an Architecture of Resistance," in Hal Foster (ed.), *The Anti-Aesthetic: Essays on Postmodern Culture* (Seattle: Bay Press, 1983).

41. Ibid., p. 25.

42. Ibid., p. 28.

43. Ibid.

44. Kenneth Frampton, *Studies in Tectonic Culture: The Poetics of Construction in Nineteenth and Twentieth Century Architecture* (Cambridge, MA: MIT Press, 1995).

45. 关于帕拉斯玛的智力发展，见彼得·麦基思对他的访谈：*Encounters*: *Architectural Essays* (Helsinki: Rakennusieto Oy, 2005), pp. 6 – 21。

46. Pallasmaa, *Encounters*, p. 57.

47. Ibid. , p. 87.

48. Ibid. , p. 89.

49. Ibid. , p. 90.

50. Ibid. , p. 96.

51. Ibid. , p. 189.

52. Ibid. , p. 301, 305.

53. JuhaniPallasmaa, "An Architecture of the Seven Senses," $a+u$, Architecture and Urbanism, special issue, Steven Holl, Juhani Pallasmaa, and Alberto Pérez-Gómez (eds), *Questions of Perception*: *Phenomenology of Architecture* (July 1994), p. 29.

54. Ibid. , p. 34.

55. Ibid.

56. Ibid. , p. 35.

57. Ibid. , p. 36.

58. JuhaniPallasmaa, *The Eyes of the Skin*: *Architecture and the Senses* (Chichester: Wiley-Academy, 2005).

59. Ibid. , p. 10.

第 10 章

1. The title of Francis Crick's book *The Astonishing Hypothesis*: *The Scientific Search for the Soul* (New York: Touchstone, 1994).

2. GyörgyBuzsáki, *Rhythms of the Brain* (Oxford: Oxford University Press, 2006), pp. 34 – 53.

3. Bernard J. Baars, *In the Theater of Consciousness*: *The Workplace of the Mind* (Oxford: Oxford University Press, 1997), p. 6.

4. Norman Bryson, Introduction to Warren Neidich, *Blow-Up*: *Photography, Cinema and the Brain* (New York: Distributed Art Publishers, 2003), p. 14.

5. 关于绑定的概念，请特别参阅：Rodolfo R. Llinás, *The I of the Vortex* (Cambridge, MA: MIT Press, 2001)。

6. Buzsáki, *Rhythms of the Brain*, p. 11.

7. Llinás, *The I of the Vortex*, p. 94.

8. Christof Koch, *The Quest for Consciousness*: *A Neurobiological Approach* (Englewood, Co: Roberts and Company Publishers, 2004), pp. 89–90.

9. Anthony Damasio, *Looking for Spinoza*: *Joy, Sorrow, and the Feeling Brain* (Orlando: Harvest Book, 2003), pp. 62, 74, 125.

10. Rita Carter, *Mapping the Mind* (Berkeley: University of California Press, 1998), p. 54.

11. Jean-Pierre Changeux, *The Physiology of Truth*: *Neuroscience and Human Knowledge*, trans. M. B. DeBevoise (Cambridge, MA: Belknap Press, 2004), pp. 205–206.

12. T. Ebert, C. Pantev, C. Wienbruch, B. Rockstroh, and E. Taub, "Increased Cortical Representation of the Fingers of the Left Hand in String Players," *Science* (1995), vol. 270, pp. 305–307.

13. Susan Greenfield, *The Private Life of the Brain*: *Emotions, Consciousness, and the Secret of the Self* (New York: John Wiley & Sons, 2000), pp. 13–14.

14. Neidich, *Blow-Up*: *Photography, Cinema and the Brain*, pp. 26, 78.

15. Merlin Donald, *Origins of the Modern Mind*: *Three Stages in the Evolution of Culture and Cognition* (Cambridge, MA: Harvard University Press, 1991), pp. 2–3.

第 11 章

1. Semir Zeki, "Artistic Creativity and the Brain," *Science* (July 6, 2001), vol. 293 no. 5527, p. 52.

2. 关于视觉的概述，见：Semir Zeki, *A Vision of the Brain* (Oxford: Black-

well Scientific Publications, 1993)。

3. 见：David H. Hubel and Torsten N. Wiesel, *Brain and Visual Perception: The Story of a 25-Year Collaboration* (Oxford: Oxford University Press, 2005)。

4. 特别参见：Robert L Solso, *The Psychology of Art and the Evolution of the Conscious Brain* (Cambridge, MA: MIT Press, 2003), pp. 133 – 167。

5. 塞米尔·泽基于1974年在一篇题为《恒河猴视觉皮层的功能专门化》的论文中首次提出了这个术语，见："Functional Specialization in the Visual Cortex of the Rhesus Monkey," *Nature*, vol. 274, pp. 423 – 428。

6. Semir Zeki, "The Disunity of Consciousness," *Trends in Cognitive Sciences* (May 2003), vol. 7, no. 5, pp. 214 – 218.

7. Jean-Pierre Changeux, *Neuronal Man: The Biology of the Mind*, trans. Laurence Garey (New York: Pantheon books, 1985), p. 277. 另见：Rodolfo Llinás and D. Paré, "The Brain as a Closed System Modulated by the Senses," and Wolf Singer, "The Binding Problem of Neural Networks," in Rodolfo Llinás and Patricia S. Churchland, *The Mind-Brain Continuum: Sensory Processes* (Cambridge, MA: MIT Press, 1996)。

8. Semir Zeki, "Art and the Brain," *Journal of Consciousness Studies: Controversies in Science & the Humanities* (June/July 1999), vol. 6, nos. 6 – 7, p. 77.

9. Ibid., p. 79.

10. Ibid., pp. 79 – 80.

11. 泽基在《大脑的视觉》中详细解释了这一理论，见：*A Vision of the Brain*, pp. 246 – 255。

12. Semir Zeki, "The Neurology of Ambiguity," *Consciousness and Cognition* (March 2004), 13 (1). 引自：*Science Direct*, http://www.sciencedirect.com, p. 6。

13. Semir Zeki, *Inner Vision: An Exploration of Art and the Brain* (Oxford: Oxford University Press, 1999), p. 202.

14. Zeki, "Art and the Brain," pp. 89 and 113.

15. Zeki, *Inner Vision*, pp. 99 – 100.

16. Ibid., pp. 109 – 116.

17. Ibid., p. 104.

18. Ibid., pp. 39 – 42.

19. Ibid., p. 115. 泽基引用蒙德里安在给范多斯堡的一封信中的话:"按照你使用对角线的霸道方式,我们之间所有进一步的合作都变得不可能了。"

20. Ibid., pp. 105 – 108.

21. 例如,见: John Hyman, "Art and Neuroscience," Interdisciplines: Art and Cognition Workshops, at http://www.interdisciplines.org/artcognition/papers/15. 另见: Amy Ione, "An Inquiry into Paul Cézanne: The Rome of the Artist in Studies of Perception and Consciousness," *Journal of Consciousness Studies* (2000), vol. 7, nos. 8 – 9, pp. 57 – 74。

22. 对这一点最好的描述可在马克·特纳(Mark Turner)的文章《模糊的神经学》(The Neurology of Ambiguity)中找到,见: *The Artful Mind: Cognitive Science and the Riddle of Human Creativity* (Oxford: Oxford University Press, 2006), pp. 247 – 248, 261 – 262。

23. Ibid., p. 246.

24. Ibid., p. 245.

25. Zeki, *Inner Vision*, p. 25.

26. Ibid., pp. 22 – 29.

27. Richard Payne Knight, *An Analytical Inquiry into the Principles of Taste*, 2nd edn. (London: Mews-Gate and J. White, 1805), p. 469.

28. 特别参见: Juhani Pallasmaa, "Immateriality and Transparency: Technique and Expression in Glass Architecture" (2003), in *Encounters: Architectural Essays*, ed. Peter Mackeith (Helsinki: Rakennustieto Oy, 2005), pp. 197 – 209。

29. RudolfArnheim, *The Dynamics of Architectural Form* (Berkeley: University of California Press, 1977), pp. 183 – 188, 116.

30. Ibid., pp. 163, 179.

31. Ibid., pp. 87 – 91.

32. Robert Venturi, *Complexity and Contradiction in Architecture* (New York: Museum of Modern Art, 1966), p. 27.

33. Ibid., p. 31.

34. Frank Lloyd Wright, Introduction to *Ausgeführte Bauten und Entwürfe von Frank Lloyd Wright,*" in *Frank Lloyd Wright: Collected Writings*, 1894 – 1930, ed. Bruce Brooks Pfeiffer (New York: Rizzoli, 1992), 1: 113.

35. Frank Lloyd Wright, "In the Cause of Architecture" (1908), Ibid., 1: 94.

36. Ibid., p. 88.

37. Frank Lloyd Wright, *The Natural House* (New York: Horizon Press, 1954), p. 38. 另见: David Leatherbarrow's essay, "Sitting in the City, or The Body in the World," in George Dodds and Robert Tavernor (eds), *Body and Building: Essays on the Changing Relation of Body and Architecture* (Cambridge, MA: MIT Press, 2002), pp. 268 – 288。

38. Neil Levine, *The Architecture of Frank Lloyd Wright* (Princeton: Princeton University Press, 1996), p. 33.

39. Ibid.

40. Ibid., p. 57.

41. Ibid.

42. 马克·安东尼奥·巴巴罗是丹尼尔·巴巴罗(Daniel Barbaro)的兄弟,他是帕拉弟奥的长期赞助人和导师。

43. Jacob Burckhardt, *The Architecture of the Italian Renaissance*, trans. James Palmes, revised and edited by Peter Murray (Chicago: University of Chicago Press, 1985), p. 102.

44. Rudolf Wittkower, *Architectural Principles in the Age of Humanism* (London: Academy Editions, 1962), pp. 95 – 96.

45. Ibid., pp. 93 – 95.

46. James S. Ackerman, *Palladio* (Hamondsworth: Penguin, 1977), p. 130.

47. Deborah Howard, "Venice between East and West: Marc'Antonio Barbaro and Palladio's Church of the Redentore," *Journal of the Society of Architectural Historians* (September 2003), vol. 62, no. 3, pp. 306 – 325.

48. Leonardo Benevolo, *The Architecture of the Renaissance* (Boulder: Westview Press, 1978) 1: 525.

49. Ibid. , 1：527.

50. Staale Sinding-Larsen, "Palladio's Redentore, A Compromise in Composition," *The Art Bulletin* (December 1965), vol. 47, no. 4, p. 421.

51. Ibid. , p. 423.

52. Zeki, *Inner Vision*, p. 25.

第 12 章

1. Frascari, Marco. *Monsters of Architecture：Anthropomorphism in Architectural Theory* (Savage, MD：Rowman & Littlefield Publishers, 1991), p. 1.

2. Barbara Maria Stafford, *Echo Objects：The Cognitive Work of Images* (Chicago：University of Chicago Press, 2007), pp. 3, 76.

3. Heinrich Wölfflin, "Prolegomena to a Psychology of Architecture," in Robert Vischer, Conrad Fiedler, Heinrich Wölfflin, Adolf Göller, Adolf Hildebrand, and August Schmarsow, *Empathy, Form, and Space：Problems in German Aesthetics* 1873 – 1893, trans. Harry Francis Mallgrave and Eleftherios Ikonomou (Santa Monica：Getty Publication Programs, 1994), p. 152.

4. AugustSchmarsow, "The Essence of Architectural Creation," in Vischer et al. , *Empathy, Form, and Space*, pp. 286 – 287.

5. V. S. Ramachandran, *A Brief Tour of Human Consciousness：From Impostor Poodles to Purple Numbers* (New York：Pi Press, 2004), pp. 2 – 3.

6. GyörgyBuzsáki and Andreas Draguhn, "Neuronal Oscillations in Cortical Networks," *Science* (June 25, 2004), vol. 304, no. 5679. Cited from Academic Search Premier, http：//web. ebscohost, p. 2.

7. 特别参见：György Buzsáki, *Rhythms of the Brain* (Oxford：Oxford University Press, 2006)。

8. Jean-Pierre Changeux, *Neuronal Man：The Biology of Mind*, trans. Laurence Carey (New York：Pantheon Books, 1985). 该书法文版：*L'Homme Neuronal* 于 1983 年出版。在《什么使我们思考？一位神经学家和一位哲学家关于伦理学、

人性和大脑的争论》(*What Makes us Think? A Neuroscientist and a Philosopher Argue about Ethics, Human Nature, and the Brain* (Princeton: Princeton University Press, 2000)) 一书中，他与保罗·里考尔 (Paul Ricoeur) 就这个问题的形而上学进行了广泛的讨论。

9. Eric R. Kandel, *In Search of Memory: The Emergence of a New Science of Mind* (New York: Norton, 2006).

10. Joaquín M. Fuster, *Memory in the Cerebral Cortex: An Empirical Approach to Neural Networks in the Human and Nonhuman Primate* (Cambridge, MA: MIT Press, 1995), pp. 2, 35.

11. Ibid., pp. 21, 35.

12. Gerald M. Edelman, "Building a Picture of the Brain," *Daedalus* (Spring 1998), vol. 127, no. 2. Cited from OCLC first Search, http://firstsearch.oclc.org, p. 8.

13. Joseph LeDoux, *Synaptic Self: How Our Brains Become Who We Are* (New York: Penguin, 2002), p. 107.

14 Buzsáki, *Rhythms of the Brain*, p. 278.

15. Francis Crick and Christof Koch, "Towards a Neurobiological Theory of Consciousness," *Seminars in Neuroscience* (1990), vol. 2, pp. 263–75; Francis Crick, *The Astonishing Hypothesis: A Scientific Search for the Soul* (New York: Simon & Schuster, 1993); Christof Koch, *The Quest for Consciousness: A Neurobiological Approach* (Englewood, CO: Roberts and Company, 2004).

16. Crick, *The Astonishing Hypothesis*, p. 259.

17. Koch, *The Quest for Consciousness*, p. 16.

18. Ibid., p. 233. Cited from a joint paper of 1995, "Are We Aware of Neural Activity in Primary Visual Cortex?"

19. Ibid., pp. 304, 90–91.

20. Ibid., p. 305.

21. Ibid., p. 308.

22. Gerald M. Edelman and Vernon Mountcastle, *The Mindful Brain: Cortical Organization and the Group-Selective Theory of Higher Brain Function* (Cambridge,

MA: MIT Press, 1978); Gerald M. Edelman, *Neural Darwinism: The Theory of Neuronal Group Selection* (New York: Basic Books, 1987); *Topobiology: An Introduction to Molecular Embryology* (New York: Basic Books, 1988); *The Remembered Present: A Biological Theory of Consciousness* (New York: Basic Books, 1989).

23. Gerald M. Edelman, *Bright Air; Brilliant Fire: On the Matter of the Mind* (New York: Basic Books, 1992); (with Giulio Tononi) *A Universe of Consciousness: How Matter Becomes Imagination* (New York: Basic Books, 2000); *Wider Than the Sky: The Phenomenal Gift of Consciousness* (New Haven: Yale University Press, 2004); and *Second Nature: Brain Science and Human Knowledge* (New Haven: Yale University Press, 2006).

24. 关于他对这些原则最清晰的解释,请参见:Edelman, *The Remembered Present*, pp. 40 – 45。

25. Edelman, *A Universe of Consciousness*, p. 63.

26. 特别参见:Semir Zeki and Andreas Bartels, "Toward a Theory of Visual Consciousness," *Consciousness and Cognition* (1999), 8, pp. 225 – 259, and Semir Zeki, "The Disunity of Consciousness," *Trends in Cognitive Sciences* (May 2003), vol. 7, no. 5, pp. 214 – 218。

27. JohnKounios, Jennifer L. Frymiare, Edward M. Bowden, Jessica I. Fleck, Karuna Subramaniam, Todd B. Parris, and Mark Jung-Beeman, "The Prepared Mind: Neural Activity Prior to Problem Presentation Predicts Subsequent Solution by Sudden Insight," *Association for Psychological Science* (2006), vol. 17, no. 10, p. 883. 关于这个实验和几个相关实验的更广泛的讨论,见:Jonah Lehrer, "The Eureka Hunt; Why Do Good Ideas Come to Us When They Do?," *The New Yorker* (July 28, 2008), vol. 84, no. 22。

28. Ibid., p. 888. 另见:Mark Jung-Beeman, Edward M. Bowden, Jason Haberman, Jennifer L. Frymiare, Stella Arambel-Liu, Richard Greenblatt, Paul J. Reber, and John Kounios, "Neural Activity When People Solve Verbal Problems with Insight," *PLoS Biology* (April 2004), vol. 2, no. 4, pp. 505 – 506。

29. Frank Barron and David M. Harrington, "Creativity, Intelligence, and Personality," *Annual Review of Psychology* (1981), vol. 32, pp. 439 – 476, p. 442.

30. JuhaniPallasmaa, Interview with Peter MacKeith, in *Encounters: Architectural Essays* (Helsinki: Rakennustieto Oy, 2005), p. 9.

31. Steven Pinker, *How the Mind Works* (New York: W. W. Norton & Company, 1997), p. 361.

32. Gregory Berns, "Neuroscience Sheds New Light on Creativity," at http://www.fastcompany.com. Adapted from his book *Iconoclast* (Cambridge, MA: Harvard Business Press, 2008).

33. Kenneth M. Heilman, Stephen E. Nadeau, and David O. Beversdorf, "Creative Innovation: Possible Brain Mechanisms," *Neurocase* (2003), vol. 9, no. 5, p. 375.

34. 见约拿·莱勒 (Jonah Lehrer) 的《狩猎尤里卡》("The Eureka Hunt")。

35. Ramachandran, *A Brief Tour of Human Consciousness*, p. 68.

36. Ibid., p. 71.

37. Ibid., p. 72.

38. Ibid., p. 75.

39. MarcoFrascari, "Architectural Synaesthesia: A Hypothesis on the Makeup of Scarpa's Modernist Architectural Drawings," at http://art3idea.psu.edu/synesthesia, p. 7.

40. Ibid., p. 3.

41. RudolfArnheim, *The Dynamics of Architectural Form* (Berkeley: University of California Press, 2007), p. 209.

42. Pinker, *How the Mind Works*, p. 352.

43. Ibid., pp. 355–356.

44. George Lakoff and Mark Johnson, *Metaphors We Live By* (Chicago: University of Chicago Press, 2003; orig. 1980), Afterword, p. 243.

45. Ibid., p. 8.

46. Ibid., p. 46.

47. Mark Johnson, *The Body in the Mind: The Bodily Basis of Meaning, Imagination, and Reason* (Chicago: University of Chicago Press, 1989), p. 171.

48. George Lakoff and Mark Johnson, *Philosophy in the Flesh*: *The Embodied Mind and its Challenge to Western Thought* (New York: Basic Books, 1999), p. 13.

49. Lakoff and Johnson, *Metaphors We Live By*, Afterword, p. 256.

50. Lakoff and Johnson, *Philosophy in the Flesh*, p. 20.

51. Ibid., pp. 22-23.

52. Modell's two studies of the 1990s are *Other Times*, *Other Realities* (Cambridge, MA: Harvard University Press, 1990) and *The Private Self* (Cambridge, MA: Harvard University Press, 1993).

53. Arnold H. Modell, *Imagination and the Meaningful Brain* (Cambridge, MA: MIT Press, 2003), p. xii.

54. Ibid. p. 70.

55. Ibid., pp. 82-83.

56. 埃德尔曼对莫德尔、莱考夫和约翰逊的工作相当熟悉，他的各种引文都表明了这一点。

57. Edelman, *Second Nature*, p. 58.

58. Ibid., pp. 58-59.

59. 例如，发表的这类小屋的两幅图像见：Juhani Pallasmaa, "The Two Languages of Architecture," *Encounters*, p. 42。

60. 阿尔贝托·佩雷斯-戈梅斯对维特鲁维乌斯的评论，参见："The Space of Architecture: Meaning as Presence and Representation," in Steven Holl, Juhani Pallasmaa, and Alberto Pérez-Gómez, *Questions of Perception*: *Phenomenology of Architecture* (San Francisco: William Stout Publishers, 2006; originally published as special issue of *a + u*, July 1994), pp. 9-10。

61. Indra Kagis McEwen, *Vitruvius*: *Writing the Body of Architecture* (Cambridge, MA: MIT Press, 2003), pp. 5-13.

62. JohnOnians, *Bearers of Meaning*: *The Classical Orders in Antiquity, the Middle Ages, and the* Renaissance (Princeton: Princeton University Press, 1988), p. 8. 奥尼恩斯在"希腊神庙和希腊大脑"（Greek Temple and Greek Brain）中更新并扩展了其中的神经学观点，参见：George Dodds and Robert Tavernor (eds), *Body and Building*: *Essays on the Changing Relation of Body and Architecture* (Cam-

bridge, MA: MIT Press, 2002), pp. 44 – 63。

63. JosephRykwert, *The Dancing Column: On Order in Architecture* (Cambridge, MA: MIT Press, 1996), p. 373.

64. Jean-Nicolas-Louis Durand, *Précis of the Lectures of Architecture* (Los Angeles: Getty Publication Programs, 2000).

65. Alberto Pérez-Gómez, *Architecture and the Crisis of Modern Science* (Cambridge, MA: MIT Press, 1983), p. 6.

66. 戈特弗里德·森佩尔特别是在《科学、工业和艺术》(*Science, Industry, and Art*, 1852) 一书中挣扎于科学和艺术之间的不相容性,最终有力地站在后者一边。

67. 我对奥托·瓦格纳的介绍,请参见: *Modern Architecture, A Guidebook for His Students to This Field of Art*, (Santa Monica: Getty Publication Programs, 1988), pp. 33 – 39。

68. Charles Jencks, *The Language of Post-Modern Architecture* (New York: Rizzoli, 1977), pp. 15 – 19.

69. PaulRicoeur, *The Rule of Metaphor: Multi-disciplinary Studies of the Creation of Meaning in Language*, trans. Robert Czerny (Toronto: University of Toronto Press, 1977), pp. 3 – 7.

70. RudolfArnheim, *The Dynamics of Architectural Form* (Berkeley: University of California Press, 1977), pp. 207 – 8. 阿恩海姆引用了阿尔弗雷德·洛伦泽对勒杜 (Ledoux) 和沃多耶 (Vaudoyer) 的 "有意和有意识地应用象征主义" (intentional and consciously applied symbolism) 的批评。

71. Jencks, *The Language of Post-Modern Architecture*, pp. 97 – 101.

72. Arnheim, *The Dynamics of Architectural Form*, p. 207.

73. Hideaki Kawabata and Semir Zeki, "Neural Correlates of Beauty," *Journal of Neurophysiology* (2004), vol. 91, pp. 1699 – 1705.

74. Chun Siong Soon, Marcel, Hans-Jochen Heinze, and John-Dylan Haynes, "Unconscious Determinants of Free Decisions in the Human Brain," *Nature Neuroscience* (May 2008), vol. 11, no. 5, pp. 543 – 545.

75. PeterZumthor, *Thinking Architecture*, trans. Maureen Oberli-Turner and

Catherine Schelbert (Basel: Birkhäuser, 2006), p. 7.

76. 见: Juhani Pallasmaa, "The Two Languages of Architecture: Elements of a Bio-Cultural Approach to Architecture," in *Encounters*, pp. 26 – 27.

77. Steven Holl, "Questions of Perception-Phenomenology of Architecture," in Holl, Pallasmaa, and Pérez-Gómez, *Questions of Perception*, p. 41.

78. VittorioGregotti, "Mimesis," *Casabella* (April 1983), no. 490, pp. 12 – 13.

79. Erich Auerbach, *Mimesis: The Representation of Reality in Western Literature*, trans. Willard R. Trask (Princeton: Princeton University Press, 1953).

80. VittorioGregotti, "Exercise of Detailing," *Casabella* (June 1983), no. 492, pp. 10 – 11.

81. MarcoFrascari, "The *Particolareggiamento* in the Narration of Architecture," *Journal of Architectural Education* (Autumn 1989) vol. 43, no. 1, p. 10.

82. Ibid., p. 11.

83. Alberto Pérez-Gómez, "The Space of Architecture: Meaning as Presence and Representation," in Holl, Pallasmaa, and Pérez-Gómez, *Questions of Perception*, p. 14.

84. Ibid., p. 24.

85. Rykwert, *The Dancing Column*, pp. 388 – 389.

86. Dalibor Vesely, *Architecture in the Age of Divided Representation: The Question of Creativity in the Shadow of Production* (Cambridge, MA: MIT Press, 2004), p. 366.

87. Dalibor Vesely, "The Architectonics of Embodiment," in Dodds and Tavernor, *Body and Building*, pp. 33 – 34.

88. Merlin Donald, *Origins of the Modern Mind: Three Stages in the Evolution of Culture* and Cognition (Cambridge, MA: Harvard University Press, 1991), pp. 168 – 200.

第13章

1. JuhaniPallasmaa, "Hapticity and Time: Notes on Fragile Architecture" (2000), in *Encounters: Architectural Essays* (Helsinki: Rakennustieto Oy, 2005), p. 323.

2. PeterZumthor, *Thinking Architecture* (Basel: Birkhäuser, 2006), p. 77.

3. Jean Piaget and BärbelInhelder, *The Child's Conception of Space* (London: Routledge and K. Paul, 1956), p. 18.

4. James J. Gibson, *The Senses Considered as Perceptual Systems* (Boston: Houghton Mifflin, 1966), p. 102.

5. JuhaniPallasmaa, "Hapticity and Time: Notes on Fragile Architecture," p. 323. Steven Holl speaks of detailing as "The Haptic Realm," in Steven Holl, "Questions of Perception-Phenomenology of Architecture," in Steven Holl, Juhani Pallasmaa, and Alberto Pérez-Gómez, *Questions of Perception: Phenomenology of Architecture* (San Francisco: William Stout Publishers, 2006; originally published as special issue of *a + u*, July 1994), pp. 90 – 112. 另见: Máire Eithne O'Neill, "Corporeal Experience: A Haptic Way of Knowing," *Journal of Architectural Education* (September 2001), vol. 55, no. 1, pp. 3 – 12; Kamiel van Kreij, "Sensory Intensification in Architecture," Technical University Delft, at www. mielio. nl。

6. Semir Zeki, "Artistic Creativity and the Brain," *Science* (July 6, 2001), vol. 293, no. 5527, p. 51.

7. Semir Zeki, "Neural Concept Formation and Art: Dante, Michelangelo, Wagner," in Rose, F. Clifford, *Neurology of the Arts: Painting, Music, Literature* (London: Imperial College Press, 2004), p. 19.

8. Zumthor, *Thinking Architecture*, pp. 31 – 32.

9. Steven Holl, "Phenomena and Idea," *GA Architect 11: Steven Holl*, ed. Yukio Futagawa (1993), pp. 12, 16 – 17.

10. Joseph LeDoux, *Synaptic Self: How Our Brains Become Who We Are* (New

York: Penguin, 2002), p. 206.

11. Susan Greenfield, *The Private Life of the Brain: Emotions, Consciousness, and the Secret of the Self* (New York: John Wiley & Sons, 2000), p. 154.

12. Antonio R. Damasio, Thomas J. Grabowski, Antoine Bechara, Hanna Damasio, Laura L. B. Ponto, Josef Parvizi, and Richard D. Hichwa, "Sub cortical and Cortical Brain Activity During the Feeling of Self-generated Emotions," *Nature Neuroscience* (2000), vol. 3, no. 10, p. 1051.

13. Antonio Damasio, *Looking for Spinoza: Joy, Sorrow, and the Feeling Brain* (Orlando: Harvest Books, 2003), p. 85.

14. Ibid., pp. 59, 96 – 101.

15. Ibid., p. 106.

16. Greenfield, *The Private Life of the Brain*, pp. 3 – 4.

17. Diane Ackerman, *An Alchemy of Mind: The Marvel and Mystery of the Brain* (New York: Scribner, 2004), p. 193.

18. John P. Eberhard, *Architecture and the Brain: A New Knowledge Base from Neuroscience* (Ostberg: Atlanta, 2007). 精神抑郁与城市环境恶化的关系早已为人们所关注。最近的一项研究见: S. Galea, J. Ahern, S. Rudenstine, Z. Wallace, and D. Vlahov, "Urban Built Environment and Depression: A Multilevel Analysis," *Journal of Epidemiology & Community Health* (October 2005), vol. 59, no. 10, pp. 822 – 827。

19. Damasio, *Looking for Spinoza*, p. 165.

20. Jaak Panksepp, *Affective Neuroscience: The Foundations of Human and Animal Emotions* (Oxford: Oxford University Press, 1998), p. 48.

21. Jaak Panksepp, "Emotional Endophenotypes in Evolutionary Psychiatry," *Progress in Neuro-Psychopharacology and Biological Psychiatry* (July 2006), vol. 30, no. 5, pp. 774 – 784.

22. Edmund Burke, *A Philosophical Inquiry into the Origin of Our Ideas of the Sublime and Beautiful*, in *The Works of Edmund Burke* (London: G. Bell & sons, 1913), 1, pp. 67 – 68.

23. Uvedale Price, *Essays on the Picturesque as Compared with the Sublime and*

the Beautiful; *and*, *on the Use of Studying Pictures for the Purpose of Improving Real Landscape* (London: Mawman, 1810; orig. 1794), 1, p. 22; Richard Payne Knight, *An Analytical Inquiry into the Principles of Taste*, 2nd edn. (London: Mews-Gate and J. White, 1805), p. 469.

24. Kenneth M. Heilman, *Creativity and the Brain* (New York: Psychology Press, 2005), p. 70.

25. Jaak Panksepp, "On the Embodied Neural Nature of Core Emotional Affects," *Journal of Consciousness Studies* (2005), vol. 12, nos. 8 – 10, p. 170.

26. Jaak Panksepp, "Affective Consciousness: Core Emotional Feelings in Animals and Humans," *Consciousness and Cognition* (2005), 14 p. 47.

27. Ibid.

28. Panksepp, "Emotional Endophenotypes in Evolutionary Psychiatry," pp. 77.

29. Douglas F. Watt, "Consciousness, Emotional Self-Regulation and the Brain: Review Article," *Journal of Consciousness Studies* (2004), vol. 11, no. 9, pp. 77 – 78.

30. Jaak Panksepp and GüntherBernatzky, "Emotional Sounds and the Brain: The Neuro-affective Foundations of Musical Appreciation," *Behavioural Processes* (2002), vol. 60, p. 134.

31. Anne J. Blood and Robert J. Zatorre, "Intensely Pleasurable Responses to Music Correlated with Activity in Brain Regions Implicated in Reward and Emotion," *Proceedings of the National Academy of Science* (September 25, 2001), vol. 98, no. 20, p. 11818.

32. Robert J. Zatorre, "Music, the Food of Neuroscience," *Nature* (March 17, 2005), vol. 434, p. 314.

33. Christian Gazer and Gottfried Schlaug, "Brain Structures Differ between Musicians and Non-Musicians," *Journal of Neuroscience* (2003), vol. 23, no. 27, pp. 9240 – 5; 和 Siobhan Hutchinson, Leslie Hui-Lin Lee, Nadine Gaab, and Gottfried Schlaug, "Cerebellar Volume of Musicians," *Cerebral Cortex* (2003), vol. 13, pp. 943 – 949.

34. 功能磁共振成像研究请参见：Devarajan Sridaran, Daniel J. Levitin,

Chris H. Chaft, Jonathan Berger, and Vinod Menon, "Neural Dynamics of Event Segmentation in Music: Converging Evidence for Dissociable Ventral and Dorsal Networks," *Neuron* (August 2, 2007), vol. 55, no. 3, pp. 521–532。

35. 参见迈克尔·米勒（Michael Miller,）领导的医师团队的结论："Joyful Music May Promote Heart Health, according to University of Maryland School of Medicine Study," in University of Maryland Medical Center, at http://www.umm.edu/news/releases/music-cardiovascular.htm。

36. V. B. Penhune, R. J. Zatorre, and A. C. Evans, "Cerebellar Contributions to Motor Timing: A PET Study of Auditory and Visual Rhythms Reproduction," *Journal of Cognitive Neuroscience* (1998), vol. 10, no. 6, pp. 752–765.

37. Gottfried Semper, *Style in the Technical and Tectonic Arts; or, Practical Aesthetics*, trans. Harry Francis Mallgrave and Michael Robinson (Los Angeles: Getty Publication Programs, 2004), p. 82. 另见手稿："The Attributes of Formal Beauty" (c. 1856/1859), in Wolfgang Herrmann, *Gottfried Semper: In Search of Architecture* (Cambridge, MA: MIT Press, 1984), p. 219。

38. Wolfgang Köhler, *Gestalt Psychology* (New York: H. Liveright, 1937), p. 230. "但这些术语不仅适用于听觉事实，也适用于视觉感知的发展。因此，当这种动态特征出现在人们的内心生活中时，它们可以最充分地表现在其行为中，正如其他人所听到和看到的那样。"

39. Merlin Donald, *Origins of the Modern Mind: Three Stages in the Evolution of Culture and Cognition* (Cambridge, MA: Harvard University Press, 1991), p. 186.

40. G. Rizzolatti and L. Craighero, "The Mirror-Neuron System," *Annual Review in Neuroscience* (2004), vol. 27, pp. 169–192.

41. V. S. Ramachandran, *A Brief Tour of Human Consciousness: From Impostor Poodles to Purple Numbers* (New York: Pi Press, 2004), pp. 37–38.

42. Heinrich Wölfflin, "Prolegomena to a Psychology of Architecture," in *Empathy, Form, and Space* (Santa Monica: Getty Publication Programs, 1994), pp. 149–190.

43. J. O'Keefe and J. Dostrovsky, "The Hippocampus as a Spatial Map. Preliminary Evidence from Unit Activity in the Freely-Moving Rat," *Brain Res* (1971),

vol. 34, no. 171 – 175. John O'Keefe and Lynn Nadel, *The Hippocampus as a Cognitive Map* (Oxford: Clarendon Press, 1978).

44. J. B. Ranke, Jr., "Head Direction Cells in the Deep Cell Layer of Dorsal Postsubiculum in Freely Moving Rats," in *Electrical Activity of the Archicortex*, ed. G. Buzsáki and C. H. Vanderwolf (Budapest: Akademiai Kiado, 1985), pp. 217 – 220.

45. Torkel Hafting, Marianne Fyhn, Sturla Molden, May-Britt Moser, and Edvard I. Moser, "Microstructure of a Spatial Map in the Entorhinal Cortex," *Nature* (August 11, 2005), vol. 436, p. 801.

46. 同上，新西兰心理学家大卫·K. 比尔基（DavidK. Bilkey）最近提出了一个"场密度模型"（Field Density Model）来描述这些不同的空间区域是如何相互作用的，这个模型假设了一组"几何细胞"（geometry cells）。参见他的"Space and Context in the Temporal Cortex," *Hippocampus* (2007), vol. 17, p. 814。

47. Gabriele Janzen and Miranda vanTurennout, "Selective Neural Representation of Objects Relevant for Navigation," *Nature Neuroscience* (June 2004), vol. 7, no. 6, pp. 673 – 678.

48. Hugo J. Spiers and Eleanor A. Maguire, "A 'Landmark' Study of the Neural Basis of Navigation," *Nature Neuroscience* (June 2004), vol. 7, no. 6, p. 572.

49. Hugo J. Spiers and Eleanor A. Maguire, "A Navigational Guidance System in the Human Brain," *Hippocampus* (2007), vol. 17, pp. 624 – 625.

50. Russell A. Epstein, J. Steven Higgins, and Sharon L. Thompson-Schill, "Learning Places from Views: Variation in Scene Processing as a Function of Experience and Navigational Ability," *Journal of Cognitive Neuroscience* (2005), vol. 17, no. 1, pp. 73 – 83; Nicole Etchamendy and Veronique D. Bohbot, "Spontaneous Navigational Strategies and Performance in the Virtual Town," *Hippocampus* (2007), vol. 17, no. 8, pp. 595 – 599.

51. Eve A. Edelstein, "Mapping Memory of Space & Place," 在2005年神经科学与保健架构研讨会（Workshop on Neuroscience & Health Care Architecture）上的报告，见 www.anfarch.org。这个项目是由神经科学建筑学院（Academy of

Neuroscience for Architecture）资助的。

52. Richard Neutra, *Survival through Design*（New York：Oxford University Press, 1954）, pp. 139, 198.

53. Johann Wolfgang von Goethe, "Palladio, Architecture"（1795）, in *Goethe on Art*, ed. and trans. John Gage（London：Scolar Press, 1980）, p. 197.

54. Wölfflin, "Prolegomena toward a Psychology of Architecture," in *Empathy, Form, and Space*, p. 151.

55. Ibid., p. 158.

56. Steer Eiler Rasmussen, *Experiencing Architecture*（Cambridge, MA：MIT Press, 1962）, pp. 134 – 135.

57. Neutra, *Survival through Design*, pp. 152 – 153, pp. 199 – 200.

58. JuhaniPallasmaa, *The Eyes of the Skin：Architecture and the Senses*（Chichester：John Wiley & Sons, 2005）, p. 60.

59. Ashley Montagu, *Touching：The Human Significance of the Skin*（New York：Columbia University Press, 1971）, p. 1.

60. Johann Gottfried Herder, *Sculpture：Some Observations on Shape and Form from Pygmalion's Creative Dream*, ed. and trans. Jason Gaiger（Chicago：University of Chicago Press, 2002）, pp. 35 – 36.

61. E. Ricciardi, D. Bonnino, C. Gentile, L. Sani, P. Pietrini, and T. Vecchi, "Neural Correlates of Spatial Working Memory in Humans：A Functional Magnetic Resonance Imaging Study Comparing Visual and Tactile Processes," *Neuroscience*（2006）, vol. 139, p. 347. 另见：Pietro Pietrini, Maura L. Furey, Emiliano Ricciardi, M. Ida Gobbini, W-H. Carolyn Wu, Leonardo Cohen, Mario Guazzelli, James V. Haxby, "Beyond Sensory Images：Object-Based Representation in Human Ventral Pathway," *Proceedings of the National Academy of Sciences*（April 13, 2004）, vol. 101, no. 15, pp. 5658 – 5663。我感谢马修·布莱维特（Matthew Blewitt）的第一次被引用。

62. Semir Zeki, *Inner Vision：An Exploration of Art and the Brain*（Oxford：Oxford University Press, 1999）, p. 99.

63. Christopher Alexander, *The Nature of Order：An Essay on the Art of Build-

ing and the Nature of the Universe, 4 vols. (Berkeley: The Center for Environmental Structure, 2002). See also the work of Nikos A. Salingaros, *A Theory of Architecture* (Solingen: UMBAU-VERLAG, 2006), and *Principles of Urban Structure* (Delft: Techne, 2005).

64. 特别参见: Stephen R. Kellert, Judith H. Heerwagen, and Martin L. Mador, *Biophilic Design: The Theory, Science, and Practice of Bring Buildings to Life* (New York: John Wiley & Sons, 2008)。

65. Edward O. Wilson, *Biophilia* (Cambridge, MA: Harvard University Press, 1984), p. 1.

66. Steven Holl, "Questions of Perception-Phenomenology of Architecture," in Holl, Pallasmaa and Pérez-Gómez, *Questions of Perception*, p. 116.

结语

1. Rafael Moneo, *The Freedom of the Architect*, Raoul Wallenberg Lecture (Ann Arbor: University of Michigan, 2002), p. 13.

2. Warren Neidich, "Visual and Cognitive Ergonomics: Formulating a Model through which Neurobiology and Aesthetics are Linked," in *Blow-Up: Photography, Cinema and the Brain* (New York: Distributed Art Publishers, 2003), p. 27.

3. Ibid., "Blow-Up," p. 81.

4. 霍克海默和阿多诺的"文化产业"(culture industry)是指资本主义大众文化产生标准化的文化形式或愉悦的产品,使大众陷入了从众和被动的倾向。见: Max Horkheimer and Theodor W. Adorno, *Dialectic of Enlightenment*, trans. John Cumming (New York: Continuum, 1999; orig. 1947), pp. 120 – 167。保罗·维里奥(Paul Virilio)将"phatic"形象定义为"一种有针对性的形象,强迫你去看,并吸引你的注意力"。请参见他的 *The Vision Machine*, trans. Julie Rose (Bloomington: Indiana University Press, 1994; orig. 1988), p. 14。

5. Neidich, "The Sculpted Brain," in *Blow-Up*, p. 140.

6. Ibid., p. 141.

7. Jane Healy, *Endangered Minds: Why Children Don't Think-and What we Can Do About It* (New York: Touchstone, 1999; orig 1990), p. 322.

8. Ibid., p. 323.

9. Mark Bauerlein, *The Dumbest Generation: How the Digital Age Stupefies Young Americans and Jeopardizes Our Future* (New York: Tarcher/ Penguin, 2008), p. 149.

10. Maggie Jackson, *Distracted: The Erosion of Attention and the Coming Dark Age* (Amherst, NY: Prometheus Books, 2008), p. 16.

11. Nicholas Carr, "Is Google Making Us Stupid: What the Internet is Doing to Our Brains," *The Atlantic* (July/August 2008), available at http://theatlantic.com/doc/200807/google. 他提到了玛丽安·沃尔夫（Maryanne Wolf）的书：*Proust and the Squid: The Story and Science of the Reading Brain* (New York: Harper, 2007)。

12. Healy, *Endangered Minds*, p. 342.

13. Daniel H. Pink, *A Whole New Mind: Moving from the Information Age to the Conceptual Age* (New York: Rivershead Books, 2005), p. 29, 130.

14. Steve Talbott, *Devices of the Soul: Battling for Our Selves in the Age of Machines* (Sebastopol, CA: O'Reilly & Assoc., 2007), pp. 11 – 12.

15. Hubert Dreyfus, *What Computers Still Can't Do* (Cambridge, MA: MIT Press, 1992), p. 280. 这本书1972年首次以稍有不同的书名出版，并于1979年做了修订。

16. Rodolfo R. Llinás, *I of the Vortex: From Neurons to Self* (Cambridge, MA: MIT Press, 2002), p. 259.

17. William J. Mitchell, *e-topia:* "*URBAN LIFE JIM-BUT NOT AS WE KNOW IT*" (Cambridge, MA: MIT Press, 1999), P. 152.

18. William J. Mitchell, *Me ++: THE CYBORG SELF AND THE NETWORKED CITY* (Cambridge, MA: MIT Press, 2003), p. 39.

19. GyörgyBuzsáki, *Rhythms of the Brain* (Oxford: Oxford University Press, 2006), p. vii. Burzáki attributes this statement to Ken Hill.

20. Jean Baudrillard's *Symbolic Exchange and Death* (1976).

21. PeterZumthor, *Thinking Architecture* (Basel: Birkhäuser, 2006), p. 66.

22. Rafael Moneo, "The Idea of Lasting," *Perspecta* 24: *The Yale Architectural Journal* (1988), pp. 154 – 155.

23. S. Dehaene, E. Spelki, P. Pinel, R. Stanescu, and S. Tsivkin, "Sources of Mathematical Thinking: Behavioral and Brain-Imaging Evidence, *Science* (May 7, 1999), vol. 284, p. 970.

24. Lawrence M. Parsons and DanielOsherson, "New Evidence for Distinct Right and Left Brain Systems for Deductive versus Probabilistic Reasoning, *Cerebral Cortex* (October 2001), vol. 11, pp. 954 – 965.

25. Antonio Damasio, *Descartes' Error: Emotion, Reason, and the Human Brain* (New York: Penguin, 2005), p. 231.

26. Antonio Damasio, *Looking for Spinoza: Joy Sorrow, and the Feeling Brain* (Orlando: Harvest Book, 2003), p. 99.

27. JohnKounios, Jennifer L. Frymiare, Edward M. Bowden, Jessica I. Fleck, Karuna Subramaniam, Todd B. Parris, and Mark Jung-Beeman, "The Prepared Mind: Neural Activity Prior to Problem Presentation Predicts Subsequent Solution by Sudden Insight," *Association for Psychological Science*, vol. 17, no. 10, p. 883.

28. Seana Coulson and Ying Choon Wu, "Right Hemisphere Activation of Joke-Related Information: An Event-Related Brain Potential Study," *Journal of Cognitive Neuroscience* (2005), vol. 17, no. 3, pp. 494 – 506.

29. V. S. Ramachandran, *A Brief Tour of Human Consciousness: From Impostor Poodles to Purple Numbers* (New York: Pi Press, 2004), p. 53.

30. Oliver Sacks, *Musicophilia: Tales of Music and the Brain* (New York: Knopf, 2008), p. 329.

31. Alastair Gordon, "Credit Swiss," Interview with Pierre de Meuron and Jacques Herzog, in *WSJ. The Magazine from the Wall Street Journal* (Winter 2008), p. 27.

参考文献

Ackerman, Diane, *A Natural History of the Senses* (New York: Vintage Books, 1990).

Ackerman, Diane, *An Alchemy of Mind: The Marvel and Mystery of the Brain* (New York: Scribner, 2004).

Ackerman, James S., *Palladio* (Hamondsworth: Penguin, 1977).

Alberti, Leon Battista, *On Painting and On Sculpture*, ed. and trans. Cecil Grayson (London: Phaidon, 1972).

Alberti, Leon Battista, *On the Art of Building in Ten Books*, trans. Joseph Rykwert, Neil Leach, and Robert Tavernor (Cambridge: MIT Press, 1988).

Alexander, Christopher, *The Nature of Order: An Essay on the Art of Building and the Nature of the Universe*, 4 vols (Berkeley: The Center for Environmental Structure, 2002).

Alexander, Christopher, Sara Ishikawa, and Murray Silverstein, *A Pattern Language: Towns, Buildings, Construction* (New York: Oxford University Press, 1977).

Arnheim, Rudolf, *Art and Visual Perception: A Psychology of the Creative Eye* (Berkeley: University of California Press, 1974; orig. 1954).

Arnheim, Rudolf, *Visual Thinking* (Berkeley: University of California Press, 1969).

Arnheim, Rudolf, *The Dynamics of Architectural Form* (Berkeley: University of California Press, 2007).

Ash, Mitchell G., *Gestalt Psychology in German Culture*, 1890 – 1967: *Holism and the Quest for Objectivity* (New York: Cambridge University Press, 1995).

Baars, Bernard J., *In the Theater of Consciousness: The Workplace of the Mind* (Oxford: Oxford University Press, 1997).

Barron, Frank and David M. Harrington, "Creativity, Intelligence, and Personality," *Annual Review of Psychology*, vol. 32, pp. 439 – 76 (1981).

Baudrillard, Jean, *Symbolic Exchange and Death* (London: Thousand Oaks, 1993).

Bauerlein, Mark, *The Dumbest Generation: How the Digital Age Stupefies Young Americans and Jeopardizes Our Future* (New York: Tarcher/ Penguin, 2008).

Bergdoll, Barry, *Karl Friedrich Schinkel: An Architecture for Prussia* (New York: Rizzoli, 1994).

Berger, Robert. W., *The Palace of the Sun: The Louvre of Louis XIV* (University Park: Pennsylvania State University, 1993).

Berns, Gregory, "Neuroscience Sheds New Light on Creativity," at http: // www. fastcompany. com.

Bilkey, David K., "Space and Context in the Temporal Cortex," *Hippocampus*, vol. 17, pp. 813 – 25 (2007).

Blood, Anne J. and Robert J. Zatorre, "Intensely Pleasurable Responses to Music Correlated with Activity in Brain Regions Implicated in Reward and Emotion," *Proceedings of the National Academy of Science*, vol. 98, no. 20 (September 25, 2001).

Borsi, Franco, *Leon Battista Alberti: The Complete Works*, trans. Rudolf G. Carpanini (New York: Electa, 1986).

Bötticher, Karl, "Entwickelung der Formen der hellenischen Tektonik," *Allgemeine Bauzeitung* vol. 5 (1840).

Bötticher, Karl, *Die Tektonik der Hellenen* (Potsdam: Ferdinand Riegel, 1852).

Burckhardt, Jacob, *The Architecture of the Italian Renaissance*, trans. James Palmes, revised and edited by Peter Murray (Chicago: University of Chicago Press,

1985).

Burke, Edmund, *A Philosophical Inquiry into the Origin of Our Ideas of the Sublime and Beautiful*, in *The Works of Edmund Burke* (London: G. Bell & Sons, 1913).

Buzsáki, György, *Rhythms of the Brain* (Oxford: Oxford University Press, 2006).

Buzsáki, György and Andreas Draguhn, "Neuronal Oscillations in Cortical Networks," *Science*, vol. 304, no. 5679 (June 25, 2004).

Carr, Nicholas, "Is Google Making Us Stupid: What the Internet is Doing to Our Brains," *The Atlantic* (July/August 2008).

Carter, Rita, *Mapping the Mind* (Berkeley: University of California Press, 1998).

Cassirer, Ernst, *Kant's Life and Thought*, trans. James Haden (New Haven: Yale University Press, 1981; orig. 1918).

Changeux, Jean-Pierre, *Neuronal Man: The Biology of the Mind*, trans. by Laurence Garey (New York: Pantheon Books, 1985).

Changeux, Jean-Pierre, *The Physiology of Truth: Neuroscience and Human Knowledge*, trans. by M. B. DeBevoise (Cambridge, MA: Belknap Press, 2004).

Changeux, Jean-Pierre andRicoeur, Paul, *What Makes us Think? A Neuroscientist and a Philosopher Argue about Ethics, Human Nature, and the Brain* (Princeton: Princeton University Press, 2000).

Cicero. *Orator*, trans. H. M. Hubbell (Cambridge, MA: Harvard University Press, 1971).

Cicero, *De Natura Deorum*, trans. H. Rackham (Cambridge, MA: Harvard University Press, 1979).

Coulson, Seana and Ying Choon Wu, "Right Hemisphere Activation of Joke-Related Information: An Event-Related Brain Potential Study," *Journal of Cognitive Neuroscience*, vol. 17, no. 3, pp. 494–506. (2005).

Crick, Francis, *The Astonishing Hypothesis: The Scientific Search for the Soul* (New York: Touchstone, 1994).

Crick, Francis and Christof Koch, "Towards a Neurobiological Theory of Consciousness," *Seminars in Neuroscience*, vol. 2, pp. 263 – 275 (1990).

Damasio, Antonio, *Descartes' Error: Emotion, Reason, and the Human Brain* (New York: Penguin, 1994).

Damasio, Antonio, *The Feeling of What Happens: Body and Emotion in the Making of Consciousness* (Orlando: Harvest Books, 2000).

Damasio, Antonio, *Looking for Spinoza: Joy, Sorrow, and the Feeling Brain* (Orlando: Harvest Books, 2003).

Damasio, Antonio R., Thomas J. Grabowski, Antoine Bechara, Hanna Damasio, Laura L. B. Ponto, Josef Parvizi, and Richard Hichwa, "Subcortical and Cortical Brain Activity during the Feeling of Self-Generated Emotions," *Nature Neuroscience*, vol. 3, pp. 1049 – 56 (2000).

Dehaene, S., E. Spelki, P. Pinel, R. Stanescu, and S. Tsivkin, "Sources of Mathematical Thinking: Behavioral and Brain-Imaging Evidence," *Science*, vol. 284 (May 7, 1999).

Descartes, René, *Rules for the Direction of the Mind* (1628), in *The Philosophical Writings of Descartes*, trans. John Cottingham, Robert Stoothoff, and Dugald Murdoch, 3 vols. (Cambridge: Cambridge University Press, 1985).

Donald, Merlin, *Origins of the Modern Mind: Three Stages in the Evolution of Culture and Cognition* (Cambridge, MA: Harvard University Press, 1991).

Dreyfus, Hubert, *What Computers Still Can't Do* (Cambridge, MA: MIT Press, 1992).

Durand, Jean-Nicolas-Louis, *Précis of the Lectures of Architecture* (Los Angeles: Getty Publication Programs, 2000).

Ebenstein, Alan, *Friedrich Hayek: A Biography* (New York: Palgrave, 2001).

Eberhard, John P., *Architecture and the Brain: A New Knowledge Base from Neuroscience* (Ostberg: Atlanta, 2007).

Ebert, T., C. Pantev, C. Wienbruch, B. Rockstroh, and E. Taub, "Increased Cortical Representation of the Fingers of the Left Hand in String Players," *Science*, vol. 270, pp. 305 – 7 (1995).

Edelman, Gerald M., *Neural Darwinism: The Theory of Neuronal Group Selection* (New York: Basic Books, 1987).

Edelman, Gerald M., *The Remembered Present: A Biological Theory of Consciousness* (New York: Basic Books, 1989).

Edelman, Gerald M., *Bright Air; Brilliant Fire: On the Matter of the Mind* (New York: Basic Books, 1992).

Edelman, Gerald M., "Building a Picture of the Brain," *Daedalus*, vol. 127, no. 2 (Spring 1998).

Edelman, Gerald M., *Wider Than the Sky: The Phenomenal Gift of Consciousness* (New Haven: Yale University Press, 2005).

Edelman, Gerald M., *Second Nature: Brain Science and Human Knowledge* (New Haven: Yale University Press, 2006).

Edelman, Gerald M. and GiulioTononi, *A Universe of Consciousness: How Matter Becomes Imagination* (New York: Basic Books, 2000).

Edelstein, Eve A. "Mapping Memory of Space & Place," Report on the 2005 Workshop on Neuroscience & Health Care Architecture, at www.anfarch.org.

Epstein, Russell A.; J. Steven Higgins, and Sharon L. Thompson-Schill, "Learning Places from Views: Variation in Scene Processing as a Function of Experience and Navigational Ability," *Journal of Cognitive Neuroscience*, vol. 17, no. 1 (2005).

Etchamendy, Nicole and Veronique D. Bohbot, "Spontaneous Navigational Strategies and Performance in the Virtual Town," *Hippocampus* vol. 17, pp. 595 – 9 (2007).

Filarete (Antonia di Piero Avertino), *Filarete's Treatise on Architecture: Being the Treatise by Antonio di Piero Averlino, Known as Filarete*, trans. John R. Spencer, 2 vols (New Haven: Yale University Press, 1965).

Frampton, Kenneth, "On Reading Heidegger," *Oppositions* 4 (October 1974).

Frampton, Kenneth, "Towards a Critical Regionalism: Six Points for an Architecture of Resistance," in Hal Foster (ed.), *The Anti-Aesthetic: Essays on Postmodern Culture* (Seattle: Bay Press, 1983).

Frampton, Kenneth, *Studies in Tectonic Culture: The Poetics of Construction in Nineteenth and Twentieth Century Architecture* (Cambridge, MA: MIT Press, 1995).

Frascari, Marco, "The *Particolareggiamento* in the Narration of Architecture," *Journal of Architectural Education*, vol. 43, no. 1 (Autumn 1989).

Frascari, Marco, *Monsters of Architecture: Anthropomorphism in Architectural Theory* (Savage, MD: Rowman & Littlefield Publishers, 1991).

Frascari, Marco, "Architectural Synaesthesia: A Hypothesis on the Makeup of Scarpa's Modernist Architectural Drawings," at http://art3idea.psu.edu/synesthesia.

Fuster, Joaquín M., *Memory in the Cerebral Cortex: An Empirical Approach to Neural Networks in the Human and Nonhuman Primate* (Cambridge, MA: MIT Press, 1995).

Gadol, Joan, *Leon Battista Alberti: Universal Man of the Early Renaissance* (Chicago: University of Chicago Press, 1969).

Galea, S., J, Ahern, S. Rudenstine, Z. Wallace, D. Vlahov, "Urban Built Environment and Depression: A Multilevel Analysis," *Journal of Epidemiology & Community Health*, vol. 59, no. 10, pp. 822 – 7 (October 2005).

Gazer, Christian and GottfriedSchlaug, "Brain Structures Differ between Musicians and Non-Musicians," *Journal of Neuroscience*, vol. 23, no. 27, pp. 9240 – 5 (2003).

Geraniotis, Roula, "German Architectural Theory and Practice in Chicago, 1850 – 1900," *Winterthur Portfolio* vol. 21, no. 4 pp. 293 – 306 (1986).

Gibson, James, *The Senses Considered as Perceptual Systems* (Boston: Houghton Mifflin, 1966).

Goethe, Johann Wolfgang, "Palladio, Architecture" (1795), in *Goethe on Art*, ed. and trans. John Gage (London: Scolar Press, 1980).

Goldstein, Kurt, *The Organism: A Holistic Approach to Biology Derived from Pathological Data in Man* (New York: Zone Books, 2000; orig. 1934).

Göller, Adolf, *Zur Aesthetik der Architektur: Vorträge und Studien* (Stuttgart: Konrad Wittwer, 1887).

Göller, Adolf, *Die Entstehung der architektonischen Stilformen: Eine Geschichte der Baukunst nach dem Werden und Wandern der Formgedanken* (Stuttgart: Konrad Wittwer, 1888).

Göller, Adolf, "What is the Cause of Perpetual Style Change?" in *Empathy, Form, and Space: Problems in German Aesthetics* 1873 – 1893, trans. Harry Francis Mallgrave and Eleftherios Ikonomou (Santa Monica: Getty Publication Programs, 1994).

Gombrich, Ernst, *Art and Illusion: A Study in the Pscyhology of Pictorial Representation* (Princeton: Bollingen, 1961).

Gombrich, Ernst, *Sense of Order: The Sense of Order: A Study in the Psychology of Decorative Art* (Ithaca: Cornell University Press, 1979).

Gordon, Alastair, "Credit Swiss," Interview with Pierre de Meuron and Jacques Herzog, in *WSJ. The Magazine from the Wall Street Journal* (Winter 2008), pp. 26 – 7.

Greenfield, Susan, *The Private Life of the Brain: Emotions, Consciousness, and the Secret of the Self* (New York: John Wiley & Sons, 2000).

Gregotti, Vittorio, "Mimesis," *Casabella*, no. 490, pp. 12 – 13 (April 1983).

Gurlitt, Cornelius, "Göller'sästhetische Lehre," *Deutsche Bauzeitung* 21, pp. 602 – 4, 606 – 7 (December 17, 1887).

Hafting, Torkel, Marianne Fyhn, Sturla Molden, May-Britt Moser, and Edvard I. Moser, "Microstructure of a Spatial Map in the Entorhinal Cortex," *Nature*, vol. 436 (August 11, 2005).

Hayek, Friedrich, *The Sensory Order: An Inquiry into the Foundations of Theoretical Psychology* (Chicago: University of Chicago Press, 1976; orig. 1952).

Healy, Jane, *Endangered Minds: Why Our Children Don't Think — and What We Can Do About It* (New York: Touchstone, 1999; orig 1990).

Hebb, D. O., *The Organization of Behavior: A Neuropsychological Theory* (New York: John Wiley & Sons, 1949).

Heilman, Kenneth M., Stephen E. Nadeau, and David O. Beversdorf, "Creative Innovation: Possible Brain Mechanisms," *Neurocase*, vol. 9, no. 5, p. 375 (2003).

Heilman, Kenneth M., *Creativity and the Brain* (New York: Psychology Press, 2005).

Herder, Johann Gottfried, *Sculpture: Some Observations on Shape and Form from Pygmalion's Creative Dream*, ed. and trans. Jason Gaiger (Chicago: University of Chicago Press, 2002).

Herrmann, Wolfgang, *Laugier and Eighteenth Century French Theory* (London: Zwemmer, 1962).

Herrmann, Wolfgang, *The Theory of Claude Perrault* (London: A. Zwemmer, 1973).

Herrmann, Wolfgang, *Gottfried Semper: In Search of Architecture* (Cambridge, MA: MIT Press, 1984).

Herrmann, Wolfgang, *In What Style Should We Build?: The German Debate on Architectural Style* (Santa Monica: Getty Publication Programs, 1992).

Hines, Thomas S., *Richard Neutra and the Search for Modern Architecture* (New York: Oxford University Press, 1982).

Holl, Steven, JuhaniPallasmaa, Alberto Pérez-Gómez, *Questions of Perception: Phenomenology of Architecture* (San Francisco: William Stout Publishers, 2006; originally published as special issue of *a + u*, July 1994).

Horbostel, Erich M., "The Unity of the Senses," trans. by Elizabeth Koffka and Warren Vinton, *Psyche*, vol. 7, no. 28 (1927).

Horkheimer, Max and Adorno, Theodor W., *Dialectic of Enlightenment*, trans. John Cumming (New York: Continuum, 1999; orig. 1947).

Howard, Deborah, "Venice between East and West: Marc'Antonio Barbaro and Palladio's Church of the Redentore," *Journal of the Society of Architectural Historians*, vol. 62, no. 3, pp. 306–25 (September 2003).

Hubel, David H. and Torsten N. Wiesel, *Brain and Visual Perception: The Story of a 25-Year Collaboration* (Oxford: Oxford University Press, 2005).

Hutchinson, Siobhan, Leslie Hui-Lin Lee, Nadine Gaab, and Gottfried Schlaug, "Cerebellar Volume of Musicians," *Cerebral Cortex*, vol. 13, pp. 943 – 9 (2003).

Hyman, John, "Art and Neuroscience," Interdisciplines: Art and Cognition Workshops, at http://www.interdisciplines.org/artcognition/papers/15. Ione, Amy, "An Inquiry into Paul Cézanne: The Rome of the Artist in Studies of Perception and Consciousness," *Journal of Consciousness Studies*, vol. 7, nos. 8 – 9, pp. 57 – 74 (2000).

Jackson, Maggie, *Distracted: The Erosion of Attention and the Coming Dark Age* (Amherst, NY: Prometheus Books, 2008).

Janzen, Gabriele and Miranda vanTurennout, "Selective Neural Representation of Objects Relevant for Navigation," *Nature Neuroscience*, vol. 7, no. 6, pp. 673 – 8 (June 2004).

Jencks, Charles, *The Language of Post-Modern Architecture* (New York: Rizzoli, 1977).

Johnson, Mark, *The Body in the Mind: The Bodily Basis of Meaning, Imagination, and Reason* (Chicago: University of Chicago Press, 1989).

Johnson, Mark H. (ed.), *Brain Development and Cognition* (Oxford: Blackwell, 1993).

Kandel, Eric R., *In Search of Memory: The Emergence of a New Science of Mind* (New York: Norton, 2006).

Kant, Immanuel, *Critique of Judgment*, trans. J. H. Bernard (New York: Hafner Press, 1951).

Kant, Immanuel, *Critique of Pure Reason*, trans. Norman Kemp Smith (New York: St. Martin's Press, 1965).

Kawabata, Hideaki and Semir Zeki, "Neural Correlates of Beauty," *Journal of Neurophysiology*, vol. 91, pp. 1699 – 1705 (2004).

Kemp, Martin, *Leonardo da Vinci: Experience, Experiment and Design* (Princeton: Princeton University Press, 2006).

Kemp, Martin, *Leonardo da Vinci: The Marvellous Works of Nature and Man* (Oxford: Oxford University Press, 2006).

Knight, Richard Payne, *An Analytical Inquiry into the Principles of Taste*, 2nd edn. (London: Mews-Gate and J. White, 1805).

Koch, Christof, *The Quest for Consciousness: A Neurobiological Approach* (Englewood, CO: Roberts and Company Publishers, 2004).

Koffka, Kurt, "On the Structure of the Unconscious," in *The Unconscious: A Symposium* (New York: Alfred A. Knopf, 1928).

Koffka, Kurt, *Principles of Gestalt Psychology* (New York: Harcourt, Brace and Company: 1935).

Köhler, Wolfgang, *Gestalt Psychology* (New York: H. Liveright, 1937).

Köhler, Wolfgang, *Dynamics in Psychology* (New York: Washington Square Press, 1965).

Köhler, Wolfgang, *The Selected Papers of Wolfgang Köhler* (New York: Liveright, 1971).

Körner, Stephan, *Kant* (New Haven: Yale University Press, 1955).

Kounios, John, Jennifer L. Frymiare, Edward M. Bowden, Jessica I. Fleck, Karuna Subramaniam, Todd B. Parris, and Mark Jung-Beeman, "The Prepared Mind: Neural Activity Prior to Problem Presentation Predicts Subsequent Solution by Sudden Insight," *Association for Psychological Science*, vol. 17, no. 10 (2006).

Kreij, Kamiel van "Sensory Intensification in Architecture," Technical University Delft, at www.mielio.nl.

Lakoff, George and Mark Johnson, *Metaphors We Live By* (Chicago: University of Chicago Press, 2003; orig. 1980).

Lakoff, George and Mark Johnson, *Philosophy in the Flesh: The Embodied Mind and its Challenge to Western Thought* (New York: Basic Books, 1999).

Laugier, Marc-Antoin, *Essay on Architecture*, trans. by Wolfgang Herrmann (London: Hennessey & Ingalls, 1977).

Leatherbarrow, David and Mohsen Mostafavi, *Surface Architecture* (Cambridge, MA: MIT Press, 2002).

LeDoux, Joseph, *Synaptic Self: How Our Brains Become Who We Are* (New York: Penguin, 2002).

Lefaivre, Liane, *Leon Battista Alberti's Hypnerotomachia Poliphili: Re-cognizing the Architectural Body in the Early Italian Renaissance* (Cambridge, MA: MIT Press, 1997).

Lehrer, Jonah, "The Eureka Hunt: Why do Good Ideas Come To Us When They Do?," *The New Yorker*, vol. 84, no. 22 (July 28, 2008).

Leonardo da Vinci, *The Literary Works of Leonardo Da Vinci*, commentary by Carlo Pedretti, vol. 1 (Berkeley: University of California Press, 1977).

Le Roy, Julien-David, *Les ruines des plus beaux monuments de la Grece* (Paris: Guerin & Delatour, 1758).

Le Roy, Julien-David, *Histoire de la disposition et des formes differentes que les chrétiens ont données à leur temples, depuis le Règne de Constantin la Grand jusqu'à nous* (Paris: Desaind & Saillant, 1764).

Le Roy, Julien-David, *The Ruins of the Most Beautiful Monuments of Greece* (1770 edn.), trans. by David Britt (Los Angeles: Getty Publication Programs, 2004).

Levine, Neil, *The Architecture of Frank Lloyd Wright* (Princeton: Princeton University Press, 1996).

Llinás, Rodolfo R., *The I of the Vortex* (Cambridge, MA: MIT Press, 2001).

Llinás, Rodolfo R. and Patricia S. Churchland, *The Mind-Brain Continuum: Sensory Processes* (Cambridge, MA: MIT Press, 1996).

McEwen, IndraKagis, *Vitruvius: Writing the Body of Architecture* (Cambridge, MA: MIT Press, 2003).

Malnar, Joy Monice and Frank Vodvarka, *Sensory Design* (Minneapolis: University of Minnesota Press, 2004).

Mallgrave, Harry Francis, "Gottfried Semper, London Lecture of Autumn 1854: 'On Architectural Symbols'," *Res 9: Anthropology and Aesthetics* (Spring 1985).

Mallgrave, Harry Francis, *Gottfried Semper: Architect of the Nineteenth Century* (New Haven: Yale University Press, 1996).

Mallgrave, Harry Francis, *Modern Architectural Theory: A Historical Survey*,

1673 – 1968 (New York: Cambridge University Press, 2005).

Merleau-Ponty, Maurice, *The Structure of Behavior*, trans. Alden L. Fisher (Boston: Beacon Press, 1963; orig. 1942).

Merleau-Ponty, Maurice, *Phenomenology of Perception*, trans. Colin Smith (London: Routledge & Kegan Paul, 1962; orig. 1945).

Merleau-Ponty, Maurice, *The Visible and the Invisible*, ed. Claude Lefort, trans. Alphonso Lingis (Evanston: Northwestern University Press, 1968).

Michelangelo, *The Letters of Michelangelo*, 1537 – 1563, trans. by E. H. Ramsden (Stanford: Stanford University Press, 1963).

Miller, Michael, cited in "Joyful Music May Promote Heart Health, according to University of Maryland School of Medicine Study," in University of Maryland Medical Center, at http://www.umm.edu/news/releases/music-cardiovascular.htm.

Mitchell, William J., *e-topia*: "*URBAN LIFE JIM - BUT NOT AS WE KNOW IT*" (Cambridge, MA: MIT Press, 1999).

Mitchell, William J., *Me ++ : THE CYBORG SELF AND THE NETWORKED CITY* (Cambridge, MA: MIT Press, 2003).

Modell, Arnold H., *The Private Self* (Cambridge, MA: Harvard University Press, 1993).

Modell, Arnold H., *Imagination and the Meaningful Brain* (Cambridge, MA: MIT Press, 2003).

Moneo, Rafael, "The Idea of Lasting," *Perspecta* 24: *The Yale Architectural Journal* (1988), pp. 154 – 5.

Moneo, Rafael, *The Freedom of the Architect*, Raoul Wallenberg Lecture (Ann Arbor: University of Michigan, 2002).

Montagu, Ashley, *Touching: The Human Significance of the Skin* (New York: Columbia University Press, 1971).

Monval, Jean, *Soufflot, Sa vie. Son oeuvre. Son esthétique* (Paris: Alphonse Lemerre, 1918).

Mostafavi, Mohsen and David Leatherbarrow, *On Weathering: The Life of Buildings in Time* (Cambridge, MA: MIT Press, 1993).

Neidich, Warren. *Blow-Up: Photography, Cinema and the Brain* (New York: Distributed Art Publishers, 2003).

Neutra, Richard, *Survival through Design* (New York: Oxford University Press, 1954).

O'Keefe, John and J. Dostrovsky, "The Hippocampus as a Spatial Map. Preliminary Evidence from Unit Activity in the Freely-Moving Rat," *Brain Res*, vol. 34, no. 1, pp. 171 - 5 (1971).

O'Neill, Máire Eithne, "Corporeal Experience: A Haptic Way of Knowing," *Journal of Architectural Education*, vol. 55, no. 1, pp. 3 - 12 (September 2001).

Onians, John, *Bearers of Meaning: The Classical Orders in Antiquity, the Middle Ages, and the Renaissance* (Princeton: Princeton University Press, 1988).

Onians, John, "Greek Temple and Greek Brain," in George Dodds and Robert Tavernor (eds.), *Body and Building: Essays on the Changing Relation of Body and Architecture* (Cambridge, MA: MIT Press, 2002).

Onians, John, *Neuroarthistory: From Aristotle and Pliny to Baxandall and Zeki* (New Haven: Yale University Press, 2007).

Oppenheimer, Todd, "The Computer Delusion" *The Atlantic* (July 1997).

Palladio, *The Four Books of Architecture*, trans. Isaac Ware (1738), (New York: Dover, 1965).

Pallasmaa, Juhani, *Encounters: Architectural Essays*, ed. Peter Mackeith (Helsinki: Rakennustieto Oy, 2005).

Pallasmaa, Juhani, *The Eyes of the Skin: Architecture and the Senses* (Chichester: John Wiley & Sons, 2005).

Panofsky, Erwin, *The Codex Huygens and Leonardo da Vinci's Art Theory: The Pierpont Morgan Library Codex M. A. 1139* (Westwood, CT: Greenwood Press, 1940).

Panksepp, Jaak, *Affective Neuroscience: The Foundations of Human and Animal Emotions* (Oxford: Oxford University Press, 1998).

Panksepp, Jaak. "On the Embodied Neural Nature of Core Emotional Affects," *Journal of Consciousness Studies*, vol. 12, nos. 8 - 10 (2005).

Panksepp, Jaak. "Emotional Endophenotypes in Evolutionary Psychiatry," *Progress in Neuro-Psychopharacology and Biological Psychiatry*, vol. 30, no. 5, pp. 774 – 84 (July 2006).

Panksepp, Jaak and GüntherBernatzky, "Emotional Sounds and the Brain: The Neuro-Affective Foundations of Musical Appreciation," *Behavioural Processes*, vol. 60 (2002).

Penhune, V. B, R. J. Zatorre, and A. C. Evans, "Cerebellar Contributions to Motor Timing: A PET Study of Auditory and Visual Rhythms Reproduction," *Journal of Cognitive Neuroscience*, vol. 10, no. 6, pp. 752 – 765 (1998).

Pérez-Gómez, Alberto, *Architecture and the Crisis of Modern Science* (Cambridge, MA: MIT Press, 1983).

Perrault, Claude, *Voyage à Bordeaux* (Paris: Renouard, 1909).

Perrault, Claude, *Les Dix livres d'architecture de Vitruve*, 1684 edn. (Paris: Pierre Mardaga, 1984).

Perrault, Claude, *Ordonnance for the Five Kinds of Columns after the Method of the Ancients*, trans. Indra Kagis McEwen (Santa Monica: Getty Publication Programs, 1993).

Piaget, Jean andInhelder, Bärbel, *The Child's Conception of Space* (London: Routledge and K. Paul, 1956).

Pietrini, Pietro, Maura Furey, Emiliano Ricciardi, M. IdaGobbini, W. -H. Carolyn Wu, Leonardo Cohen, Mario Guazzelli, and James V. Haxby, "Beyond Sensory Images: Object-Based Representation in Human Ventral Pathway," *Proceedings of the National Academy of Sciences*, vol. 101, no. 15, pp. 5658 – 63 (April 13, 2004).

Pink, Daniel H. , *A Whole New Mind: Moving from the Information Age to the Conceptual Age* (New York: Riverhead Books, 2005).

Pinker, Steven, *How the Mind Works* (New York: W. W. Norton & Company, 1997).

Price, Uvedale, *Essays on the Picturesque as Compared with the Sublime and the Beautiful; and, on the Use of Studying Pictures for the Purpose of Improving Real*

Landscape (London: Mawman, 1810; orig. 1794).

Ramachandran, V. S., *A Brief Tour of Human Consciousness: From Impostor Poodles to Purple Numbers* (New York: Pi Press, 2004).

Ranke, Jr., J. B., "Head Direction Cells in the Deep Cell Layer of Dorsal Postsubiculum in Freely Moving Rats," in *Electrical Activity of the Archicortex*, Akademiai Kiado, Budapest, pp. 217–20.

Rasmussen, Steer Eiler, *Experiencing Architecture* (Cambridge, MA: MIT Press, 1962).

Ricciardi, E., D. Bonnino, C. Gentile, L. Sani, P. Pietrini, and T. Vecchi, "Neural Correlates of Spatial Working Memory in Humans: A Functional Magnetic Resonance Imaging Study Comparing Visual and Tactile Processes," *Neuroscience*, vol. 139 (2006).

Ricoeur, Paul, *The Rule of Metaphor: Multi-disciplinary Studies of the Creation of Meaning in Language*, trans. Robert Czerny (Toronto: University of Toronto Press, 1977).

Rigault, Hippolyte, *Histoire de la Querrelle des Anciens et des Modernes* (Paris: Hachette, 1856).

Rizzolatti, G. and L. Craighero, "The Mirror-Neuron System," *Annual Review in Neuroscience*, vol. 27: 169–92 (2004).

Rousseau, Jean-Jacques, "Has the Restoration of the Sciences and Arts Tended to Purify Morals?" (1750), in *The First and Second Discourse*, trans. Roger D. Masters and Judith R. Masters (New York: St. Martin's Press, 1964).

Rykwert, Joseph, *Adam's House in Paradise: The Idea of the Primitive Hut in Architectural History* (Cambridge, MA: MIT Press, 1972).

Rykwert, Joseph, *The Dancing Column: On Order in Architecture* (Cambridge, MA: MIT Press, 1996).

Rykwert, Joseph, *The Necessity of Artifice* (New York: Rizzoli, 1982).

Sacks, Oliver, *Musicophilia: Tales of Music and the Brain* (New York: Knopf, 2008).

Salingaros, Nikos A., *A Theory of Architecture* (Solingen: UMBAU-VERLAG,

2006).

Schelling, Friedrich Wilhelm Joseph, *The Philosophy of Art*, ed. and trans. Douglas W. Stott (Minneapolis: University Press, 1989).

Schelling, Friedrich Wilhelm Joseph, *System of Transcendental Idealism* (1800), trans. Peter Heath (Charlottesville: University Press of Virginia, 1993).

Schinkel, Karl Friedrich, Peschken Goerd (ed.), *Das architektonische Lehrbuch* (Berlin: Deutscher Kunstverlag, 1979).

Schlegel, August, *August Schlegel's Vorlesungen über schöne Literatur und Kunst*, 1801 – 2 (Heilbronn, 1884; reprint Nendeln: Krause, 1968).

Schmarsow, August, "The Essence of Architectural Creation," in *Empathy, Form, and Space: Problems in German Aesthetics* 1873 – 1893, trans. Harry Francis Mallgrave and Eleftherios Ikonomou (Santa Monica: Getty Publication Programs, 1994).

Schopenhauer, Arthur, *The World as Will and Representation*, trans. E. F. J. Payne (New York: Dover Publications, 1969).

Schopenhauer, Arthur, *On the Fourfold Root of the Principle of Sufficient Reason*, trans. by E. F. J. Payne (La Salle, IL: Open Court, 1974).

Schwarzer, Mitchell, "Ontology and Representation in KarlBötticher's Theory of Tectonics," *Journal of the Society of Architectural Historians*, vol. 52, no. 3, pp. 267 – 80 (September 1993).

Semper, Gottfried, *The Four Elements of Architecture and Other Writings*, trans. Harry Francis Mallgrave and Wolfgang Herrmann (New York: Cambridge University Press, 1989).

Semper, Gottfried, *Style in the Technical and Tectonic Arts; or, Practical Aesthetics*, trans. Harry Francis Mallgrave and Michael Robinson (Los Angeles: Getty Publication Programs, 2004).

Sinding-Larsen, Staale, "Palladio'sRedentore, a Compromise in Composition," *The Art Bulletin*, vol. 47, no. 4, pp. 419 – 37 (December 1965).

Siong Soon, Chun, Marcel Hans-Jochen Heinze, and John-Dylan Haynes, "Unconscious Determinants of Free Decisions in the Human Brain," *Nature Neuro-*

science, vol. 11, no. 5, pp. 543 – 5 (May 2008).

Snokin (ed.), Michael, *Karl Friedrich Schinkel: A Universal Man* (New Haven: Yale University Press, 1991).

Solso, Robert L., *The Psychology of Art and the Evolution of the Conscious Brain* (Cambridge, MA: MIT Press, 2003).

Soufflot, Jacques-Germian, "Mémoire pour servir de solution à cette question: savoir si dans l'art de l'architecture le goût est préférable à la science des règles ou la sciences des règles au goût," in *Nouvelles archives statisques, historiques et littéraires de départment du Rhône* (Lyons: Barret, 1843).

Soufflot, Jacques-Germain, "Mémoire sur les proportions de l'architecture," in Michel Petzet, *Soufflots Sainte-Geneviève und der französische Kirchenbau des 18. Jahrhunderts* (Berlin: Walter de Gruyter, 1961).

Spiers, Hugo J. and Eleanor A. Maguire, "A 'Landmark' Study of the Neural Basis of Navigation," *Nature Neuroscience*, vol. 7, no. 6 (June 2004).

Spiers, Hugo J. and Eleanor A. Maguire, "A Navigational Guidance System in the Human Brain," *Hippocampus*, vol. 17, no. 8, pp. 624 – 5 (2007).

Sridaran, Devarajan, Daniel J. Levitin, Chris H. Chaft, Jonathan Berger, and Vinod Menon, "Neural Dynamics of Event Segmentation in Music: Conver ging Evidence for Dissociable Ventral and Dorsal Networks," *Neuron*, vol. 55, no. 3, pp. 521 – 32 (August 2, 2007).

Stafford, Barbara Maria, *Echo Objects: The Cognitive Work of Images* (Chicago: University of Chicago Press, 2007).

Talbott, Steve, *Devices of the Soul: Battling for Our Selves in the Age of Machines* (Sebastopol, CA: O'Reilly & Assoc., 2007).

Tootel, R. B., M. S. Silverman, E. Switkes, and R. L. De Valois, "Deoxyglucose Analysis of Retinoptic Organization in Primate Cortex," *Science*, vol. 218, pp. 902 – 4 (1982).

Turner, Mark, *The Artful Mind: Cognitive Science and the Riddle of Human Creativity* (Oxford: Oxford University Press, 2006).

Vesely, Dalibor, "The Architectonics of Embodiment," in *Body and Building*:

Essays on the Changing Relation of Body and Architecture (Cambridge, MA: MIT Press, 2002).

Vesely, Dalibor, *Architecture in the Age of Divided Representation: The Question of Creativity in the Shadow of Production* (Cambridge, MA: MIT Press, 2004).

Virilio, Paul, *The Vision Machine*, trans. Julie Rose (Bloomington: Indiana University Press, 1994; orig. 1988).

Vischer, Friedrich Theodor, "Kritikmeiner Äesthetik," in *Kritische Gänge*, vol. 5 (Stuttgart: Cotta, 1866).

Vischer, Friedrich Theodor, *Aesthetik; oder, Wissenschaft des Schönen*, ed. Robert Vischer, vol. 3, 2nd edn. (Munich: Meyer & Jessen, 1922 – 3).

Vischer, Robert, "Derästhetische Akt und die reine Form," in *Drei Schriften zum ästhetischen Formproblem* (Halle: Max Niemeyer, 1927).

Vischer, Robert, "On the Optical Sense of Form: A Contribution to Aesthetics," in *Empathy, Form, and Space: Problems in German Aesthetics* 1873 – 1893, trans. Harry Francis Mallgrave and Eleftherios Ikonomou (Santa Monica: Getty Publication Programs, 1994).

Vitruvius, *Ten Books on Architecture*, trans. Ingrid D. Rowland, Commentary and Illustrations by Thomas Noble Howe (Cambridge: Cambridge University Press, 1999).

Wagner, Otto, *Otto Wagner: Modern Architecture, A Guidebook for His Students to This Field of Art*, trans. Harry Francis Mallgrave (Santa Monica: Getty Publication Programs, 1988).

Watt, Douglas F., "Consciousness, Emotional Self-Regulation and the Brain: Review Article," *Journal of Consciousness Studies*, vol. 11, no. 9, pp. 77 – 8 (2004).

Wertheimer, Max, "Experimentelle Studien über das Sehen von Bewegung," *Zeitschrift für Psychologie*, vol. 61, pp. 161 – 265 (1912).

Winckelmann, J. J., *Reflections on the Imitation of Greek Works in Painting and Sculpture*, trans. Elfriede Heyer and Roger C. Norton (La Salle, IL: Open Court, 1987).

Wittkower, Rudolf, *Architectural Principles in the Age of Humanism* (London:

Academy Editions, 1962).

Wölfflin, Heinrich, "Prolegomena to a Psychology of Architecture," in *Empathy, Form, and Space: Problems in German Aesthetics* 1873 – 1893, trans. Harry Francis Mallgrave and Eleftherios Ikonomou (Santa Monica: Getty Publication Programs, 1994).

Wright, Frank Lloyd, *Frank Lloyd Wright: Collected Writings*, 1894 – 1930, ed. Bruce Brooks Pfeiffer (New York: Rizzoli, 1992).

Wundt, Wilhelm, *Principles of Physiological Psychology*, trans. Edward Bradford Titchener (1904), in "Classics in the History of Psychology," An internet resource developed by Christopher D. Green, York University, Toronto, Ontario.

Zammito, John H., *The Genesis of Kant's Critique of Judgment* (Chicago: University of Chicago Press, 1992).

Zatorre, Robert, "Music, the Food of Neuroscience," *Nature*, vol. 434 (March 17, 2005).

Zeki, Semir, "Functional Specialization in the Visual Cortex of the Rhesus Monkey," *Nature*, vol. 274, pp. 423 – 8 (1974).

Zeki, Semir, "Art and the Brain," *Journal of Consciousness Studies: Controversies in Science & the Humanities*, vol. 6, nos. 6 – 7, pp. 76 – 96 (June/July 1999).

Zeki, Semir, "Artistic Creativity and the Brain," *Science*, vol. 293, no. 5527, pp. 51 – 2 (June 7, 2001).

Zeki, Semir, "The Disunity of Consciousness," *Trends in Cognitive Sciences*, vol. 7, no. 5, pp. 214 – 18 (May 2003).

Zeki, Semir, *Inner Vision: An Exploration of Art and the Brain* (Oxford: Oxford University Press, 1999).

Zeki, Semir, "Neural Concept Formation and Art: Dante, Michelangelo, Wagner, in Rose, F. Clifford, *Neurology of the Arts: Painting, Music, Literature* (London: Imperial College Press, 2004).

Zeki, Semir, "The Neurology of Ambiguity," *Consciousness and Cognition*, vol. 13, no. 1, pp. 173 – 96 (March 2004).

Zeki, Semir and Andreas Bartels, "Toward a Theory of Visual Consciousness," *Consciousness and Cognition*, vol. 8, pp. 225 – 59 (1999).

Zeki, Semir, *A Vision of the Brain* (Oxford: Blackwell Scientific Publications, 1993).

Zukowsky, John (ed.), *Karl Friedrich Schinkel: The Drama of Architecture* (Chicago: Art Institute of Chicago, 1994).

Zumthor, Peter, *Atmospheres: Architectural Environments -Surrounding Objects* (Basel: Birkhäuser, 2006).

Zumthor, Peter, *Thinking Architecture*, trans. Maureen Oberli-Turner and Catherine Schelbert (Basel: Birkhäuser, 2006).

索 引

（页码为原书页码）

A

Academy of Neuroaesthetics for Architecture (AFNA), 建筑神经美学学院, 3

Ackerman, Diane 阿克曼，黛安, 191

Ackerman, James 阿克曼，詹姆斯, 156

Adam, Robert and James 亚当，罗伯特和詹姆斯, 49-50

Addison, Joseph 艾迪生，约瑟夫, 43, 45

Adler and Sullivan 阿德勒和沙利文, 218

Adorno, Theodor 阿多诺，西奥多, 118, 208

Alberti, Leon Battista 阿尔贝蒂，利昂·巴蒂斯塔, 4, 8-17, 21, 26, 33, 62, 146-7, 150, 180, 185, 188

  analogy of architecture with human body 建筑与人体的类比, 12-17

  beauty and ornament 美与装饰, 14-17

  concinnitas（conncinnity）优雅, 15-17, 24, 55, 68

  geometry 几何学, 11

  proportions 比例, 11-12, 15-16

  Santa Maria Novella 圣母玛利亚教堂, 146, 156

Alexander, Christopher 亚历山大，克里斯托弗, 205

Ambiguity 模糊性, 3, 94-5, 139-58

  ambiguity in architecture 建筑中的模糊性, 150-8

Animism 泛灵论

  Bötticher 博蒂彻, 65-7

  Schinkel 辛克尔, 62

  Schopenhauer 叔本华, 59-60

  Vischer, Friedrich 维舍尔，弗里德里希, 77

  Vischer, Theodor 维舍尔，西奥多, 78-9

  Wölfflin 沃尔夫林, 80-1

Arendt, Hannah 阿伦特，汉娜, 118

Arnheim, Rudolf 阿恩海姆，鲁道夫, 91-7, 115, 182

  ambiguity 模糊性, 94-5, 150-1

  metaphors in thinking (sensory symbols) 思维中的隐喻（感官符号）, 95-

6, 175

visual thinking 视觉思维, 92-4

Association of Neuroaesthetics 神经美学协会, 3

Athens 雅典, 36-7

    Erechtheum 伊瑞克提翁神庙, 72-3

    Parthenon 帕台农神庙, 37-9, 160, 161-4, 165

    Temple of Hephaestus 赫菲斯托斯神庙, 163

Auerbach, Erich 奥尔巴赫, 埃里希, 185

B

Baars, Bernard J. 巴尔斯, 伯纳德, 128

Bachelard, Gaston 巴希拉德, 加斯顿, 119

Banham, Reyner 班纳姆, 雷纳, 117

Barbaro, Marc Antoine 巴巴罗, 马克·安东尼奥, 154, 156

Bartels, Andreas 巴特尔, 安德烈亚斯, 170

Baudrillard, Jean 鲍德里亚, 让, 216

Bauerlein, Mark 鲍尔林, 马克, 209

Beauth, Peter Christian 博思, 彼得·克里斯蒂安, 62

Benevolo, Leonardo 贝内沃罗, 列昂纳多, 156

Berlage, Hendrik 伯拉格, 亨德里克, 84

Bernatzky, Günther 贝尔纳茨基, 甘瑟, 194

Bernini, Gianlorenzo 贝尔尼尼, 吉安伦佐, 27

Berns, Gregory 伯恩斯, 格雷戈里, 173

Betts, Richard J. 贝茨, 理查德, 19

Biophilic design 亲生物设计, 205

Blondel, François 布隆德尔, 弗朗索瓦, 31-2, 34

Borromini, Francesco 博罗米尼, 弗朗西斯科, 27

Bötticher, Carl 博蒂彻, 卡尔, 65-7, 68, 69, 70, 72

Brain 大脑

    anatomy of, 解剖学 126-38

    anterior cingulate cortex (ACC) 前扣带皮层, 171-2

    auditory cortex 听觉皮层, 198-9

    basal ganglia 基底神经节, 130, 194

    brainstem 脑干, 129

    Broca's area 布罗卡区, 198, 199

    Cerebellum 小脑, 130, 194

    cerebral cortex 大脑皮层, 132-4

    embodiment 具身性, 135

    emotional brain 情感大脑, 189-95

    enhancement of neural efficiency 提高神经效率, 149-50

    frontal lobe 额叶, 133-4

    functional specialization 功能专门化, 142

    hemispheres (left and right) 半球（左侧和右侧）, 132, 217-18

    hippocampus 海马体, 130-1, 164

    homeostatic and visceral systems 稳态和内脏系统, 200

    insula 脑岛, 190-1

    lateral geniculate nucleus (LGN) 外侧膝状核, 140-1, 143

    limbic system 边缘系统, 129-32

    lobes 脑叶, 133-4

maps 映射, 99, 128

mirror neurons 镜像神经元, 195

motor cortex 运动皮层, 200

neural correlates of beauty 美的神经相关物, 183 – 4

neural rhythms 神经节律, 128

neurons 神经元, 126 – 9

neurotransmitters 神经递质, 127

occipital lobe (visual cortex) 枕叶（视觉皮层）, 133, 139 – 44

parietal lobe 顶叶, 133

plasticity 塑性, 135 – 7

process of classification 分类过程, 98 – 100

reentrant mapping 重入映射, 168 – 9

rhythms 节律, 128, 160, 165

somatosensory cortex 体感皮层, 133, 190, 194, 199 – 200

超模态网络 supramodal networks, 203 – 4

突触 synapses, 127 – 8, 160

颞叶 temporal lobe, 133

丘脑 thalamus, 130 – 2, 143, 194

视觉隐喻 visual metaphors, 92

Wernicke's area (language processing) 韦尼克区（语言处理）, 171, 198, 199

Bramante, Donato 布拉曼特, 多纳托, 23

Braque, Georges 布拉克, 乔治, 153

Brentano, Franz 布伦塔诺, 弗兰兹, 86

Brown, Capability 布朗, 凯珀比利提, 46

Brunelleschi, Filippo 布鲁内莱斯基, 菲利普, 10, 11

Bryson, Norman 布赖森, 诺曼, 128

Burke, Edmund 伯克, 埃德蒙, 41, 43 – 5, 47, 59, 150, 192

  on Vitruvian Man 论维特鲁维亚人, 44

Burkhardt, Jacob 伯克哈特, 雅各布, 155

Burlington, Lord 伯灵顿, 洛德, 46

Buzsáki, György 布兹萨基, 盖尔吉, 128, 160, 165

C

Carr, Nicholas 卡尔, 尼古拉斯, 209

Carrey, Jacques 凯利, 雅克, 37

Carter, Rita 卡特, 丽塔, 130

Cassirer, Ernst 卡西尔, 恩斯特, 55, 56

Cézanne, Paul 塞尚, 保罗, 147

Changeux, Jean-Pierre 尚热, 让－皮埃尔, 160

Chartres Cathedral 沙特尔大教堂, 160

Cicero 西塞罗, 14, 15, 57

  Concinnitas 优雅, 15

  De naturadeorum 德纳图拉道义, 14

Coarse semantic coding 粗语义编码, 172, 218, 220

Coghill, George 科希尔, 乔治, 104

Colbert, Jean-Baptiste 科尔伯特, 让－巴普蒂斯特, 29

Cole, Henry 科尔, 亨利, 70

Computers 计算机

  in architecture 建筑学中, 211 – 20

  in education 教育中, 208 – 11

Consciousness 觉知, 103, 166 – 71

  Microconsciousnesses 微观意识, 142 – 3, 148, 160, 171

Conti, Antonio Schinella 康蒂，安东尼奥·席内拉，185

Copernicus 哥白尼，53，160

Cortona, Pietro da 科托纳，皮埃特罗·达

　Santa Mariadella Pace，圣玛丽亚·德拉佩斯教堂，116

Creativity 创造力，171 - 5

　and IQ 和智商，172

　and metaphor 和隐喻，173 - 87

Crick, Francis 克里克，弗朗西斯，125

　theory of consciousness（with Christof Koch）意识理论（与克里斯托夫·科赫），166 - 7

D

Damasio, Antonio 达马西奥，安东尼奥，190 - 1，192，218

Darwin, Charles 达尔文，查尔斯，144，160

　Codex Huygens 惠更斯法典，22 - 3

　　da Vinci, Leonardo 达·芬奇，列昂纳多，19 - 24，28，34，121

　　Last Supper 最后的晚餐，24

　　on proportions 论比例，22 - 4

　　Vitruvian Man 维特鲁维亚人，21 - 2，44

Descartes, René 笛卡尔，勒内，28 - 9，41

Diderot, Denis 狄德罗，丹尼斯，35

Donald, Merlin 唐纳德，梅林，94，137，186 - 7，195

Donatello, Donato 多纳泰洛，多纳托，10

Dreyfus, Hubert 德雷福斯，休伯特，210 - 11，213

Durand, Jean-Nicolas-Louis 杜兰德，让-尼古拉斯-路易斯，181，215

E

Eberhard, John 埃伯哈德，约翰，3，192

Ebert, Thomas 埃伯特，托马斯，136

Edelman, Gerald M. 埃德尔曼，杰拉尔德·M.，164，178 - 9

　theory of consciousness（Neuronal Group Selection）意识理论（神经元群选择），167 - 70，172

Edison, Thomas 爱迪生，托马斯，173

Eiffel Tower 埃菲尔铁塔，178

Einfühlung（empathy）移情，77 - 9，96，113，146，178，195

Einstein, Albert 爱因斯坦，阿尔伯特，217

Eliasson, Olafur 埃利亚松，奥拉夫，3，204

Embodiment 具身性，93 - 6，121，135

Emotions（and feelings）情绪（和感觉），106，189 - 95

Endell, August 恩德尔，奥古斯特，79

Eureka! Moment 尤里卡！时刻，107，171 - 2

F

Fechner, Gustav 费希纳，古斯塔夫，85

Fichte, Johann Gottlieb 费希特，约翰·戈特利布，59，61

Fiedler, Conrad 费德勒，康拉德，85

Filarete 费拉雷特，17 - 19，21

Frampton, Kenneth 弗兰普顿，肯尼斯，117 - 19

François I 弗朗索瓦一世，20

Frankl, Paul 弗兰克尔, 保罗, 94

Frascari, Marco 弗拉斯卡里, 马尔科, 159, 175, 185 – 6

Freud, Sigmund 弗洛伊德, 西格蒙德, 77, 86, 105, 160

Fuller, R. Buckminster 富勒, R. 巴克明斯特, 119, 128

Fuster, Joaquín M. 福斯特, 乔奎因·M., 164

G

Gadamer, Hans-Georg 伽达默尔, 汉斯－格奥尔格, 117

Gau, Franz Christian 高, 弗兰兹·克里斯蒂安, 68

Gaudi, Antonio 高迪, 安东尼奥, 182 – 3

Gehry, Frank 盖里, 弗兰克, 147, 212, 213

Geometry 几何学, 20 – 3, 204 – 5

Gestalt Psychology 格式塔心理学, 87 – 97, 102, 109 – 11, 115, 117

Gibson, James J. 吉布森, 詹姆斯·J, 188

Gilprin, William 吉尔普林, 威廉, 46

Goethe, Johann Wolfgang 歌德, 约翰·沃尔夫冈, 201

Goldstein, Kurt 戈尔茨坦, 库尔特 88, 91, 109

Göller, Adolf 戈勒, 阿道夫, 81 – 4, 85, 86, 96

Gombrich, Ernst 贡布里希, 厄恩斯特, 3

Greenfield, Susan 格林菲尔德, 苏珊, 137, 191

Gregotti, Vittorio 格雷戈蒂, 维托里奥, 185

Guarini, Guarino 瓜里尼, 瓜里诺, 27

Gurlitt, Cornelius 古利特, 科尼利厄斯, 83 – 4

H

Hanslick, Eduard 汉斯利克, 爱德华, 85

Hapticity 触觉, 188 – 206

Hardouin-Mansart, Jules 哈杜因－曼萨特, 朱尔斯, 36

Hayek, Friedrich 哈耶克, 弗里德里希, 98 – 101, 104, 164

Healy, Jane 希利, 简, 208 – 9, 210

Hebb, Donald O. 赫布, 唐纳德·O., 101 – 4, 128, 161

    Consciousness 意识, 103

    Hebb's principle 赫布原理, 102 – 3, 128

Heerwagen, Judith 赫鲁根, 朱迪思, 205

Hegel, George Wilhelm Friedrich 黑格尔, 乔治·威廉·弗里德里希, 58, 82

Heidegger, Martin 海德格尔, 马丁, 117, 118, 119

Heilman, Kenneth M. 海尔曼, 肯尼斯·M., 172, 173, 192

Helmholtz, Hermann 赫姆霍兹, 赫尔曼, 78, 85 – 6

Herbart, Johann Friedrich 赫尔巴特, 约翰·弗里德里希, 82, 85

Herrmann, Wolfgang 赫尔曼, 沃尔夫冈, 36

Holl, Steven 霍尔, 斯蒂芬, 120, 184 – 5, 189, 205

Horkheimer, Max 霍克海默, 马克斯, 208

Hornbostel, Erich M. von 霍恩博斯特, 埃里

希·M. 冯, 88

Howard, Deborah 霍华德, 黛博拉, 156

Hubel, David H. 休伯尔, 大卫·H., 141

Hume, David 休谟, 大卫, 42, 48, 49, 54, 98, 129

Husserl, Edmund 胡塞尔, 埃德蒙, 86

Huygens, Christiaan 惠更斯, 克里斯蒂安, 28

Huygens, Constantine 惠更斯, 康斯坦丁, 28

Hyperconnectivity 超连接, 174-5, 220

I

Ischlondsky, Naum 伊斯康斯基, 纳姆, 104

Isomorphism 同构, 90-1, 100, 109

Ito, Toyo 伊藤东彦, 212

J

Jackson, Maggie 杰克逊, 玛吉, 209

Jencks, Charles 詹克斯, 查尔斯, 182

Johnson, Christopher 约翰逊, 克里斯托弗, 177

Johnson, Mark 约翰逊, 马克, 176-8

Jung-Beeman, Mark 荣格–比曼, 马克, 171

K

Kahn, Louis 卡恩, 路易斯, 185

Kames, Lord 卡姆斯, 洛德, 49

Kandel, Eric R. 坎德尔, 埃里克·R., 161

Kant, Immanuel 康德, 伊曼纽尔, 53, 57, 75, 88, 129

    purposiveness（Zweckmässigkeit）合目的性, 54-6, 58-9, 63, 65, 67

Kawabata, Hideaki 川端喜树, 184

Kellert, Stephen R. 凯勒特, 斯蒂芬·R., 205

Kent, William 肯特, 威廉, 46

Knight, Richard Payne 奈特, 理查德·佩恩, 46-9, 51-2, 149, 192

Koch, Christof 科赫, 克里斯托夫, 166-7

Koffka, Kurt 科夫卡, 库尔特, 85, 87-90

Köhler, Wolfgang 科勒, 沃尔夫冈, 87-91, 195

Körner, Stephan 克尔纳, 斯蒂芬, 55

Kounios, John 库尼奥斯, 约翰, 171

L

Lakoff, George 莱考夫, 乔治, 176-8

Land, Edwin 兰德, 埃德温, 144-5

Langley, Batty 兰利, 巴蒂, 46

Lashley, Karl 拉什利, 卡尔, 101

Laugier, Marc-Antoine 劳吉尔, 马克–安托万, 34-6, 181

    Âpreté 如画的景色, 36

    Dégagement 开放性, 36

Le Brun, Charles 勒布伦, 查尔斯, 30

Le Corbusier 勒柯布西耶, 94

LeDoux, Joseph 勒杜, 约瑟夫, 164-5, 189-90

Le Roy, Julien-David 勒·罗伊, 朱利安·大卫, 36-40, 44, 45, 150

    on proportions 论比例, 38-9

    successive sensations 连续的感觉, 36-40

Le Vau, Louis 勒沃, 路易, 30

Levine, Neil 莱文，尼尔，153

Lipps, Theodor 利普斯，西奥多，79

Llinás, Rodolfo R. 利纳斯，鲁道夫，129, 130, 211

Locke, John 洛克，约翰，28, 41 – 2

Loos, Adolf 洛斯，阿道夫，105

Lorenzer, Alfred 洛伦泽，阿尔弗雷德，182

Lorrain, Claude 洛伦，克劳德，46, 51

Lotze, Hermann 罗兹，赫尔曼，85, 86

Louis XIV 路易十四，28, 29 – 30, 34

Louvre 卢浮宫，29 – 31, 34, 36, 40

Lovell, Philip 洛弗尔，菲利普，105

Lynch, Kevin 林奇，凯文，197

M

Mach, Ernst 马赫，恩斯特，98

Maguire, Eleanor 马奎尔，埃莉诺，197

Malevich, Kazimir 马列维奇，卡齐米尔，145, 146, 151

Marcuse, Herbert 马尔库塞，赫伯特，118

Martini, Francesco di Giorgio 马蒂尼，弗朗西斯科·迪乔治，17 – 19, 21

McEwen, IndraKagis 麦克尤恩，英德拉·卡吉斯，180

McHale, John 麦克黑尔，约翰，119

McLuhan, Marshall 麦克卢汉，马歇尔，215

Memory 记忆，160 – 5

Mendelsohn, Erich 门德尔松，埃里希，105

Merleau-Ponty, Maurice 梅洛-庞蒂，莫里斯，109 – 14, 117, 119, 121, 160, 183
　critique of gestalt psychology 格式塔心理学批判，111

flesh 肉体，113 – 14

Metaphor 隐喻，3, 12 – 19, 93 – 4, 159 – 87
　Alberti 阿尔贝蒂，12 – 13, 180
　Arnheim, Rudolf 阿恩海姆，鲁道夫，92 – 3
　Bötticher, Carl 博蒂彻，卡尔，65 – 7
　da Vinci, Leonardo 达·芬奇，列昂纳多，21 – 4
　Edelman, Gerald 埃德尔曼，杰拉尔德，178 – 9
　embodied metaphors 具身隐喻，173 – 87
　Filarete 费拉雷特，17 – 19
　Lakoff and Johnson 莱考夫和约翰逊，176 – 8
　Martini, Francesco di Giorgio 马蒂尼，弗朗西斯科·迪乔治，17 – 19
　Ramachandran, V. S. 拉马钱德兰，V. S.，174 – 5
　Semper, Gottfried 森佩尔，戈特弗里德，69 – 75, 181

Meuron, Pierre de 梅隆，皮埃尔·德，137, 220

Michelangelo 米开朗基罗，24 – 5, 92, 94, 115, 150
　Porta Pia 皮亚之门，94 – 5, 115, 150
　Saint Peter's 圣彼得教堂，23, 92

Mies van der Rohe, Ludwig 密斯·范德罗，路德维希，182

Mimesis 模仿，185 – 7

Mitchell, William J. 米切尔，威廉·J.，212 – 13

Modell, Arnold H. 莫代尔，阿诺德 H.，178

Mondrian, Piet 蒙德里安，皮埃，145，146，151，153

Moneo, Rafael 莫尼奥，拉斐尔，208，216

Musculoskeletal system 肌肉骨骼系统，200

Music 音乐，193–5

N

Nadel, Lynn 纳德尔，林恩，195

Neidich, Warren 内迪奇，沃伦，137，207–8，216

Neuroaesthetics 神经美学，2

Neutra, Richard 诺伊特拉，理查德，5，104–8，199，201，206

 Emotions 情绪，106

 multisensory design 多感知设计，106–8

Nicholas V, Pope 尼古拉斯五世，教皇，10

Nielson, Jakob 尼尔森，雅各布，209

Norberg-Schulz, Christian 诺伯格·舒尔茨，克里斯蒂安，116–17，119

Novelty（seeking）新奇（寻求），48–9，149，192–3

O

O'Keefe, John 奥基夫，约翰，195

Onians, John 奥尼恩斯，约翰，2，3，180

P

Pacioli, Luca 帕西奥利，卢卡，23–4

Palladio, Andrea 帕拉迪奥，安德里亚，24–5，26，137，147

 IlRedentore 威尼斯雷登托尔教堂，154–8，159

 San Giorgio Maggiore 圣·乔治·马焦雷，155–6

Pallasmaa, Juhani 帕拉斯玛，朱哈尼，4，119–21，173，184，188–9，201–2

Panksepp, Jaak 潘克塞普，贾亚克，192–4

Pelli, Cesar 佩利，塞萨尔，182

Perception 感知

 Ambiguity 模糊性，148–9

 color perception 色彩感知，144–5

 emotional states altering perceptions 情绪状态改变知觉，121，188

 multisensory nature of 多感官性，199–200

 perceptual memory 知觉记忆，164

 visual categories 视觉分类（范畴），93

Pérez-Gómez, Alberto 佩雷斯-戈梅斯，阿尔贝托，120，181–2，186

Perrault, Charles 佩罗特，查尔斯，28，29，30

Perrault, Claude 佩罗特，克劳德，26，28–34，36，42，150，180

 design of east wing of Louvre 卢浮宫东翼设计，29–31

 on proportions 论比例，32–3

Phenomenology 现象学，86，117，118，119–20

Piaget, Jean 皮亚杰，让，188

Picasso, Pablo 毕加索，巴勃罗，153

Picturesque theory 如画理论，45–9

Pink, Daniel H. 平克，丹尼尔 H.，210

Pinker, Steven 平克，史蒂文，173，175

Piranesi, Giovanni Battista 皮拉内西，乔瓦尼·巴蒂斯塔，49

Plasticity 可塑性, 135 – 7, 207 – 11

Play 表演, 193 – 5

Pope, Alexander 波普, 亚历山大, 46

Poussin, Gaspard 普辛, 加斯帕德, 51

Poussin, Nicolas 普辛, 尼古拉斯, 46, 51

Price, Uvedale 普莱斯, 乌维代尔, 46 – 9, 51 – 2, 53, 150, 192

Proportion 比例, 11 – 12, 15 – 24, 204 – 5

Proprioception 本体感觉, 201

Q

Quarrel of the Ancients and the Moderns 古今之争, 31

R

Rahm, Philippe 拉姆, 菲利普, 204

Ramachandran, V. S. 拉马钱德兰 V. S., 160, 195, 219

 creativity and metaphor (hyperconnectivity) 创造力和隐喻（超连接）, 174 – 5

Ramsay, Allan 拉姆齐, 艾伦, 42

Rasmussen, Steen Eiler 拉斯穆森, 斯特恩·艾勒, 114 – 16, 118, 119, 120, 201

Repton, Humphry 雷普顿, 汉弗莱, 46

Revett, Nicholas 雷维特, 尼古拉斯, 37

Rousseau, Jean-Jacques 卢梭, 让-雅克, 35

Rykwert, Joseph 雷克沃特, 约瑟夫, 117, 180, 186

S

Sacks, Oliver 萨克斯, 奥利弗, 219

Scale 规模, 204 – 5

Scamozzi, Bertotti 斯卡莫齐, 贝尔托蒂, 157

Scarpa, Carlo 斯卡帕, 卡洛, 175

Schelling, Friedrich 谢林, 弗里德里希, 57 – 8, 59, 61, 74

Scherner, Karl Albert 舍纳, 卡尔·阿尔伯特, 77

Schindler, Rudolph 鲁道夫·辛德勒, 105

Schinkel, Karl Friedrich 辛克尔, 卡尔·弗里德里希, 61 – 5, 67, 68, 70

Schlaug, Gottfried 施劳格, 戈特弗里德, 194

Schlegel, August 施莱格尔, 奥古斯特, 56 – 7

Schmarsow, August 施马尔索, 奥古斯特, 159

Schopenhauer, Arthur 叔本华, 阿瑟, 58 – 60, 62, 65, 68, 72, 80, 193

Semper, Gottfried 森佩尔, 戈特弗里德, 67 – 75, 76, 83, 195

 Animism 泛灵论, 71 – 2

 Metaphors 隐喻, 72 – 5, 181

Sensory symbols 感官符号, 95 – 6, 175 – 9

Serlio, Sebastiano 塞利奥, 塞巴斯蒂亚诺, 26

Sforza, Ludovico 斯福尔扎, 卢多维科, 20

Shaftesbury, Earl of 沙夫特斯伯里, 伯爵, 45

Sinding-Larsen, Staale 辛丁-拉森, 斯塔尔, 157 – 8

Soane, John 索恩, 约翰, 45

Sonneborn, Tracy M. 桑内伯恩, 特雷西

M., 107

Spatiality 空间性, 195–7

Spiers, Hugo 斯皮尔斯, 雨果, 3, 197

Spinoza, Baruch 斯宾诺莎, 巴鲁克, 28

Stafford, Barbara Maria 斯塔福德, 芭芭拉·玛丽亚, 159

Stuart, James 斯图尔特, 詹姆斯, 37

Stumpf, Carl 斯顿普夫, 卡尔, 86

Sydney Opera 悉尼歌剧院, 182

Synesthesia 通感, 174–5

T

Talbott, Steve 塔尔博特, 史蒂夫, 210

Temple, William 坦普尔, 威廉, 45

Thompson, Darcy 汤普森, 达西, 214

Touch (tacticity) 触摸（触觉）, 202
  tacticity in architecture 建筑中的等规度, 203–4

U

UN Studio 联合国工作室, 212

V

Vanbrugh, John 范布鲁, 约翰, 50, 51, 52

Van de Velde, Henry 范德费尔德, 亨利, 79

Van Doesburg, Theo 范多斯堡, 西奥, 146

Venturi, Robert 文图里, 罗伯特, 94
  ambiguity, 模糊性 150–1, 154

Vermeer, Jan 维米尔, 扬, 149

Verrocchio, Andrea del 韦罗基奥, 安德烈亚·德尔, 20

Vesely, Dalibor 维塞利, 达利博尔, 117, 186

Vestibular system 前庭系统, 201

Vischer, Friedrich Theodor 维舍尔, 弗里德里希·西奥多, 77–8, 81

Vischer, Robert 维舍尔, 罗伯特, 77–9, 80, 113, 146, 178, 195

Vitruvius 维特鲁维乌斯, 9, 12–14, 16, 18, 21, 26, 29, 30, 32–3, 35, 180
  Dearchitectura 建筑理论, 12
  proportions (*symmetria*) 比例（对称性）, 12, 16
  venustas 维努斯塔斯, 16

W

Wagner, Otto 奥托·瓦格纳, 84, 181

Wagner, Richard 瓦格纳, 理查德, 68

Watson, James D. 沃森, 詹姆斯·D., 166

Watt, Douglas, F. 瓦特, 道格拉斯·F., 193–4

Watteau, Jean Antoine 沃特图, 让-安托万, 46

Wertheimer, Max 韦特海默, 马克斯, 87, 91

Whately, Thomas 沃特利, 托马斯, 46

Wiesel, Torsten N. 维塞尔, 托尔斯滕 N, 141

Wilson, Edward O. 威尔逊, 爱德华 O., 205

Wittgenstein, Ludwig 维特根斯坦, 路德维希, 98

Wittkower, Rudolph 维特考尔, 鲁道夫, 156, 157

Wolf, Maryanne 沃尔夫,玛丽安, 209

Wölfflin, Heinrich 沃尔夫林,海因里希, 80-1, 82, 85, 96, 112, 115, 159, 195, 201

Wright, Frank Lloyd 赖特,弗兰克·劳埃德, 84, 105, 151-4

Robie House 罗比之家, 152-3

Willits House 威利茨之家, 153

Wundt, Wilhelm 冯特,威廉, 82, 85-6

Z

Zatorre, Robert 扎托尔,罗伯特, 194-5

Zeising, Adol 泽辛,阿道夫, 85

Zeki, Semir 泽基,塞米尔, 3, 4, 139, 142, 150, 151, 153, 178, 183, 189

Ambiguity 模糊性, 148-9, 153

Microconsciousnesses 微观意识, 148, 160

neural correlates of beauty (with Hideaki Kawabata) 美的神经相关因素(与川端秀美), 183-4

neuroaesthetics 神经美学, 2, 143-9

pre-existent forms 先存在形式, 146-7

proportions 比例, 204-5

theory of consciousness (with Andreas Bartels) 意识理论(与安德烈亚斯·巴特尔斯), 170-1

Zimmermann, Robert 齐默尔曼,罗伯特, 85

Zumthor, Peter 祖姆索尔,彼得, 184, 188, 189, 206, 216